ps

魔法设计传奇

中文版 Photoshop 经典创意设计300例

CS3

龙飞　主编

上海科学普及出版社

图书在版编目（CIP）数据

中文版Photoshop经典创意设计300例 / 龙飞主编. —上海：上海科学普及出版社，2009.1

ISBN 978-7-5427-4190-5

I. 中… II. 龙… III. 平面设计—图形软件，Photoshop CS3 IV. TP391.41

中国版本图书馆CIP数据核字（2008）第157992号

策　　划　胡名正
责任编辑　徐丽萍

中文版Photoshop经典创意设计300例

龙　飞　主编

上海科学普及出版社出版发行

（上海中山北路832号　邮政编码200070）

http://www.pspsh.com

各地新华书店经销　北京市蓝迪彩色印务有限公司印刷

开本787×1092　1/16　印张17.75　字数375 000

2009年1月第1版　2009年1月第1次印刷

ISBN 978-7-5427-4190-5 / TP・986　定价：42.80元

ISBN 978-7-89992-594-2（附赠光盘1张）

内容提要

本书从Photoshop CS3的初、中级用户出发，结合作者多年的设计经验，精心编写了300个经典实例。通过Photoshop CS3的基本操作、基本工具的应用、图像特效、纹理制作、文字特效、相片处理、标志设计、企业VI设计、建筑效果图后期处理、网页制作、创意图片制作和广告设计12大专题，详细讲解了Photoshop CS3中各类命令及商业制作等方面的知识。本书实用性强，能帮助读者快速、全面掌握Photoshop CS3的核心技术，举一反三地制作自己需要的设计效果。

本书结构清晰、语言简洁，适合Photoshop CS3的初、中级读者，包括各类平面设计与制作、建筑效果图后期制作以及网页制作人员使用，也可作为各类培训学校、中职高职和大专院校的辅导教材。

前言 >>> Foreword

您想通过自学成才吗?

您想让自己的技能更高一筹吗?

您想让自己快速成为图像处理、平面设计高手吗?

本书可以满足您的愿望！实现您的梦想！让您轻松成为平面设计专家。

本书由多位身在职场、实战经验丰富的平面设计师、网页美术师以及效果图设计师等，根据自身多年的职场经验，将工作和生活中积累的精彩案例荟萃成册，不遗余力地将Photoshop的设计技巧奉献给大家。

本书案例全部是资深设计师的原创作品，其中尽显一流设计师的创意和智慧，能够极大地拓展读者的视野与思维；且所选案例皆来源于实际的工作项目，其专业性与实用性极强。编者独具匠心地将Photoshop的精要知识与商业广告案例完美结合，注重设计理念与思路剖析，并以案例制作过程为驱动，进行实战解析。

全书通过300个经典的平面设计案例，精解了Photoshop CS3中的图像处理与平面设计两大方面内容，其中包括：Photoshop CS3基础入门、基本工具的应用、图像特效、纹理制作、文字特效、相片处理、标识设计、企业VI设计、建筑效果图后期处理、网页制作、创意图片设计、广告设计等。通过这些实战案例，读者不仅可以逐步精通软件，还能快速成为图像处理与平面设计的行家里手。

本书案例从零开始制作，不仅适合Photoshop CS3的初、中级读者，各类电脑培训班学员，各中职、高职、高专、大专学员和平面设计初学者等学习使用，同时也为在职平面设计师与VI设计人员等提供了技法与创意参考。

本书由龙飞主编，由于编写时间仓促，书中难免有疏漏与不妥之处，欢迎广大读者来信咨询指正，联系网址：http://www.china-ebooks.com。

本书内容所提及与采用的公司、图片、商标、产品创意或数据等，均为所属公司或者个人所有，本书引用仅为说明（教学）之用，绝无侵权之意，特此声明。

编 者

2008年12月

Contents >>>

第1章 新手上路——Photoshop 基础入门

实例1 安装Photoshop CS3 1
实例2 启动Photoshop CS3 2
实例3 退出Photoshop CS3 3
实例4 魔法设计传奇 3
实例5 奶牛农场 4
实例6 雪舞银花 5
实例7 草莓 6
实例8 动感辣椒 7
实例9 果脯 7
实例10 中国结 8
实例11 萌芽 9
实例12 英气逼人 10
实例13 生命的力量 10
实例14 生命之苗 11
实例15 美味食品 12
实例16 星球世界 12
实例17 填充矩形 13
实例18 火红太阳 14
实例19 指南针 15
实例20 小黄花 15

第2章 小试牛刀——基本工具的应用

实例21 美丽百叶窗 17
实例22 美丽红晕 18
实例23 蝶恋花 18
实例24 创建壁纸 19
实例25 蓝色精灵 20
实例26 茶花 21
实例27 朦胧美女 22
实例28 幼芽 23
实例29 桃花 24
实例30 紫藤花 25
实例31 去除黑点 25
实例32 绿色源泉 26
实例33 天真可爱 26
实例34 笑美人 27
实例35 唯我闪亮 28
实例36 油画艺术 28
实例37 朦胧美感 29
实例38 擦除背景 29
实例39 移人换景 30
实例40 焰火 31

第3章 缤纷多姿——图像特效

实例41 人物轮廓 32
实例42 树叶倒影 32
实例43 渔上人家 33
实例44 简易相框 34
实例45 朦胧古街 35
实例46 石壁中的海洋 36
实例47 异国风情 36
实例48 艺术长廊 38

实例49 淋漓大雨......39
实例50 大雪纷飞......40
实例51 小像大形......41
实例52 室内泳池......42
实例53 圈式波纹......43
实例54 美人旧照......44
实例55 美丽流星......45
实例56 清爽女人......45
实例57 灰色地带......46
实例58 仙人球......47
实例59 自然质感......48
实例60 透明晶亮......49
实例61 燕雀高飞......49
实例62 蜡笔画......50
实例63 河道小舟......51
实例64 金字塔......51
实例65 时尚女郎......52
实例66 阳光女孩......53
实例67 塑料花朵......53
实例68 金发美女......54
实例69 蓝海倩影......55
实例70 红艳枫叶......55

第4章 质感传奇——精彩纹理

实例71 帆布纹理......57
实例72 砖墙纹理......58
实例73 玻璃效果......58
实例74 木纹效果......59
实例75 拼图纹理......60
实例76 鳞状纹理......61
实例77 岩石纹理......62
实例78 画布纹理......63
实例79 镜头玻璃......64
实例80 龟裂纹理......65
实例81 块状玻璃......65
实例82 旋转马赛克纹理......66
实例83 裂缝纹理......67
实例84 放射纹理......68
实例85 地毯纹理......69
实例86 桌布纹理......70
实例87 大理石纹理......71
实例88 迷彩纹理......72
实例89 皮革纹理......73
实例90 水波纹理......74
实例91 花岗岩纹理......75
实例92 石壁纹理......75
实例93 方块纹理......76
实例94 拼贴纹理......77
实例95 拼缀纹理......78
实例96 金属纹理......78
实例97 树皮纹理......80
实例98 漩涡纹理......80
实例99 彩布纹理......82
实例100 麻布纹理......83

第5章 字效风云——文字特效

实例101 扇形字......84
实例102 立体字......85
实例103 飘动字......86
实例104 刺猬字......87
实例105 粉笔字......89
实例106 描边字......90
实例107 鱼眼字......91
实例108 塑料字......92
实例109 图案字......93
实例110 木纹字......95
实例111 滴血字......96
实例112 岩石字......97

实例113 砖墙字 99
实例114 鱼形字 100
实例115 花冠字 101
实例116 拱形字 103
实例117 金属字 105
实例118 旋转字 106
实例119 炭笔字 107
实例120 火焰字 108
实例121 雪花字 110
实例122 彩线字 111
实例123 旋转字 113
实例124 橡胶字 114
实例125 镏金字 115
实例126 颤动字 117
实例127 印章字 118
实例128 水晶字 119
实例129 喷漆字 120
实例130 铬金字 121

第6章 数码暗房——相片处理

实例131 完美无瑕 123
实例132 柔情风采 123
实例133 甜密日子 124
实例134 古装古韵 125
实例135 光彩照人 125
实例136 双胞美女 126
实例137 90度转身 127
实例138 古居一游 127
实例139 故宫一游 128
实例140 光彩照人 129
实例141 青春永驻 129
实例142 混血精灵 130
实例143 蓝天白云 131
实例144 明眸善睐 131
实例145 大步若飞 132
实例146 快乐家庭 133
实例147 美化皮肤 134
实例148 天安门广场 134
实例149 魅力女人 135
实例150 亮丽发丝 136
实例151 爆炸效果 136
实例152 栩栩如生 137
实例153 艺术效果 138
实例154 红色女郎 139
实例155 幸福佳人 140
实例156 幸福时刻 140
实例157 一帘幽梦 141
实例158 不同景象 142
实例159 亮丽青春 142
实例160 童年一幕 143
实例161 如梦似幻 144
实例162 亲密无间 145
实例163 携手相伴 146
实例164 幸福旅途 147
实例165 真爱永存 148
实例166 七彩奇缘 149
实例167 阳光男孩 150
实例168 开心一笑 151
实例169 可爱宝宝 152
实例170 幸福伴侣 153

第7章 精美大方——标识设计

实例171 Windows 徽标 155
实例172 摩托罗拉 156
实例173 强力风扇 157
实例174 双龙画室 158
实例175 飞龙服饰 159
实例176 卓青竹艺 160

实例177 蝴蝶山庄 161
实例178 蓝羽集团 162
实例179 苹果酒店 164
实例180 一箭音乐 165
实例181 儿童基金会 166
实例182 艺术中心 167
实例183 路路通物流 167
实例184 保护动物 168
实例185 皇冠酒店 169
实例186 枫林湖畔 170
实例187 第三制药厂 171
实例188 新时代航空 171
实例189 第27届校运会 172
实例190 欧轮重工 173
实例191 方圆集团 174
实例192 国际魔术节 175
实例193 奥多后视镜 176
实例194 戴尔电脑 177
实例195 自然养生坊 177
实例196 双箭影音 178
实例197 楚汉出版社 179
实例198 ED网络 180
实例199 钻石房产 181
实例200 冬季运动会 182

第8章 企业形象——VI设计

实例201 信封设计 183
实例202 信笺设计 184
实例203 盘面设计 185
实例204 工作服设计 186
实例205 管理服设计 187
实例206 杯子设计 188
实例207 纸杯设计 189
实例208 太阳伞设计 190
实例209 勺子设计 191
实例210 钥匙扣设计 191
实例211 手提袋设计 192
实例212 音频制作中心 193
实例213 资料袋设计 194
实例214 招贴纸设计 195
实例215 吊旗设计 196
实例216 竖旗设计 197
实例217 小刀设计 198
实例218 工作牌设计 199
实例219 桌旗设计 200
实例220 雨衣设计 201
实例221 资料夹封面 202
实例222 安全帽设计 203
实例223 T恤设计 204
实例224 领带夹设计 205
实例225 领带设计 205
实例226 名片设计 206
实例227 雨伞设计 207
实例228 形象墙设计 208
实例229 前台接待处 209
实例230 指示牌设计 209

第9章 锦上添花——建筑效果图后期处理

实例231 高光效果 211
实例232 仿古地砖 212
实例233 黑白地砖 212
实例234 踢脚线 213
实例235 提高亮度 214
实例236 明暗调整 214
实例237 漂亮新娘 215
实例238 电视机屏幕 216
实例239 盆景效果 217
实例240 镜头光晕 217

实例241 添置小家具 218
实例242 灯池效果 219
实例243 窗外效果 220
实例244 光晕效果 221

第10章 E网打尽——网页制作

实例245 水晶按钮 222
实例246 图形按钮 223
实例247 纹理按钮 223
实例248 发光按钮 224
实例249 尼康相机 225
实例250 爱盟珠宝 226
实例251 网页背景 227
实例252 网页背景 228
实例253 水平导航 228
实例254 垂直导航 229
实例255 图片导航 230
实例256 变色字 231
实例257 汽车动画 232

第11章 无限创意——合成图片

实例258 蝴蝶纹身 234
实例259 桌面背景 235
实例260 手提大包 236
实例261 鼠标手机 236
实例262 蛋壶 237
实例263 爱心西瓜 238
实例264 树叶蝴蝶 239
实例265 越跳越高 240
实例266 超大丝瓜 241
实例267 晴天霹雳 241
实例268 豹山 242
实例269 开裂人皮 243
实例270 石上“奋斗” 245
实例271 小天使 244
实例272 “苹果”显示器 245
实例273 憨睡小孩 246
实例274 天路 247
实例275 盘中秋色 248
实例276 西瓜星球 249
实例277 豹头鸟 249
实例278 一跃而出 250
实例279 菠萝小屋 251

第12章 宣传促销——广告设计

实例280 金色年华 252
实例281 天下山水居 253
实例282 江南水乡 254
实例283 雅怡别墅 254
实例284 雅志汽车 255
实例285 RECIPEO 256
实例286 卡露莲 257
实例287 尼康相机 258
实例288 爱护眼睛 259
实例289 节约用水 260
实例290 快餐店 261
实例291 左邻右岸 262
实例292 玉楼东 263
实例293 中国瓷展 264
实例294 飞龙科技 265
实例295 酷曼MP4 266
实例296 摄影机构 267
实例297 磐石地板 268
实例298 中国通信 268
实例299 NOKIA 269
实例300 古文物展 270

第1章 新手上路——Photoshop基础入门

中文版Photoshop CS3界面简单、功能强大，深受广大图像处理与平面设计师的青睐。通过本章的学习，读者可以了解Photoshop CS3的安装、启动、退出、新建文件、打开文件等基本操作，还可以学会运用多种方式显示图像并设置图像颜色的方法。

实例1 安装Photoshop CS3

本实例介绍安装Photoshop CS3的方法，软件安装完成后的界面如图1-1所示。

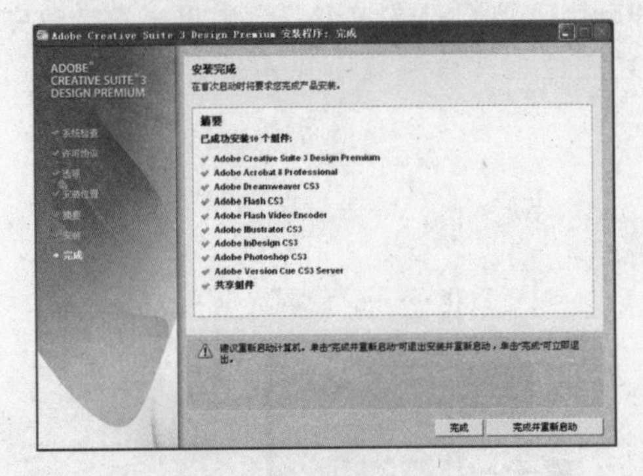

图1-1 完成软件安装

操作步骤

01 将Photoshop CS3的安装光盘插入计算机的光盘驱动器中，双击该盘符下的安装文件，弹出许可协议对话框，如图1-2所示。

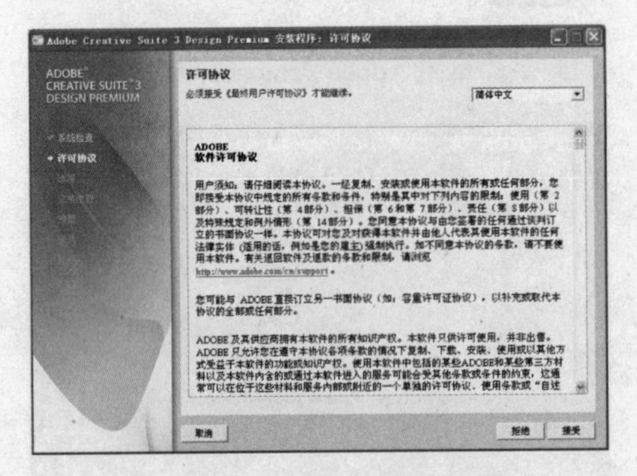

图1-2 许可协议对话框

02 单击“接受”按钮，即会弹出安装选项对话框，在“将安装下列组件：”列表中选中需要安装软件的复选框，如图1-3所示。

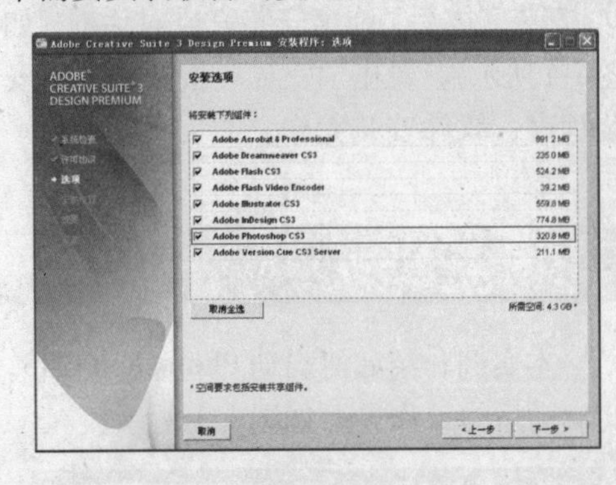

图1-3 安装选项对话框

03 单击“下一步”按钮，弹出安装位置对话框，单击“浏览”按钮，弹出“选择位置”对话框，选择软件的安装位置，如图1-4所示。

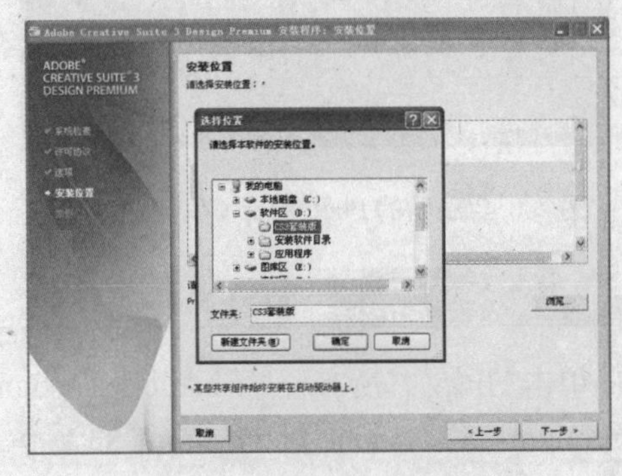

图1-4 “选择位置”对话框

04 单击“确定”按钮，关闭该对话框，返回安装位置对话框，单击“下一步”按钮，弹出安装摘要对话框，显示所选安装选项的有关摘要，如图1-5所示。

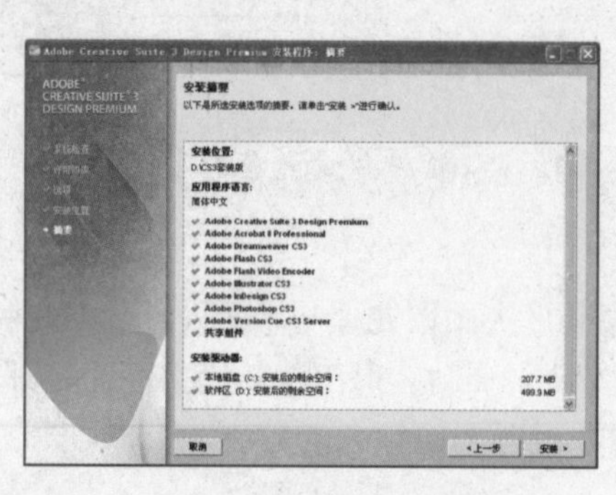

图 1-5 安装摘要对话框

05 单击“安装”按钮，弹出整体进度对话框，在其中将显示安装进度，如图1-6所示。

06 安装完成后，弹出安装完成对话框（如图1-1所示），单击“完成”按钮，退出安装程序，软件安装完毕。

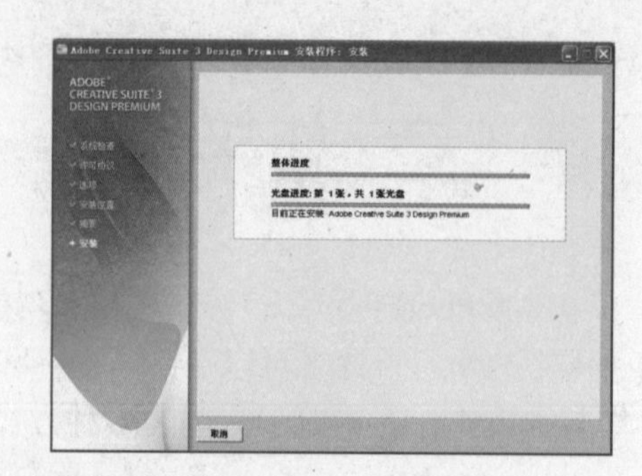

图 1-6 显示安装进度

说明

如果用户所用的软件安装光盘中只有Photoshop CS3安装程序，则用户在启动安装文件后，按照提示逐步进行安装即可。

实例 2 启动 Photoshop CS3

本实例介绍如何启动 Photoshop CS3，其启动后的工作界面如图 2-1 所示。

图 2-1 启动后的 Photoshop CS3 工作界面

操作步骤

01 单击“开始”|“所有程序”| Adobe Design Premium CS3 | Adobe Photoshop CS3命令，如图2-2所示。

02 系统开始启动Photoshop CS3，如图2-3所示。

03 启动Photoshop CS3应用程序后，其工作界面如图2-1所示。

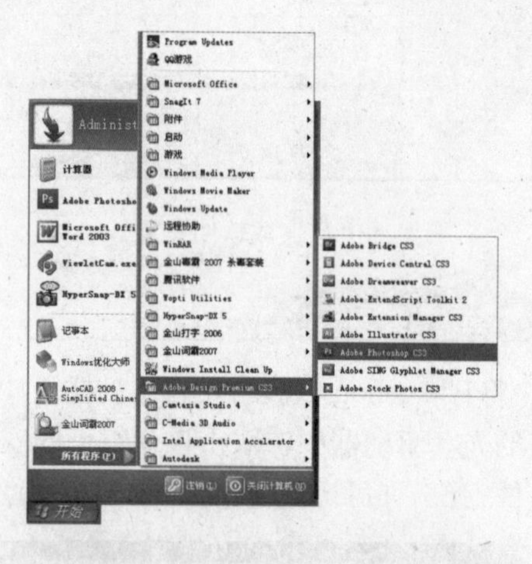

图 2-2 单击 Adobe Photoshop CS3 命令

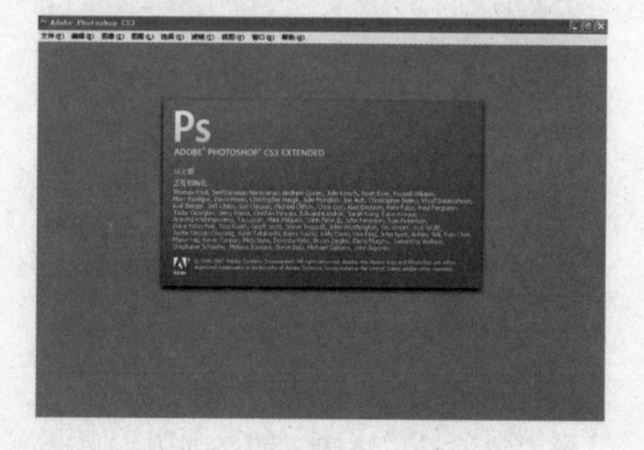

图 2-3 启动 Photoshop CS3

说明

启动Photoshop CS3应用程序还有以下几种方法：

● 在桌面上的Photoshop CS3快捷方式图标上双击鼠标。

● 双击磁盘中的任意一个扩展名为psd的文件。

● 在“我的电脑”窗口中相应的盘符下，找到Photoshop CS3的应用程序，在其图标上双击鼠标。

实例3 退出Photoshop CS3

本实例介绍如何退出Photoshop CS3，使用菜单命令可退出程序，如图3-1所示。

文件(F) 编辑(E) 图像(I) 图层(L) 选择(S) 滤镜(T) 分析
新建(N)... Ctrl+N
打开(O)... Ctrl+O
浏览(B)... Alt+Ctrl+O
打开为(A)... Alt+Shift+Ctrl+O
打开为智能对象...
最近打开文件(T)
Device Central...
关闭(C) Ctrl+W
关闭全部 Alt+Ctrl+W
关闭并转到 Bridge... Shift+Ctrl+W
存储(S) Ctrl+S
存储为(V)... Shift+Ctrl+S
签入...
存储为 Web 和设备所用格式(D)... Alt+Shift+Ctrl+S
恢复(R) F12
置入(L)...
导入(M)
导出(E)
自动(U)
脚本(R)
文件简介(F)... Alt+Shift+Ctrl+I
页面设置(G)... Shift+Ctrl+P
打印(P)... Ctrl+P
打印一份(Y) Alt+Shift+Ctrl+P
退出(X) Ctrl+Q

图3-1 退出Photoshop CS3程序

操作步骤

01 单击“文件”|“打开”命令，打开一幅素材图像，如图3-2所示。

图3-2 素材图像

02 单击“文件”|“退出”命令（如图3-1所示），或者按【Ctrl + Q】组合键，即可退出Photoshop CS3应用程序。

说明

退出Photoshop CS3应用程序还有以下几种方法：

● 按钮：单击程序窗口右上角的“关闭”按钮。

● 快捷键：按【Alt + F4】或【Ctrl + Q】组合键。

● 命令：单击标题栏左上角的程序控制菜单图标，在弹出的下拉菜单中单击“关闭”命令。

实例4 魔法设计传奇

本实例介绍如何新建图像文件，新建的图像文件如图4-1所示。

操作步骤

01 在程序窗口中单击“文件”|“新建”命令，如图4-2所示。

02 弹出“新建”对话框，在“名称”文本框中输入新建文件的名称为“魔法设计传奇”，并设置文件的宽度、高度、分辨率和颜色模式，如图4-3所示。

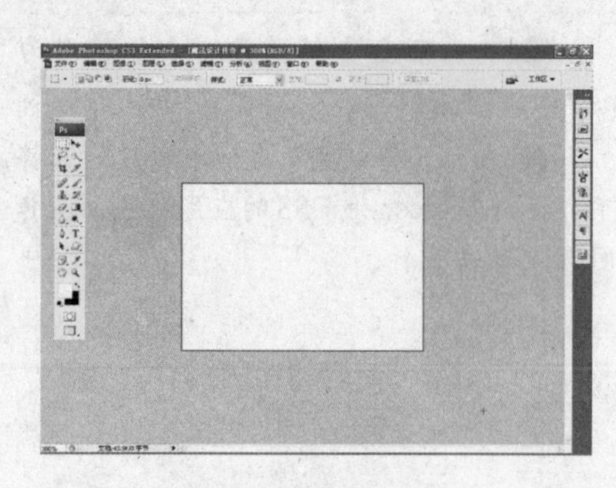

图 4-1 新建图像文件

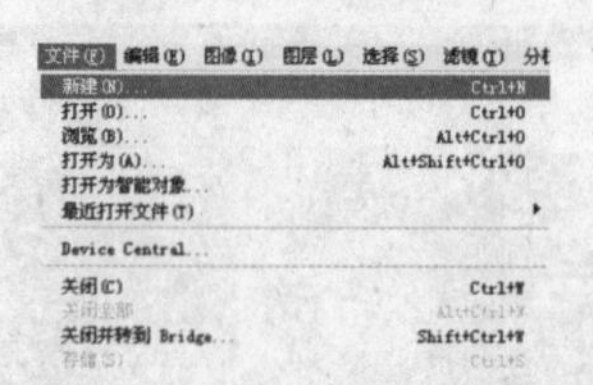

图 4-2 单击“新建”命令

03 单击“确定”按钮，即可新建图像文件，如图 4-1 所示。

在 Photoshop CS3 中新建图像文件还有以下几种方法：

●按住【Ctrl】键的同时，双击 Photoshop CS3 工作界面的灰色底板，也会弹出“新建”对话框，新建图像文件。

● 按【Ctrl + N】组合键，新建图像文件。

● 按住【Alt】键的同时，单击“文件”|“新建”命令；或按【Ctrl + Alt + N】组合键，也可以得到上一次新建图像文件的尺寸大小。

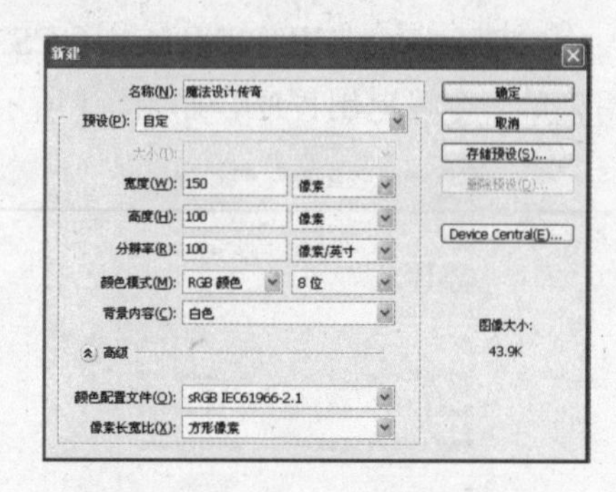

图 4-3 “新建”对话框

实例 5 奶牛农场

本实例介绍如何打开图像文件，打开的图像文件效果如图 5-1 所示。

图 5-1 打开的图像文件

操作步骤

01 在程序窗口中单击“文件”|“打开”命令，如图 5-2 所示。

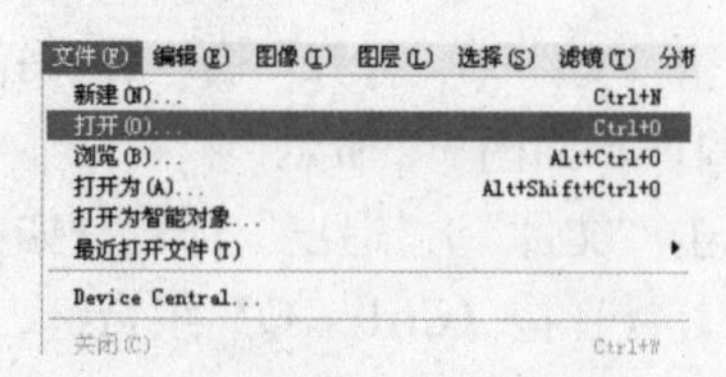

图 5-2 单击“打开”命令

02 弹出“打开”对话框，选择要打开的图像文件，如图 5-3 所示。

03 单击“打开”按钮，打开图像文件，效果如图 5-1 所示。

在 Photoshop CS3 中打开图像文件还有

以下几种方法：

● 按【Ctrl + O】组合键，在弹出的“打开”对话框中双击所需的文件。

● 双击 Photoshop CS3 工作界面的灰色底板，也可弹出“打开”对话框，在该对话框中选择所需的文件，然后单击“打开”按钮。

● 单击“文件”|“最近打开文件”命令，在弹出的文件名中选择最近保存或打开过的图像文件。

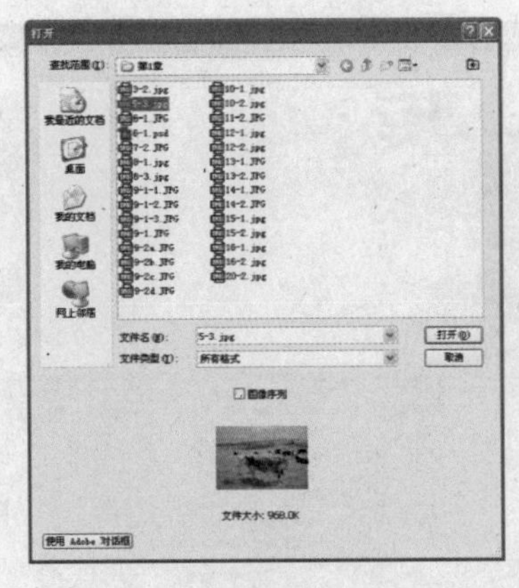

图 5-3 “打开”对话框

实例 6 雪舞银花

本实例介绍如何保存图像文件，要保存的图像文件如图 6-1 所示。

图 6-1 要保存的图像文件

操作步骤

01 单击“文件”|“打开”命令，打开一幅素材图像，如图 6-2 所示。

图 6-2 素材图像

02 单击工具箱中的横排文字工具，在图像上单击鼠标并输入文字“雪舞银花”，如图 6-3 所示。

图 6-3 输入文字

03 单击“文件”|“存储”命令，如图 6-4 所示。

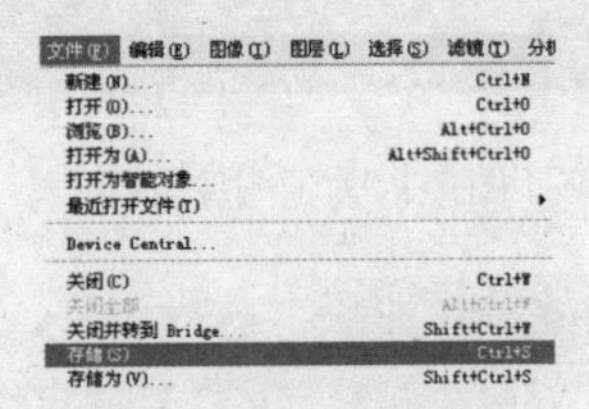

图 6-4 单击“存储”命令

04 弹出“存储为”对话框，在“文件名”下拉列表框中输入要保存的文件名称，在“格式”下拉列表框中选择要保存的文件格式，如图 6-5 所示。

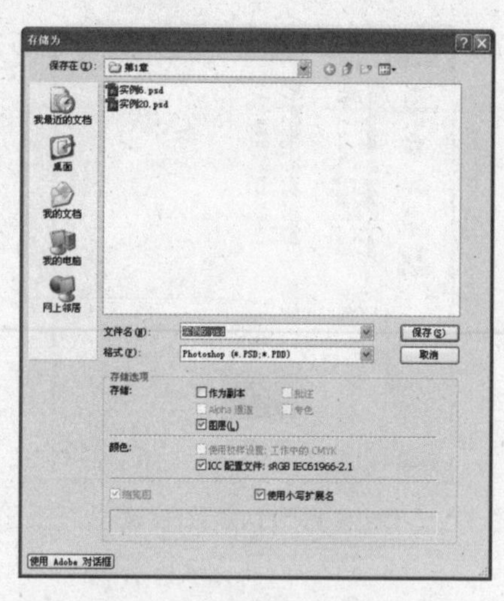

图6-5 “存储为”对话框

05 单击“保存”按钮，弹出“Photoshop格式选项”提示信息框，如图6-6所示。

06 单击“确定”按钮后，即可保存图像文件。

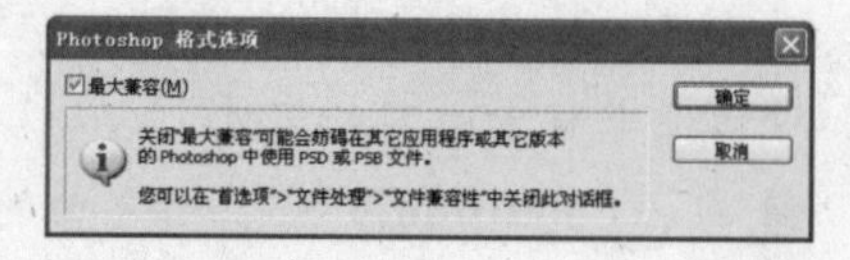

图6-6 “Photoshop格式选项”提示信息框

在Photoshop CS3中保存文件图像还有以下几种方法：

- 按【Alt + F + S】组合键。
- 按【Ctrl + S】组合键。
- 按住【Ctrl + Shift】组合键的同时，在Photoshop CS3工作界面的灰色底板上双击鼠标。
- 按【Ctrl + Shift + S】组合键。

实例7 草莓

本实例介绍如何关闭图像文件，关闭文件后的窗口如图7-1所示。

图7-1 关闭图像文件

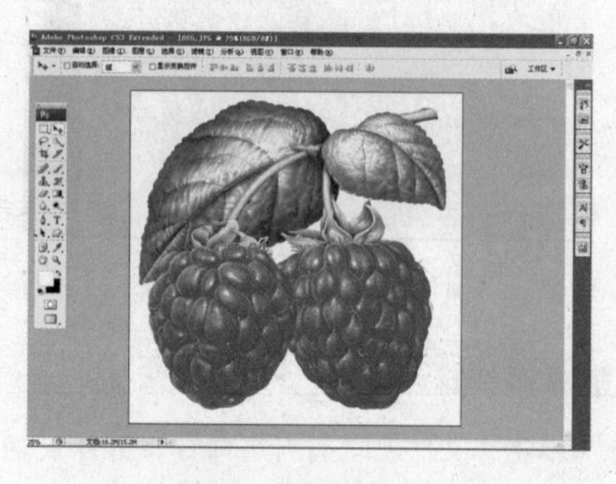

图7-2 打开素材图像

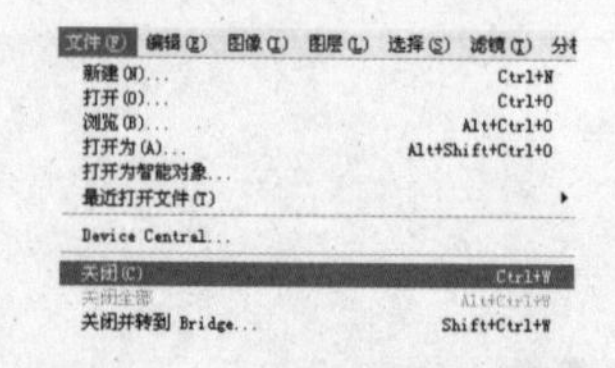

图7-3 单击“关闭”命令

操作步骤

01 打开一副素材图像，如图7-2所示。

02 单击“文件”|“关闭”命令，或按【Ctrl+W】组合键，如图7-3所示。

03 关闭图像文件后，程序窗口如图7-1所示。

在Photoshop CS3中关闭图像文件还有以下几种方法：

● 双击图像窗口标题栏左侧的程序图标。

● 单击菜单栏右侧的“关闭”按钮。

● 按【Alt + F + C】组合键。

实例 8 动感辣椒

本实例介绍如何切换图像显示模式，其中全屏显示图像的效果如图 8-1 所示。

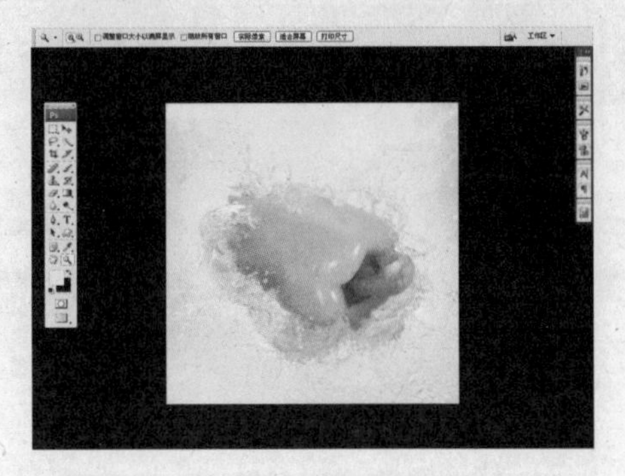

图 8-1 全屏显示图像

操作步骤

01 打开一幅素材图像，单击工具箱中的“更改屏幕模式”按钮，弹出其下拉菜单，如图 8-2 所示。

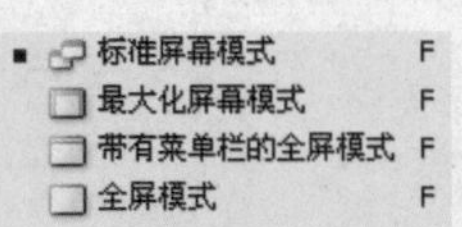

图 8-2 更改屏幕显示模式下拉菜单

02 在弹出的下拉菜单中选择“标准屏幕模式”选项，图像效果如图 8-3 所示。

03 如果用户需要最大化图像窗口，则可以从中选择“最大化屏幕模式”选项，图像效果如图 8-4 所示。

04 如果用户需要切换到带有菜单栏的全屏模式图像窗口，可以在“更改屏幕模式”下拉菜单中选择“带有菜单栏的全屏模式”选项，图像效果如图 8-5 所示。

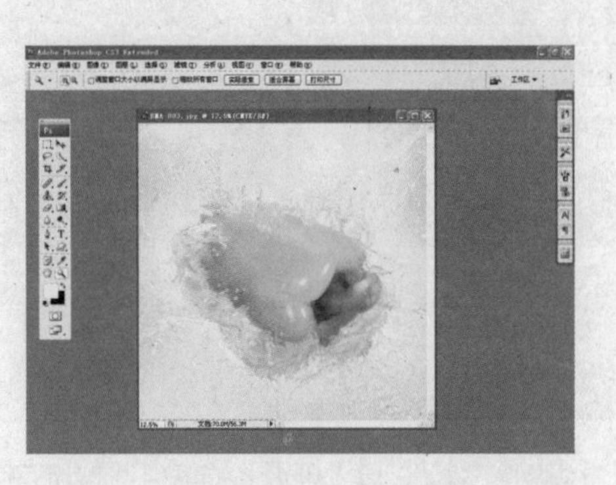

图 8-3 标准屏幕模式

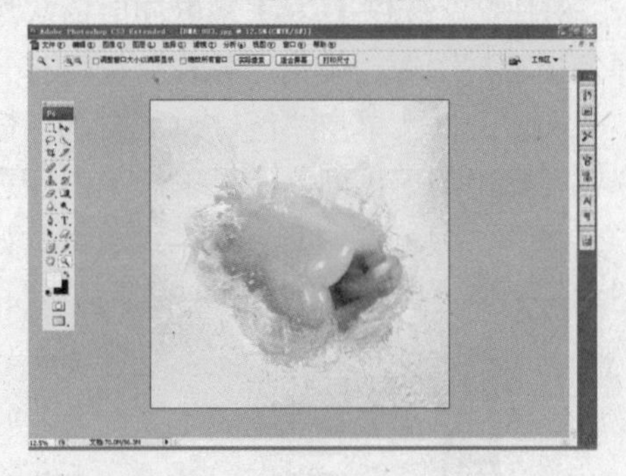

图 8-4 最大化屏幕模式

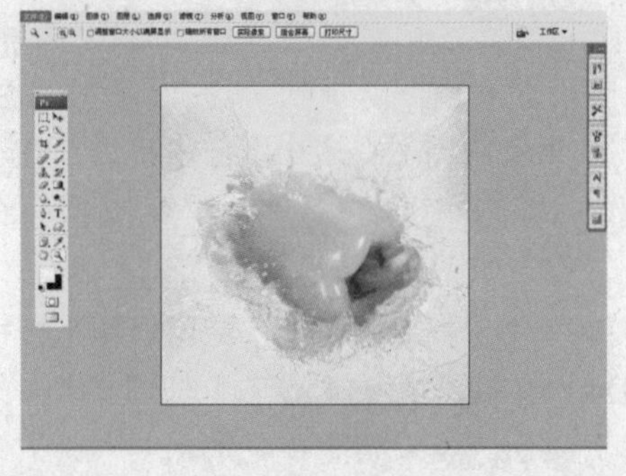

图 8-5 带有菜单栏的全屏模式

05 如果用户需要切换到全屏模式图像窗口，可在下拉菜单中选择“全屏模式”选项，图像效果如图 8-1 所示。

实例 9 果脯

本实例介绍如何排列多个图像窗口，效果如图 9-1 所示。

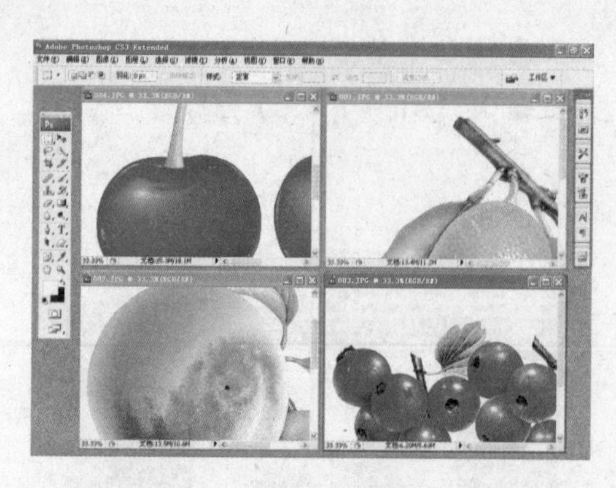

图9-1 排列多个图像窗口

操作步骤

01 单击“文件”|“打开”命令，弹出“打开”对话框，按住【Ctrl】键的同时依次选择多幅素材图像，单击“打开”按钮打开多个图像文件。单击“窗口”|“排列”命令，在弹出的“排列”子菜单中单击任意一个命令，即可按相应方式排列窗口，如图9-2所示。

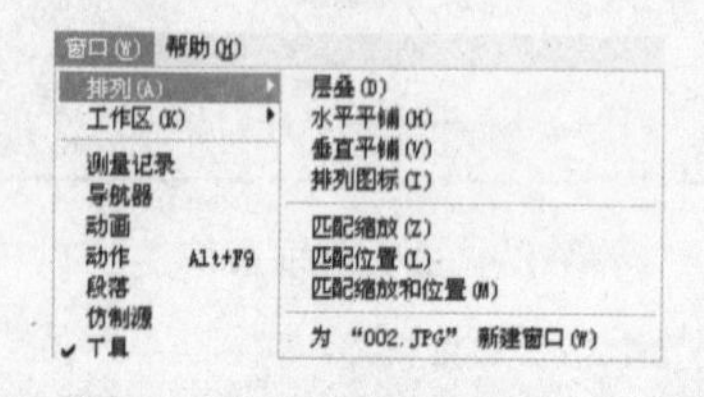

图9-2 “排列”子菜单

02如果用户需要将多个图像窗口重叠在一起，可单击“窗口”|“排列”|“层叠”命令，效果如图9-3所示。

03如果用户需要将多个图像窗口水平平铺显示，可单击“窗口”|“排列”|“水平平铺”命令，效果如图9-4所示。

04如果用户需要将多个图像窗口垂直平铺显示，可单击“窗口”|“排列”|“垂直平铺”命令，效果如图9-5所示。

图9-3 层叠效果

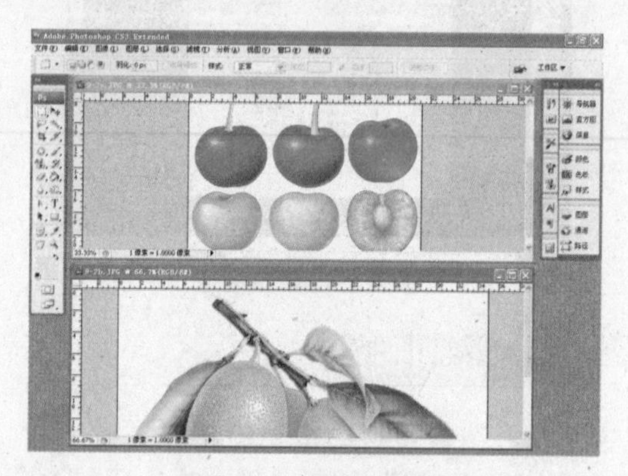

图9-4 水平平铺效果

图9-5 垂直平铺效果

05如果用户需要将多个图像窗口最小化排列在屏幕底部，可单击“窗口”|“排列”|“排列图标”命令，效果如图9-1所示。

实例10 中国结

本实例介绍如何缩小显示图像，缩小显示图像后的效果如图10-1所示。

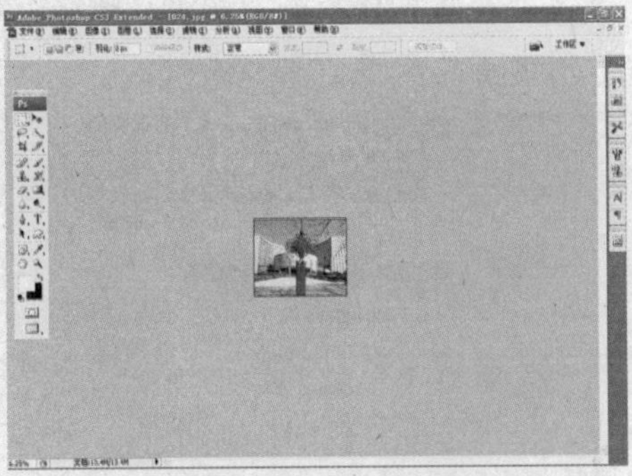

图 10-1 缩小显示图像

操作步骤

01 单击“文件”|“打开”命令，打开一幅素材图像，如图 10-2 所示。

02 单击“视图”|“缩小”命令，如图 10-3 所示。

03 每单击一次“缩小”命令，图像将缩小一级显示，如图 10-1 所示。

在 Photoshop CS3 中缩小显示图像的方法如下：

● 按【Ctrl + −】组合键。

● 单击工具箱中的“缩放工具”按钮，并单击工具属性栏中的“缩小”按钮，然后在图像窗口中单击鼠标左键。

图 10-2 素材图像

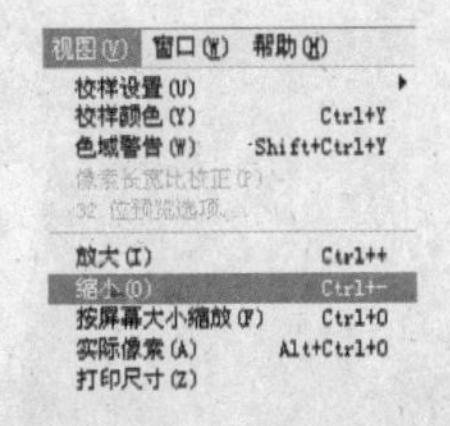

图 10-3 单击“缩小”命令

实例 11 萌芽

本实例介绍如何放大显示图像，放大图像后的效果如图 11-1 所示。

图 11-1 放大显示图像

操作步骤

01 单击“文件”|“打开”命令，选取并打开一幅素材图像，如图 11-2 所示。

图 11-2 素材图像

02 单击“视图”|“放大”命令，如图 11-3 所示。

03 每单击一次“放大”命令，图像将放大一级显示，效果如图 11-1 所示。

在Photoshop CS3中放大显示图像的方法如下：

- 按【Ctrl + +】组合键。
- 单击工具箱中的“缩放工具”按钮，并单击工具属性栏中的“放大”按钮，然后在图像窗口中单击鼠标左键。

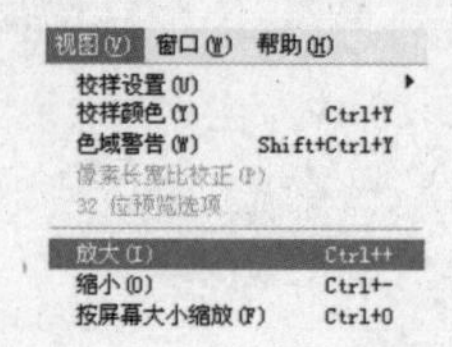

图 11-3 单击“放大”命令

实例 12 英气逼人

本实例介绍如何观察放大图像，效果如图 12-1 所示。

图 12-1 观察放大图像

操作步骤

01 打开一幅素材图像，如图 12-2 所示。

02 单击工具箱的缩放工具，将图像放大一定比例；选取工具箱中的抓手工具，移动鼠标指针至图像窗口（如正在使用其他工具对图形进行操作，按住空格键，也可临时将当前工具切换为抓手工具），单击鼠标左键并拖曳鼠标，即可移动图像窗口，效果如图 12-1 所示。

图 12-2 素材图像

说明

在Photoshop CS3中观察放大图像的方法很简单，只需拖曳图像下方和右侧的水平与垂直滚动条，即可观察图像的每一部分。

实例 13 生命的力量

本实例介绍如何应用标尺，应用标尺后的效果如图 13-1 所示。

操作步骤

01 打开一幅素材图像，如图 13-2 所示。

02 单击“视图”|“标尺”命令，如图 13-3 所示。

03 在图像窗口中即可显示标尺，效果如图 13-1 所示。

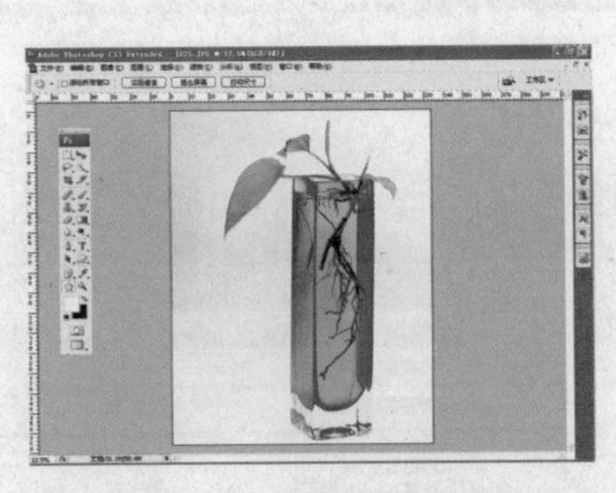

图 13-1 应用标尺后的效果

图 13-2 素材图像

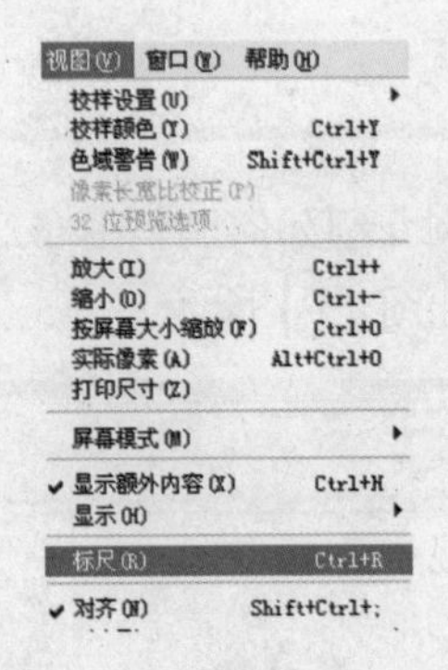

图 13-3 单击“标尺”命令

在 Photoshop CS3 中按【Ctrl + R】组合键，可显示或隐藏标尺。

实例 14 生命之苗

本实例介绍如何100%显示图像，100%显示图像的效果如图 14-1 所示。

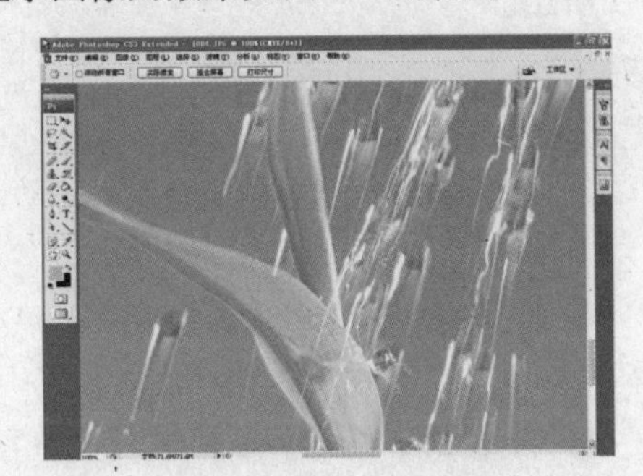

图 14-1 100% 显示图像

操作步骤

01 单击“文件”|“打开”命令，打开一幅素材图像，如图 14-2 所示。

02 选取工具箱中的缩放工具，在其属性栏中单击“放大”按钮，在图像上单击鼠标左键，放大图像，效果如图 14-3 所示。

03 在窗口中多次单击鼠标左键，图像将逐级放大。100% 显示图像的效果如图 14-1 所示。

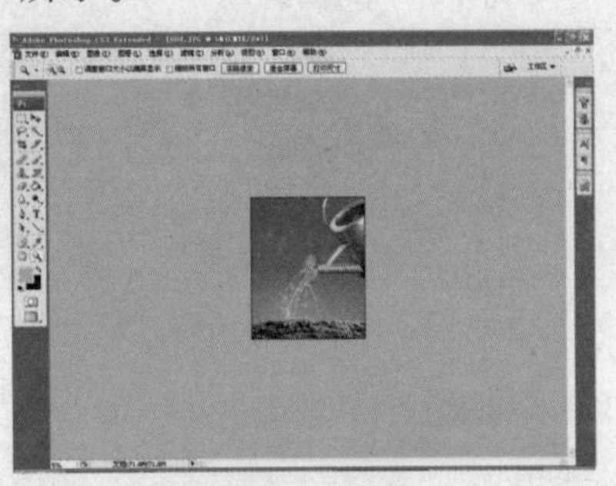

图 14-2 素材图像

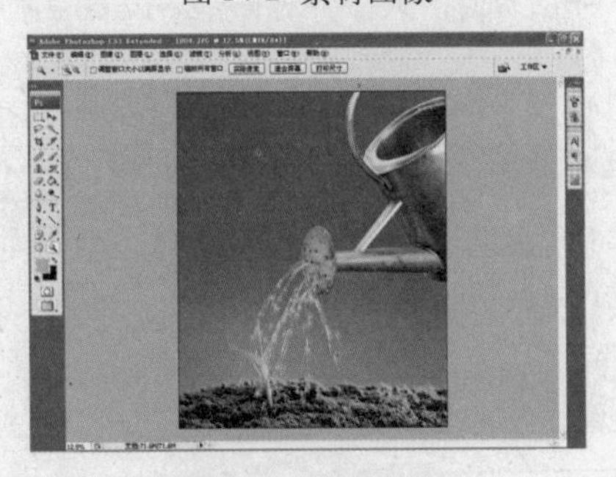

图 14-3 放大图像

实例15 美味食品

本实例介绍如何调整画布尺寸，调整后的效果如图15-1所示。

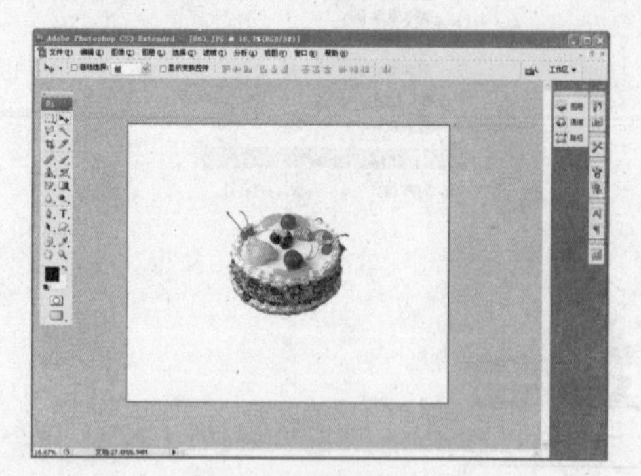

图15-1 调整画布尺寸

操作步骤

01 单击“打开”|“文件”命令，打开一幅素材图像，如图15-2所示。

图15-2 素材图像

02 单击“图像”|“画布大小”命令，如图15-3所示。

03 弹出“画布大小”对话框，设置“宽度”为120厘米、“高度”为100厘米，如图15-4所示。

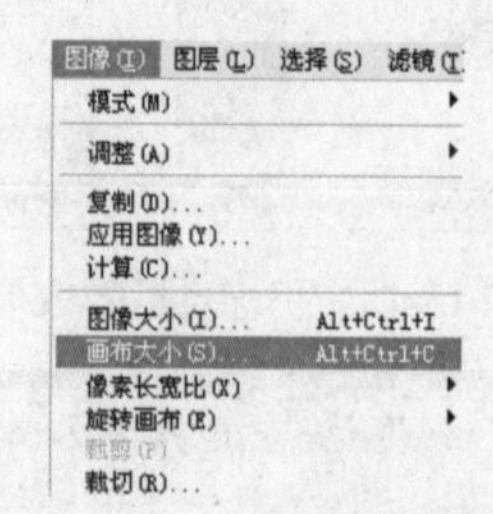

图15-3 单击“画布大小”命令

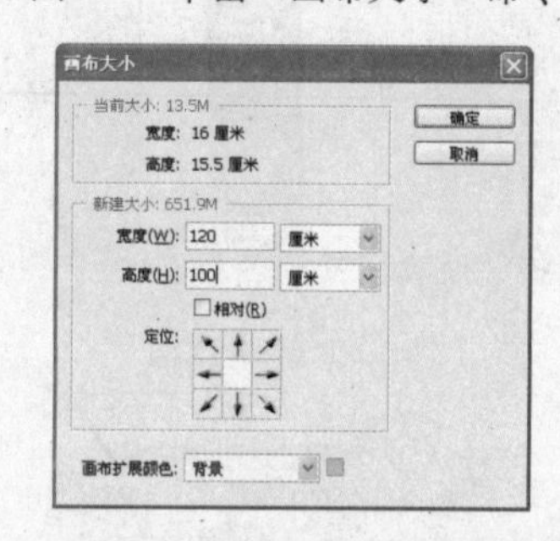

图15-4 “画布大小”对话框

04 单击“确定”按钮完成设置，效果如图15-1所示。

说明

在Photoshop CS3中调整画布大小的方法如下：

● 按【Alt + Ctrl + C】组合键，弹出“画布大小”对话框，从中调整画布大小。

● 按【Alt + I + S】组合键，弹出“画布大小”对话框，从中调整画布大小。

实例16 星球世界

本实例介绍如何显示网格，效果如图16-1所示。

操作步骤

01 打开一幅素材图像，效果如图16-2所示。

02 单击“视图”|“显示”|“网格”命令，如图16-3所示。

03 此时在图像窗口中将显示网格，效果如图16-1所示。

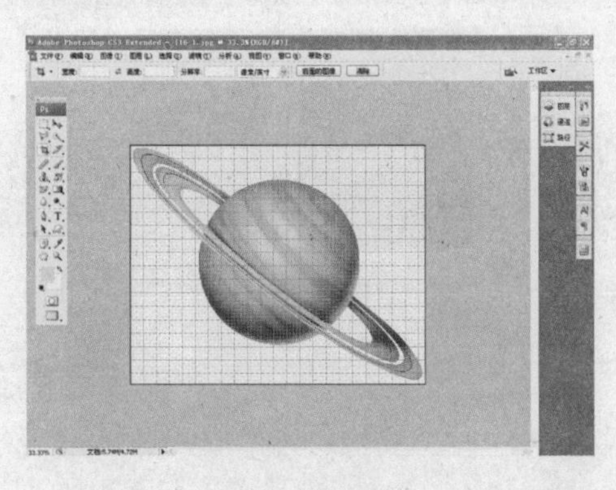

图 16-1 显示网格

图 16-2 素材图像

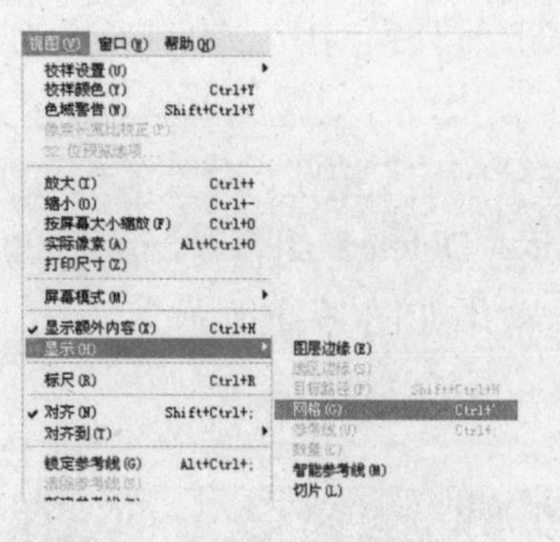

图 16-3 单击“网格”命令

在Photoshop CS3中显示或隐藏网格的方法如下：

● 按【Ctrl + '】组合键，显示或隐藏网格。

● 按【Alt + V + H + G】组合键，显示或隐藏网格。

● 按【Ctrl + H】组合键，显示或隐藏网格。

实例 17 填充矩形

本实例介绍如何使用“拾色器”对话框选取并填充颜色，填充颜色后的效果如图 17-1 所示。

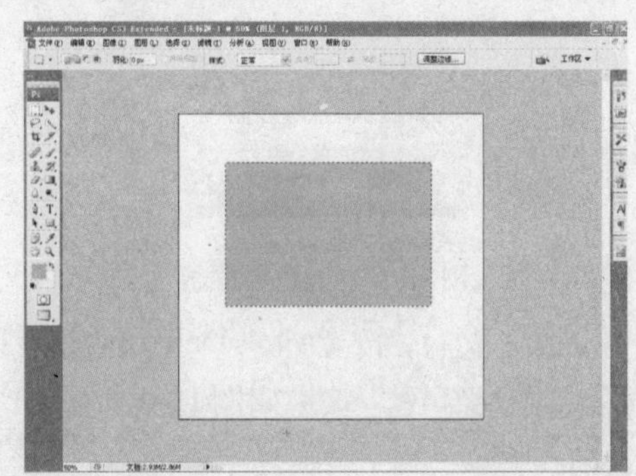

图 17-1 填充颜色后的图像

操作步骤

01 单击“文件”|“新建”命令，新建一个图像文件，选取工具箱中的矩形选框工具，在图像窗口中拖曳鼠标，创建一个矩形选区，如图 17-2 所示。

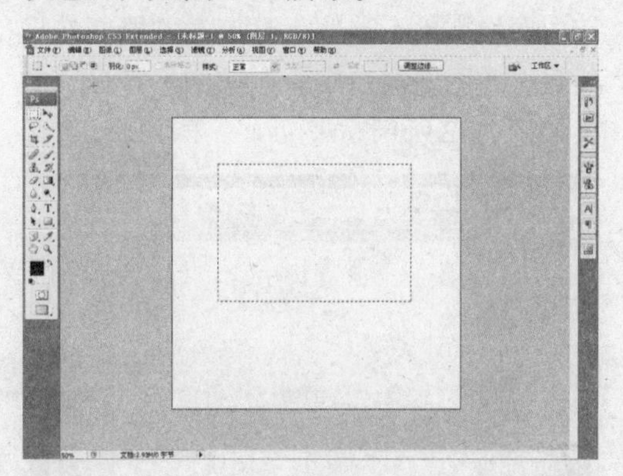

图 17-2 绘制矩形

02 单击“设置前景色”色块，弹出“拾色器（前景色）”对话框，设置颜色为绿色（RGB值分别为0、200、30），如图17-3所示。

03 单击“确定”按钮，设置前景色为绿色。按【Alt + Delete】组合键，为选区填充前景色，效果如图17-1所示。

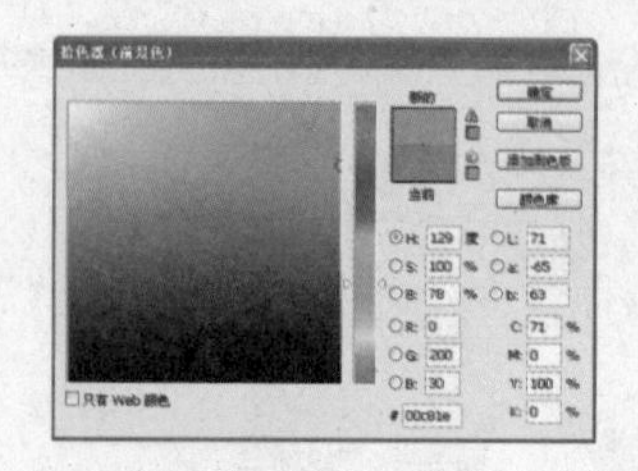

图17-3 “拾色器（前景色）”对话框

实例18 火红太阳

本实例介绍如何使用“颜色”面板设置颜色，设置颜色后的图形效果如图18-1所示。

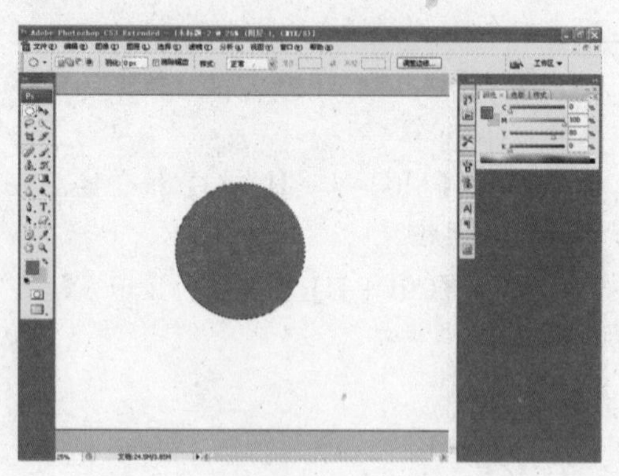

图18-1 设置图形颜色

操作步骤

01 单击“文件”|“新建”命令，新建一个空白图像文件，选取工具箱中的椭圆选框工具，在图像窗口中绘制椭圆形选区，效果如图18-2所示。

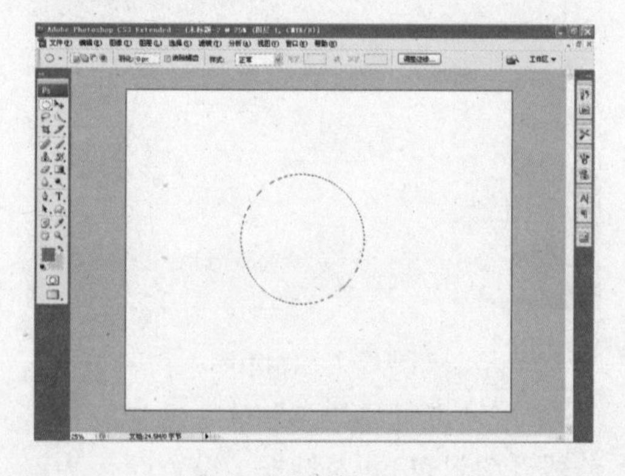

图18-2 绘制椭圆选区

02 单击“窗口”|“颜色”命令，如图18-3所示。

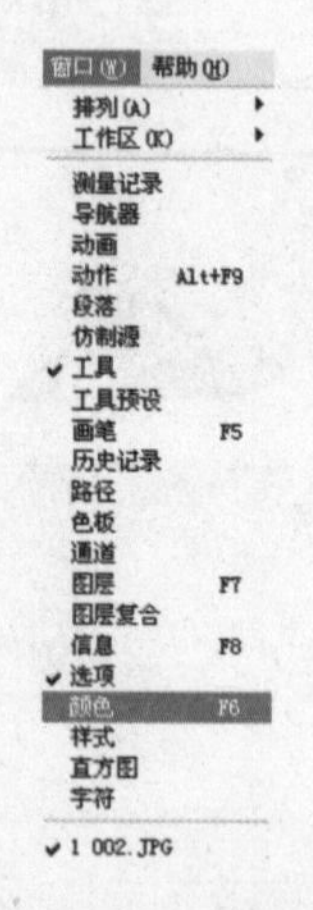

图18-3 单击“颜色”命令

03 弹出“颜色”面板，设置颜色为红色（CMYK值分别为0、100、80、0），如图18-4所示。

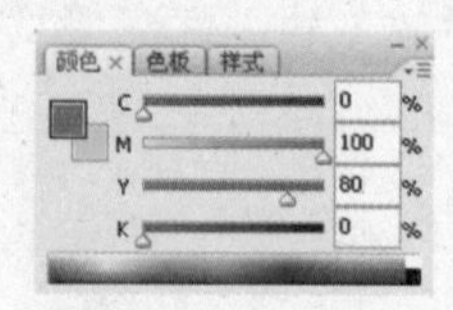

图18-4 “颜色”面板

04 设置完成后，按【Alt + Delete】组合键为选区填充红色，效果如图18-1所示。

用户可单击图18-4所示的“颜色”面板右上角的控制按钮，在弹出的下拉菜单中选择所需的颜色编辑模式。

实例 19 指南针

本实例介绍如何使用“色板”面板填充颜色，效果如图 19-1 所示。

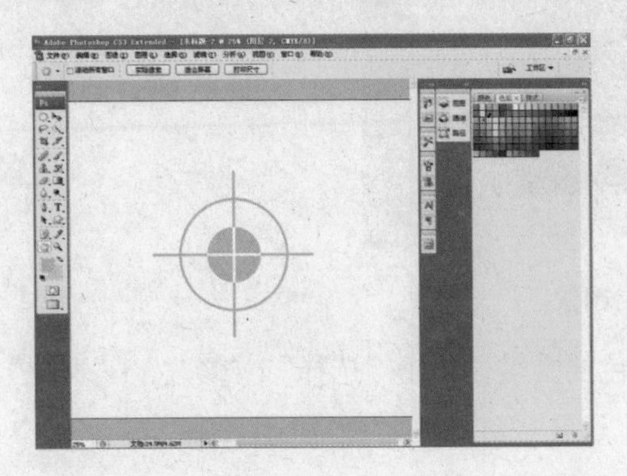

图 19-1 使用“色板”面板填充颜色后的效果

操作步骤

01 单击“文件”|“新建”命令，新建一个空白图像文件。选取工具箱中的自定形状工具，在图像窗口中绘制所需的图形，并按【Ctrl+Enter】组合键，将其转化为选区，效果如图 19-2 所示。

02 单击“窗口”|“色板”命令，弹出“色板”面板，如图 19-3 所示。

03 将鼠标指针移至面板中的颜色块上，待鼠标指针呈吸管形状时，单击需要的颜色块，即可将其设置为前景色，按【Alt + Delete】组合键，为选区填充前景色，效果如图 19-1 所示。

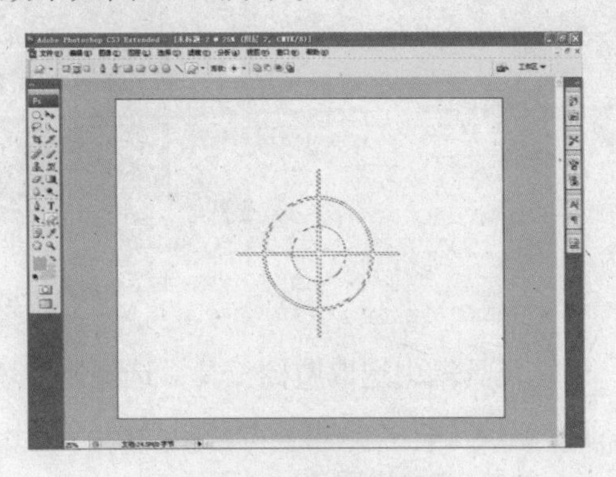

图 19-2 自定形状的选区

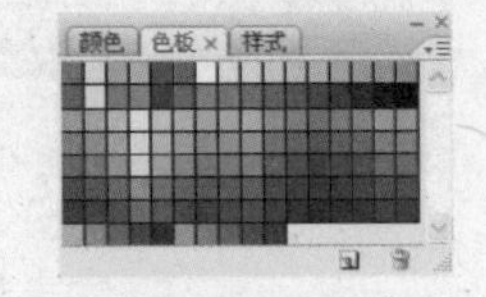

图 19-3 “色板”面板

说明

将形状转化为选区有以下几种方法：

- 按住【Ctrl】键的同时，单击“路径”面板中的形状路径。
- 单击“路径”面板底部的“将路径作为选区载入”按钮。

实例 20 小黄花

本实例介绍如何使用吸管工具选取颜色，图像最终效果如图 20-1 所示。

操作步骤

01 打开一幅素材图像，如图 20-2 所示。

02 在工具箱中选取吸管工具，在图像窗口中的任意位置单击鼠标左键，选取单击时指针位置的颜色，即可将所选颜色定义为前景色，如图 20-3 所示。

图 20-1 图像最终效果

图 20-2 素材图像

03 在工具箱中选取魔棒工具，选择需要填充颜色的区域，单击“选择”|“修改”|“羽化”命令或按【Ctrl + Alt + D】组合键，弹出“羽化选区”对话框，在“羽化半径”文本框中输入数值 12，如图 20-4 所示。

图 20-3 选取吸管工具

图 20-4 “羽化选区”对话框

04 单击“确定”按钮，羽化选区；多次按【Alt + Delete】组合键，为选区填充前景色，效果如图 20-1 所示。

第 2 章 小试牛刀——基本工具的应用

在实际工作中，通常需要针对图像的局部进行处理，此时选区功能就显得尤为重要。在 Photoshop 中创建选区的工具很多，运用这些工具可以按照不同的方式来选定图像的局部区域，以进行调整或效果处理。通过本章的学习，读者可以掌握中文版 Photoshop CS3 中矩形选框、画笔等工具的应用，并能够熟练运用它们完成对图像的各种编辑和修饰操作。

实例 21 美丽百叶窗

本实例介绍如何运用矩形选框工具创建选区，图像最终效果如图 21-1 所示。

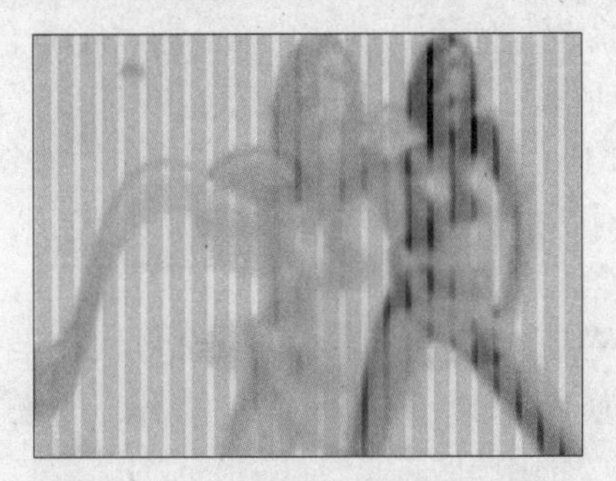

图 21-1 运用矩形选框工具创建选区

操作步骤

01 单击“文件”|“打开”命令，打开一幅素材图像。

02 新建“图层 1”，选取矩形选框工具，在图像窗口中按住鼠标左键并从上至下拖曳鼠标，创建一个矩形选区。

03 选取油漆桶工具，并设置前景色为浅蓝色（RGB 值分别为 177、202、241）；在选区中单击鼠标左键填充选区，按【Ctrl + D】组合键取消选区，在图层面板中设置该图层的“不透明度”为 40%，效果如图 21-2 所示。

04 在图层面板中，将“图层 1”拖曳至“创建新图层”按钮上，复制一个新图层。单击“编辑”|“自由变换”命令，或按【Ctrl+T】组合键，然后通过键盘上的左右方向键，将“图层 1 副本”中的图像移动到适当位置，按【Enter】键确认；多次按【Ctrl + Shift + Alt + T】组合键，等比例复制出多个矩形图像，效果如图 21-3 所示。

图 21-2 创建单列矩形条并调整透明度

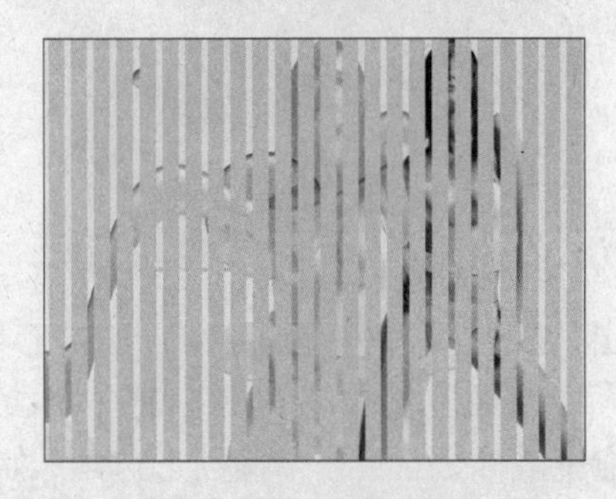

图 21-3 复制单列矩形条

05 选择“图层”面板中的“背景”图层，单击“滤镜”|“模糊”|“高斯模糊”命令，弹出“高斯模糊”对话框，在“半径”文本框中输入值 2.5，单击“确定”按钮，高斯模糊图像，效果如图 21-1 所示。

实例22 美丽红晕

本实例介绍如何运用椭圆选框工具创建选区，图像最终效果如图22-1所示。

图22-1 运用椭圆选框工具创建选区

操作步骤

01 单击“文件”|“打开”命令，打开一幅素材图像，如图22-2所示。

图22-2 素材图像

02 在矩形选框工具上单击鼠标右键，在弹出的快捷菜单中选取椭圆选框工具，在人物图像脸部单击鼠标左键并从上至下拖曳鼠标，创建一个椭圆形选区，如图22-3所示。

图22-3 创建椭圆形选区

03 新建“图层1”，在工具箱中单击“设置前景色”色块，弹出“拾色器（前景色）”对话框，设置颜色为粉红色（RGB值分别为245、187、202），单击“确定”按钮关闭对话框。单击“选择”|“修改”|“羽化”命令，或按【Ctrl + Alt + D】组合键，弹出“羽化选区”对话框，设置“羽化半径”值为35（如图22-4所示），单击“确定”按钮，羽化选区。

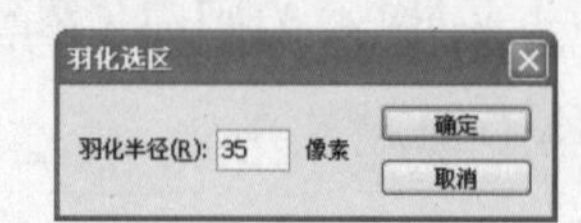

图22-4 “羽化选区”对话框

04 按【Alt + Delete】组合键，为选区填充前景色，将“图层1”中的图像移至人物脸部适当的位置，按【Ctrl + D】组合键，取消选区，在“图层”面板上方设置该图层的“不透明度”为78%。

05 参照以上方法，在人物脸部创建另一选区，羽化选区并填充颜色，效果如图22-1所示。

实例23 蝶恋花

本实例介绍如何运用魔棒工具创建选区，图像最终效果如图23-1所示。

图 23-1 运用魔棒工具创建选区

操作步骤

01 打开两幅素材图像，如图 23-2 所示。

素材图像 1

素材图像 2

图 23-2 素材图像

02 选择蝴蝶图像的“背景”图层为当前图层，将该图层拖曳至图层面板下方的“创建新图层”按钮上，创建“背景副本”图层。选择“背景”图层，单击“图层”面板中的“指示图层可见性”图标，将“背景”图层隐藏；选择“背景副本”图层，选取工具箱中的魔棒工具，在工具属性栏中设置“容差”为20，在图像窗口中的白色区域单击鼠标左键，为白色区域创建选区，按【Delete】键删除选区中的内容，按【Ctrl + D】组合键取消选区，如图 23-3 所示。

图 23-3 取消图像选区

03 选择工具箱中的移动工具，将蝴蝶“背景副本”图层中的图像拖曳到桃花图像中。单击“编辑”|“自由变换”命令，在图像窗口中适当调整蝴蝶图像的大小及位置，按【Enter】键确认变换；按住【Ctrl + Alt】组合键，同时在蝴蝶图像上拖曳鼠标，复制多个蝴蝶图像，并分别调整其大小和位置，效果如图 23-1 所示。

实例 24 创建壁纸

本实例介绍如何运用多边形套索工具创建选区，图像最终效果如图 24-1 所示。

操作步骤

01 打开两幅素材图像，如图 24-2 所示。

02 选取工具箱中的多边形套索工具，移动鼠标指针至素材图像 1 窗口中，在需要创建选区的图像边缘单击鼠标左键，确认起始点，依次单击鼠标左键添加其他节点，创建选区，效果如图 24-3 所示。

03 切换至素材图像 2 窗口中，按【Ctrl+A】组合键，选择整幅图像，单击“编辑”|“拷贝”命令，复制图像，切换至素材图像 1 窗口中，单击“编辑”|“贴入”命令，贴入

复制的图像，效果如图24-4所示。

图24-1 运用多边形套索工具创建选区

素材图像1

素材图像2

图24-2 素材图像

图24-3 创建的选区

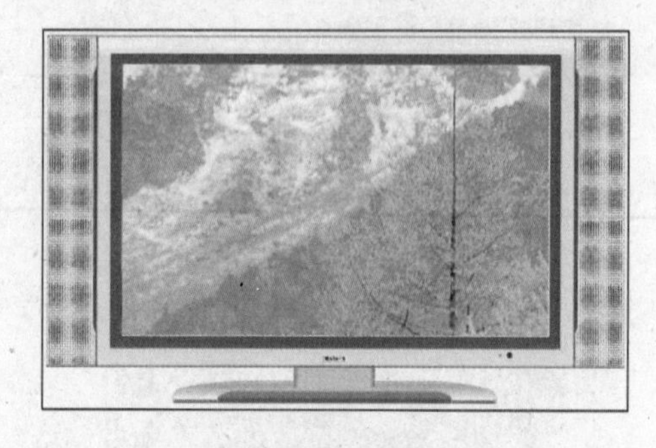

图24-4 贴入的图像

04 按【Ctrl + T】组合键，弹出变换控制框，在图像窗口中，将光标置于变换控制框四角的任意控制柄处，按住【Shift + Alt】组合键的同时，单击鼠标左键并拖动鼠标，等比例缩小图像，并适当地移动图像的位置，按【Enter】键确认变换操作，效果如图24-1所示。

实例25 蓝色精灵

本实例介绍如何运用磁性套索工具创建选区，图像最终效果如图25-1所示。

图25-1 运用磁性套索工具创建选区

操作步骤

01 打开一幅素材图像，如图25-2所示。

02 选取工具箱中的磁性套索工具，移动鼠标指针至图像窗口，在人物的左眼球处单击鼠标左键，确认起始点，然后沿眼球的边缘移动鼠标指针，当终点与起始点重合时，鼠标指针将呈形状，此时单击鼠标左键，即可创建一个封闭的选区，如图25-3所示。

图 25-2 素材图像

图 25-3 创建选区

03 单击工具属性栏中的"添加到选区"按钮，用相同的方法为人物的另一只眼球创建选区。单击"选择"|"羽化"命令，弹出"羽化选区"对话框，设置"羽化半径"为5，单击"确定"按钮，羽化选区，效果如图25-4所示。

图 25-4 羽化选区

04 按【Ctrl + U】组合键，弹出"色相/饱和度"对话框，选中"着色"复选框，设置"色相"为190、"饱和度"为24、"明度"为15，单击"确定"按钮，调整色相/饱和度，并按【Ctrl + D】组合键取消选区，效果如图25-1所示。

实例26 茶花

本实例介绍如何运用"色彩范围"命令创建选区，图像最终效果如图26-1所示。

图 26-1 运用"色彩范围"命令创建选区

操作步骤

01 打开一幅素材图像，如图26-2所示。

图 26-2 素材图像

02 单击"选择"|"色彩范围"命令，弹出"色彩范围"对话框，如图26-3所示。

03 在"色彩范围"对话框中单击"吸管工具"按钮，移动鼠标指针至图像窗口（此时鼠标指针将呈吸管形状），在花瓣上单击鼠标左键，吸取鼠标单击时指针位置的颜色，如图26-4所示。

图26-3 “色彩范围”对话框

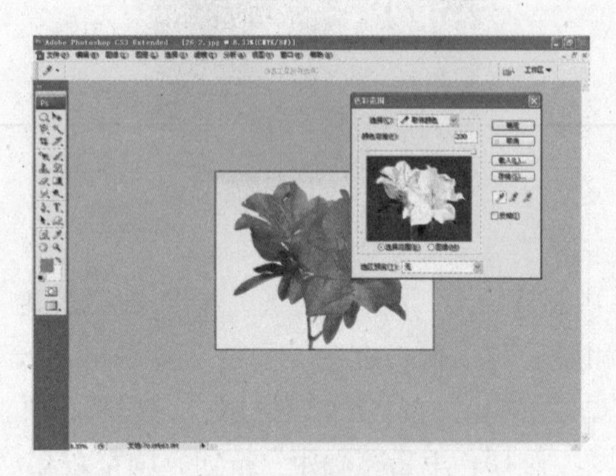

图26-4 取样颜色

04在对话框中设置“颜色容差”为100，单击“确定”按钮，在所选颜色范围内创建选区。按【Ctrl＋Alt＋D】组合键，弹出“羽化选区”对话框，然后设置“羽化半径”为5，单击“确定”按钮羽化选区，如图26-5所示。

图26-5 羽化选区

05单击“图像”|“调整”|“色相/饱和度”命令，弹出“色相/饱和度”对话框，设置“色相”为15、“饱和度”为30，单击“确定”按钮，调整图像色相/饱和度。按【Ctrl＋D】组合键取消选区，最终效果如图26-1所示。

实例27 朦胧美女

本实例介绍如何运用“添加图层蒙版”按钮创建选区，图像最终效果如图27-1所示。

图27-1 运用“添加图层蒙版”按钮创建选区

操作步骤

01打开一幅素材图像，如图27-2所示。

图27-2 素材图像

02在“图层”面板底部单击“创建新图层”

按钮，创建一个新图层。在工具箱下方单击“设置前景色”色块，在弹出的对话框中将前景色设置为浅蓝（RGB 值分别为 112、179、255），然后按【Alt + Delete】组合键，填充“图层 1”。单击图层面板底部的“添加图层蒙版”按钮，在矩形选框工具上单击鼠标右键，在弹出的快捷菜单中选取椭圆选框工具，在图像窗口中的任意位置绘制一个椭圆图形，效果如图 27-3 所示。

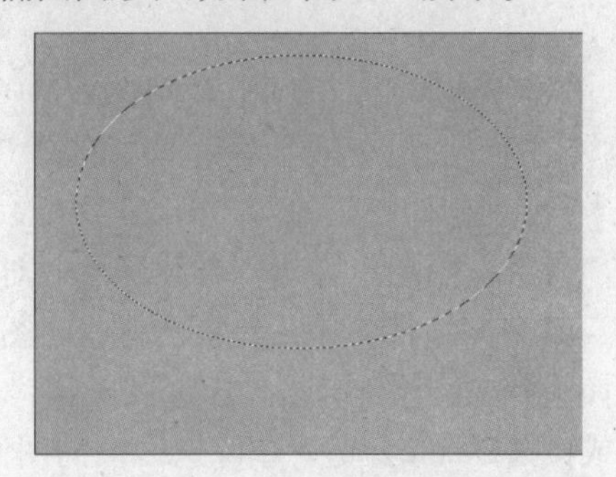

图 27-3 绘制椭圆

03 单击“选择”|“修改”|“羽化”命令，弹出“羽化选区”对话框，设置“羽化半径”为70，单击“确定”按钮，羽化选区。单击“编辑”|“填充”命令或者按【Shift + F5】组合键，弹出“填充”对话框，设置“不透明度”为40%，其他参数设置如图 27-4 所示。

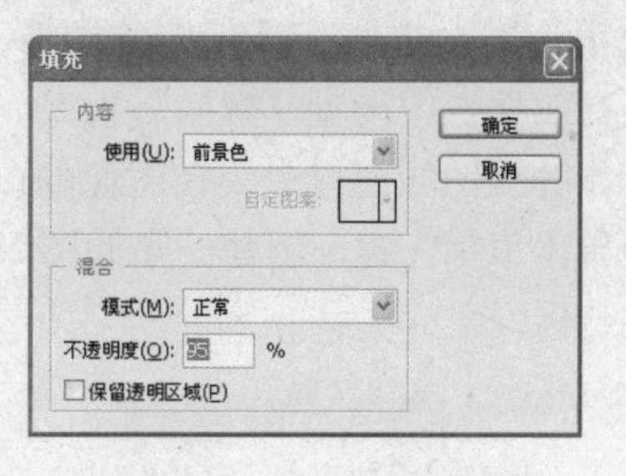

图 27-4 “填充”对话框

04 单击“确定”按钮，按【Ctrl + D】组合键取消选区，效果如图 27-1 所示。

实例 28 幼芽

本实例介绍如何运用“通道”面板创建选区，图像最终效果如图 28-1 所示。

图 28-1 运用“通道”面板创建选区

操作步骤

01 打开一幅素材图像，然后单击“窗口”|“通道”命令，打开“通道”面板，如图28-2 所示。

图 28-2 “通道”面板

02 在“通道”面板中选择蓝色通道，并在其上单击鼠标右键，在弹出的快捷菜单中选择“复制通道”选项，在弹出的“复制通道”对话框中单击“确定”按钮，得到一个新的通道“蓝副本”，如图 28-3 所示。

03 在“蓝副本”通道左侧单击“指示通道

可见性”按钮，按住【Ctrl】键，在该通道上单击鼠标左键，载入该通道的选区。单击“选择”|“反向”命令或按【Ctrl+Shift+I】组合键，反选选区；按【Ctrl+L】组合键，弹出“色阶”对话框，设置各选项参数值分别为53、2、255，单击“确定”按钮，调整选区内图像的色阶，按【Ctrl+D】组合键取消选区；选取工具箱中的魔棒工具，在工具属性栏中设置“容差”为25，移动鼠标指针至图像窗口中，在图像的白色背景处单击鼠标左键，创建一个如图28-4所示的选区。

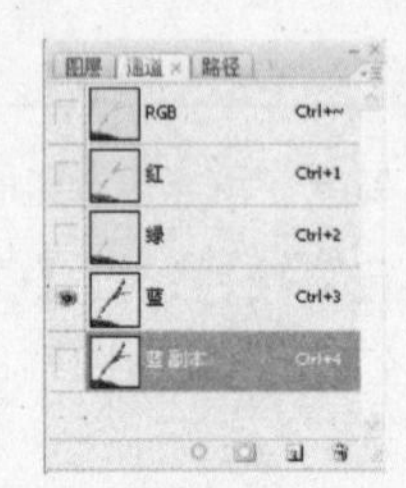

图28-3 “通道”面板

图28-4 创建的选区

04 单击“选择”|“修改”|“羽化”命令，在弹出的“羽化选区”对话框中设置“羽化半径”为10，然后选择“图层”面板，双击“背景”图层，弹出“新建图层”对话框，单击“确定”按钮，将“背景”图层转换为普通图层。单击“编辑”|“清除”命令或按【Delete】键，删除选区内的图像，按【Ctrl + D】组合键取消选区，效果如图28-1所示。

实例29 桃花

本实例介绍如何运用仿制图章工具复制图像，图像最终效果如图29-1所示。

图29-1 运用仿制图章工具复制图像

操作步骤

01 打开一幅素材图像，如图29-2所示。

02 选取工具箱中的仿制图章工具，并在属性栏中设置各项参数，如图29-3所示。

03 移动鼠标指针至图像窗口中的桃花图像上，在按住【Alt】键的同时单击鼠标左键，进行取样，释放【Alt】键，移动鼠标指针至窗口中间的空白区域，拖曳鼠标，将取样点的图像复制到涂抹的位置，效果如图29-1所示。在拖曳鼠标的过程中，取样点也会发生相应的移动，但取样点和复制图像位置的相对距离始终保持不变。

图29-2 素材图像

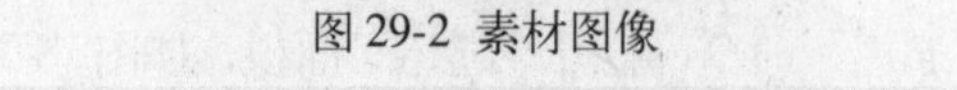

图29-3 仿制图章工具属性栏

实例 30 紫藤花

本实例介绍如何运用图案图章工具复制图案，图像最终效果如图 30-1 所示。

图 30-1 运用图案图章工具复制图案

操作步骤

01 打开一幅素材图像，如图 30-2 所示。

图 30-2 素材图像

02 单击“编辑”|“定义图案”命令，弹出“图案名称”对话框，然后设置“名称”为“花之物语”(如图30-3所示)，单击“确定”按钮。

图 30-3 “图案名称”对话框

03 打开一幅素材图像(如图30-4所示)，单击“图层”面板底部的“创建新图层”按钮，新建“图层1”。

图 30-4 素材图像

04 选取工具箱的图案图章工具，在工具属性栏中设置“画笔”大小为200，单击“‘图案’拾色器”下拉按钮，在弹出的列表框中选择“花之物语”图案，在图像窗口中的适当位置进行涂抹，复制图案，效果如图 30-1 所示。

实例 31 去除黑点

本实例介绍如何运用修复画笔工具修饰图像，图像最终效果如图 31-1 所示。

操作步骤

01 打开一幅素材图像，如图 31-2 所示。

02 选取工具箱中的修复画笔工具，在工具属性栏中设置相应的选项参数，移动鼠标指针至图像窗口中，按住【Alt】键，在人物脸部的合适位置单击鼠标左键，进行取样，如图 31-3 所示。

03 释放【Alt】键后，在人物脸部的黑点处单击鼠标左键，去除脸部黑点，效果如图

31-1所示。

图31-1 运用修复画笔工具修饰图像

图31-2 素材图像

图31-3 进行取样

实例32 绿色源泉

本实例介绍如何运用修补工具修饰图像，图像最终效果如图32-1所示。

图32-1 运用修补工具修饰图像

01 打开一幅素材图像，如图32-2所示。

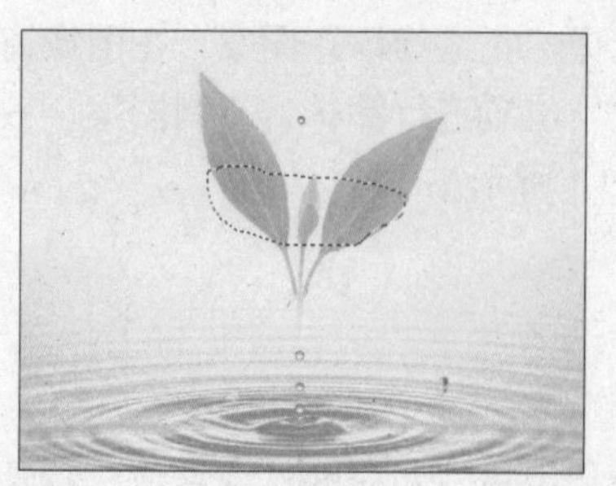

图32-2 素材图像

02 选取工具箱中的修补工具，在工具属性栏中选中“源”单选按钮，并取消选择“透明”复选框。移动鼠标指针至图像窗口，在素材图像的树叶上拖曳鼠标，创建选区，如图32-3所示。

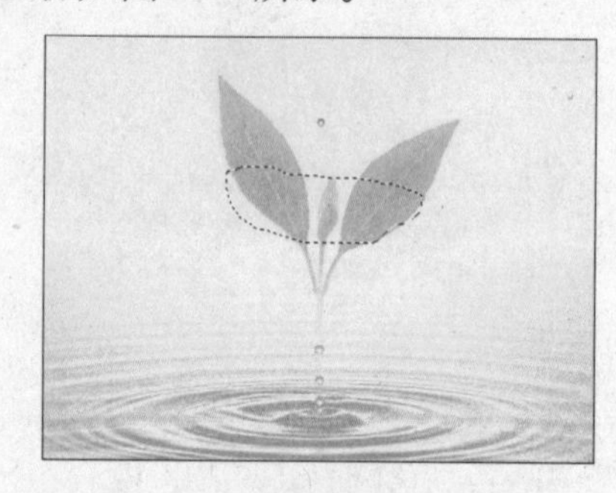

图32-3 创建的选区

03 拖曳选区至素材图像空白区域，对图像进行修补。

04 用与上述相同的方法，创建不同的选区，对图像进行多次修补，完成修补操作。按【Ctrl＋D】组合键，取消选区，效果如图32-1所示。

实例33 天真可爱

本实例介绍如何运用红眼工具移除红眼，图像最终效果如图33-1所示。

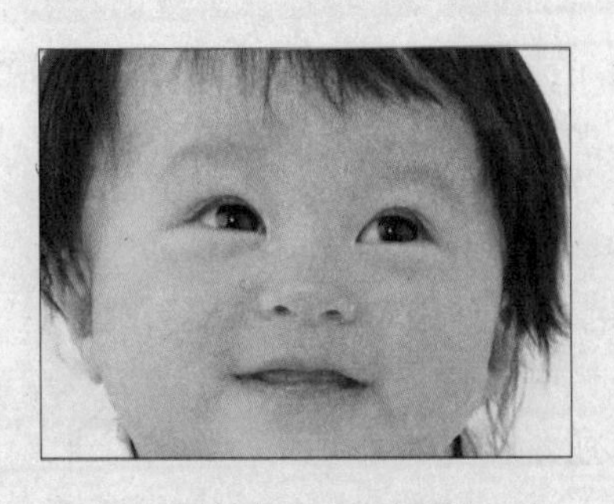

图 33-1 运用红眼工具移除红眼

操作步骤

01 打开一幅素材图像，如图 33-2 所示。

02 选取工具箱中的红眼工具，在工具属性栏中设置“瞳孔大小”为50%、“变暗量”为50%，如图 33-3 所示。

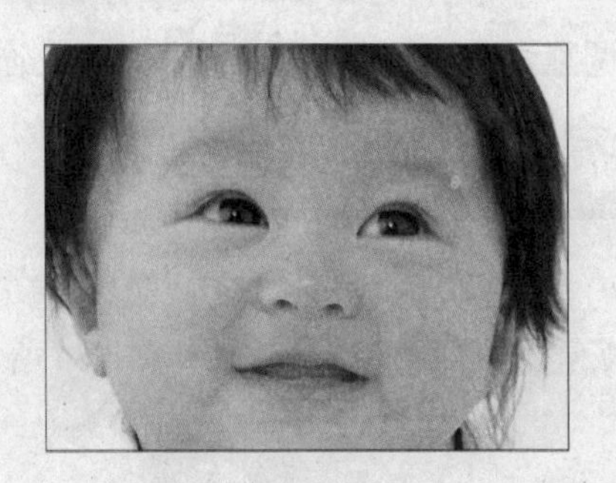

图 33-2 素材图像

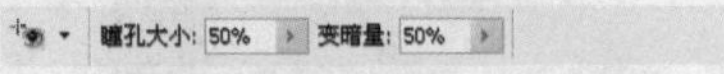

瞳孔大小: 50% 变暗量: 50%

图 33-3 红眼工具属性栏

03 移动鼠标指针至图像窗口，在红眼位置单击鼠标左键，即可消除红眼，效果如图 33-1 所示。

实例 34 笑美人

本实例介绍如何运用污点修复工具修饰图像，图像最终效果如图 34-1 所示。

图 34-1 图像最终效果

操作步骤

01 单击“文件”|“打开”命令，打开一幅素材图像，如图 34-2 所示。

02 选取工具箱中的污点修复画笔工具，在工具属性栏中设置“画笔”大小为19，如图 34-3 所示。

03 移动鼠标指针至图像窗口，在人物背部拖曳鼠标，此时鼠标指针经过的地方将以黑色显示，如图 34-4 所示。

图 34-2 素材图像

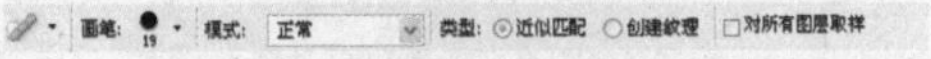

画笔: 19 模式: 正常 类型: 近似匹配 创建纹理 对所有图层取样

图 34-3 设置污点修复画笔工具选项

图 34-4 涂沫的图像

04 释放鼠标后，系统将自动对涂抹部分进行调整。用与上述相同的方法，在人物背部进行多次涂抹，去除污点，效果如图34-1所示。

实例35 唯我闪亮

本实例介绍如何运用历史记录画笔工具恢复图像，图像最终效果如图35-1所示。

图35-1 运用历史记录画笔工具恢复图像

操作步骤

01 打开一幅素材图像，如图35-2所示。

图35-2 素材图像

02 选取工具箱中的橡皮擦工具，在工具属性栏中设置“画笔”大小为1000，如图35-3所示。

画笔: 1000 模式: 画笔 不透明度: 100% 流量: 100% 抹到历史记录

图35-3 橡皮擦工具属性栏

03 在图像窗口中拖曳鼠标，可将图像擦除，效果如图35-4所示。

图35-4 擦除图像

04 选取工具箱中的历史记录画笔工具，在工具属性栏中设置“画笔”大小为700，在原图像上拖曳鼠标，此时图像中被涂抹过的部分又恢复到擦除图像前的状态，如图35-1所示。

实例36 油画艺术

本实例介绍如何运用历史记录艺术画笔涂抹图像，图像最终效果如图36-1所示。

图36-1 运用历史记录艺术画笔涂抹图像

操作步骤

01 打开一幅素材图像，如图36-2所示。

图36-2 素材图像

02 在工具箱中选取历史记录艺术画笔工具，在工具属性栏中设置“画笔”大小为36，如图36-3所示。

03 在图像中多次单击鼠标左键，可为图像添加色彩柔和的模糊效果，如图36-1所示。

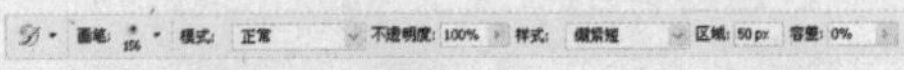

图36-3 历史记录艺术画笔工具属性栏

实例37 朦胧美感

本实例介绍如何运用模糊工具模糊图像，图像最终效果如图37-1所示。

图37-1 模糊图像效果

图37-2 素材图像

操作步骤

01 打开一幅素材图像，如图37-2所示。

02 选取工具箱中的椭圆选框工具，在人物脸部的适当位置创建选区，按【Ctrl+Alt+D】，弹出“羽化选区”对话框，设置“羽化半径”为10，单击“确定”按钮羽化选区；单击“滤镜”|“模糊”|“方框模糊”命令，如图37-3所示。

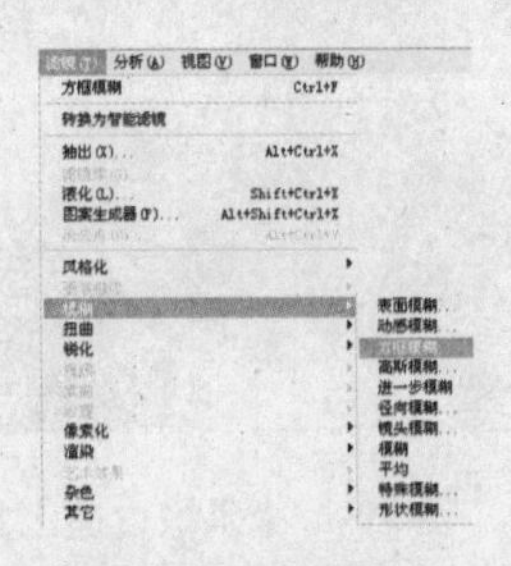

图37-3 单击“方框模糊”命令

03 在弹出的“方框模糊”对话框中设置其“半径”为30，单击“确定”按钮，模糊图像，效果如图37-1所示。

实例38 擦除背景

本实例介绍如何运用橡皮擦工具擦除图像背景，图像最终效果如图38-1所示。

操作步骤

01 打开素材图像，如图38-2所示。

02 选取工具箱中的橡皮擦工具，在橡皮擦工具属性栏中单击“画笔”选项右侧的下拉按钮，在弹出的面板中设置画笔“主直径”为100、“硬度”为5%，如图38-3所示。

图38-1 擦除图像背景的效果

图38-2 素材图像

03 在图像窗口背景处，单击鼠标左键，擦除图像背景，在擦除图像背景时也可对画笔大小进行适当调整，擦除背景后的效果如图38-1所示。

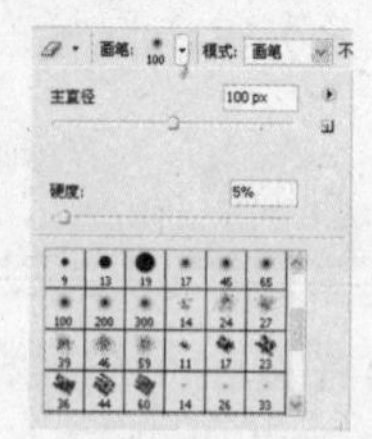

图38-3 画笔面板

实例39 移人换景

本实例介绍如何运用魔术橡皮擦工具擦除背景图像，图像最终效果如图39-1所示。

图39-1 魔术橡皮擦工具

01 打开两幅素材图像，如图39-2所示。

02 在素材图像2窗口中，将“背景”图层，拖曳到“图层”面板底部的“创建新图层”按钮，创建一个“背景副本”图层。单击“背景”图层中左侧的“指示图层可见性”图标，将“背景”图层隐藏。选取工具箱魔术橡皮擦工具，在工具属性栏中设置魔术橡皮擦的“容差”为15，将鼠标指针放置在人物图像中的白色区域，单击鼠标左键，此时图像中的白色区域将被擦除，显示为透明背景，效果如图39-3所示。

03 选取移动工具，将人物图像拖曳至风景图像窗口中，然后单击“编辑”|“自由变换”命令，将人物图像缩小至合适大小，并调整图像位置，效果如图39-1所示。

素材图像1

素材图像2

图39-2 素材图像

图39-3 擦除背景

实例40 焰火

本实例介绍如何运用渐变工具填充颜色，图像最终效果如图40-1所示。

图40-1 运用渐变工具填充颜色

操作步骤

01 单击“文件”|“打开”命令，打开一幅素材图像。在工具箱中选取自定形状工具，在工具属性栏中单击“形状”选项右侧的下拉按钮，在弹出面板中单击右侧上方的小三角按钮，并在弹出的下拉菜单中选择“全部”选项，然后在弹出的提示信息框中单击“追加”按钮。在形状面板的列表框中选择相应图形形状，在图像窗口中拖曳鼠标左键，绘制图形，效果如图40-2所示。

图40-2 创建形状

02 创建新图层，按【Ctrl + Enter】组合键将当前形状转化为选区，如图40-3所示。

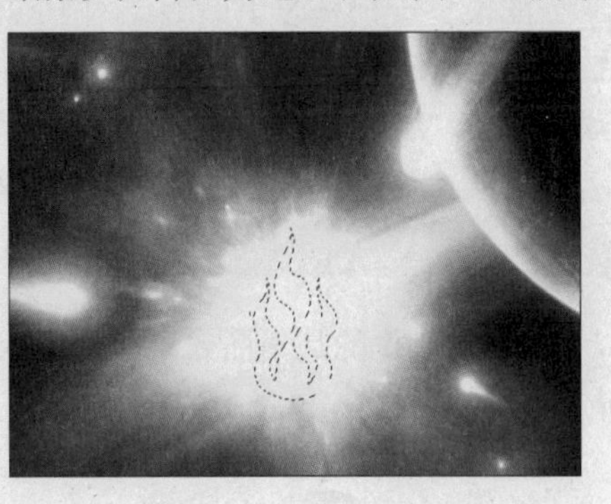

图40-3 创建选区

03 选取工具箱中的渐变工具，单击工具属性栏中的“编辑渐变”色块，弹出“渐变编辑器”窗口，双击第1个色标，在弹出的“选择色标颜色”对话框中设置色标颜色为浅褐色（RGB值分别为223、137、109），单击“确定”按钮，返回“渐变编辑器”窗口；在渐变条下方单击两次鼠标左键，添加两个色标，设置第2个色标的颜色为淡黄色（RGB值分别为254、231、170）、第3个“色标”的颜色为土黄色（RGB值分别为214、177、144）、第4个色标的颜色为粉红色（RGB值分别为255、200、250）。

04 在“渐变编辑器”窗口中单击“确定”按钮，返回图像窗口。单击“选择”|“修改”|“羽化”命令，弹出“羽化选区”对话框，设置“羽化半径”为3，单击“确定”按钮，羽化选区；单击工具属性栏中的“径向渐变”按钮，在图像窗口的选区中从上到下拖曳鼠标，按【Delete】键删除填充渐变颜色，按【Ctrl + D】组合键取消选区，效果如图40-1所示。

第3章 缤纷多姿——图像特效

“滤镜”一词来源于摄影技术中的滤光镜，它的工作原理是先分析图像的像素值，然后通过计算使这些像素产生位移或增减颜色值。本章将介绍通过滤镜工具处理各种图像的方法。

实例41 人物轮廓

本实例制作的是素描效果，如图41-1所示。

图41-1 素描图像效果

操作步骤

01 单击“文件”|“打开”命令，打开一幅素材图像，如图41-2所示。

02 单击“滤镜”|“模糊”|“特殊模糊”命令，弹出“特殊模糊”对话框，然后设置“半径”为55.2、“阈值”为48.7、“品质”为“中”、“模式”为“仅限边缘”，如图41-3所示。

03 单击“确定”按钮，关闭该对话框；选择“图像”|“调整”|“反相”命令，或按【Ctrl + I】组合键，将图像反相，效果如图41-1所示。

图41-2 素材图像

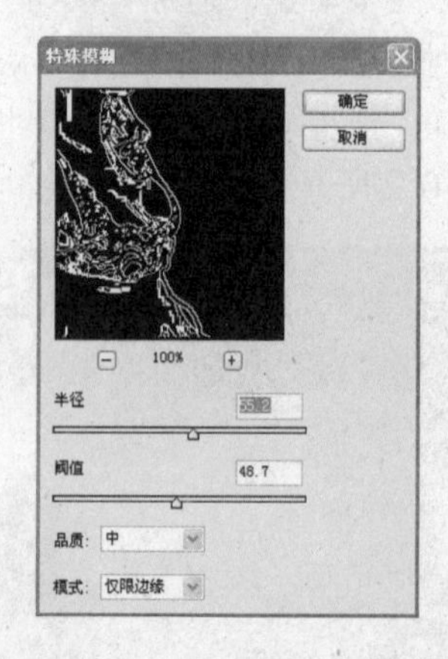

图41-3 “特殊模糊”对话框

实例42 树叶倒影

本实例制作的是树叶在水中的倒影，效果如图42-1所示。

图 42-1 水中倒影效果

操作步骤

01 单击“文件”|“打开”命令，打开一幅素材图像，如图 42-2 所示。

图 42-2 素材图像

02 选取工具箱中的魔棒工具，在工具属性栏中设置“容差”为35，按住【Shift】键的同时，在图像窗口的树叶上的合适位置多次单击鼠标左键创建选区，然后按【Ctrl+C】组合键复制选区中的图像，再按【Ctrl+V】组合键进行粘贴，系统将自动创建“图层 1”。

03 单击“编辑”|“自由变换”命令，选区四周将显示变换控制框，按住【Ctrl + Alt】组合键，同时将鼠标指针移至变换控制框上方中间的控制柄上，当鼠标指针呈▶形状时，拖曳鼠标，移动图像位置，使选区内图像正好与背景图像倒影吻合，效果如图 42-3 所示。

图 42-3 变换图像

04 按【Enter】键确认变换，单击“滤镜”|“模糊”|“高斯模糊”命令，在弹出的“高斯模糊”对话框中设置“模糊半径”为3，单击“确定”按钮，对复制的图像进行高斯模糊；在“图层”面板上设置该图层的“不透明度”为40%，单击“确定”按钮，效果如图 42-1 所示。

实例 43 渔上人家

本实例制作的是颗粒效果，如图 43-1 所示。

图 43-1 颗粒效果图像

操作步骤

01 单击“文件”|“打开”命令，打开一幅素材图像，如图 43-2 所示。

02 单击“滤镜”|“素描”|“半调图案”命令，弹出“半调图案”对话框，设置“大小”为10、“对比度”为38、“图案类型”为“直线”，单击“确定”按钮，效果如图 43-3 所示。

图 43-2 素材图像

03 单击“滤镜”|“纹理”|“颗粒”命令，弹出“颗粒”对话框，设置“强度”为70、“对比度”为77，并在“颗粒类型”下拉列表框中选择“柔和”选项，单击“确定”按钮，效果如图43-1所示。

图 43-3 半调图案图像

实例44 简易相框

本实例制作的是阴影背景，效果如图44-1所示。

图 44-1 阴影效果图像

操作步骤

01 单击“文件”|“打开”命令，打开一幅素材图像，如图44-2所示。

02 将“背景”图层拖曳至“图层”面板底部的“创建新图层”按钮上，新建“背景副本”图层。单击“图像”|“画布大小”命令，弹出“画布大小”对话框，设置“宽度”为871像素、“高度”为1 105像素、“画布扩展颜色”为白色，单击“确定”按钮，将图像的边缘扩展，效果如图44-3所示。

03 单击“图层”|“图层样式”|“投影”命令，弹出“图层样式”对话框，设置各参数，如图44-4所示。

04 单击“确定”按钮，效果如图44-1所示。

图 44-2 素材图像

图 44-3 调整画布大小图像

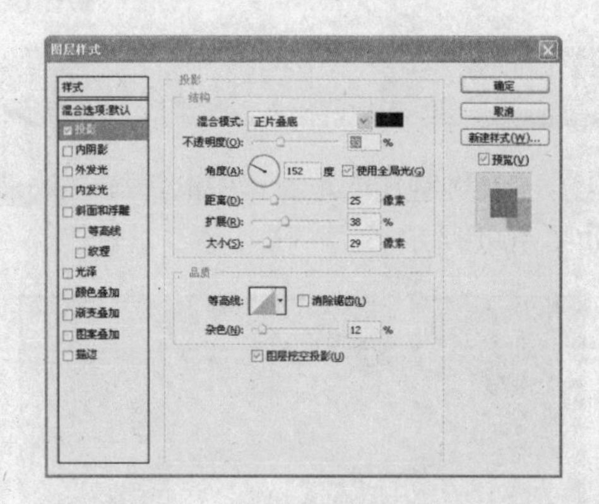

图 44-4 “图层样式”对话框

实例 45 朦胧古街

本实例制作的是朦胧古街，效果如图 45-1 所示。

图 45-1 朦胧古街

操作步骤

01 单击“文件”|“打开”命令，打开一幅素材图像，如图 45-2 所示。

图 45-2 素材图像

02 将“背景”图层拖曳至“图层”面板底部的“创建新图层”按钮上，创建“背景副本”图层，在工具箱中选择渐变工具，设置前景色为黑色、背景色为浅灰色（RGB 值均为 150）。在工具属性栏中设置渐变样式为“前景色到背景色渐变”，渐变方式为“线性渐变”，其他选项保持默认值，如图 45-3 所示。

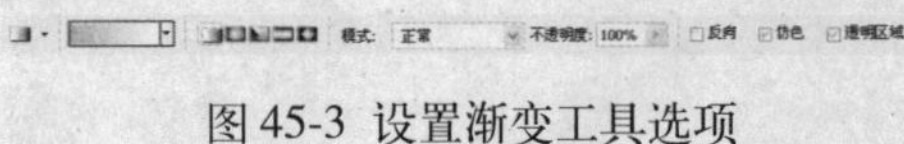

图 45-3 设置渐变工具选项

03 在“图层”面板底部单击“添加图层蒙版”按钮，为该图层创建图层蒙版，在工具箱中双击“以快速蒙版模式编辑”按钮，弹出“快速蒙版选项”对话框，选中“被蒙版区域”单选按钮，设置颜色为灰色、“不透明度”为 75，如图 45-4 所示。

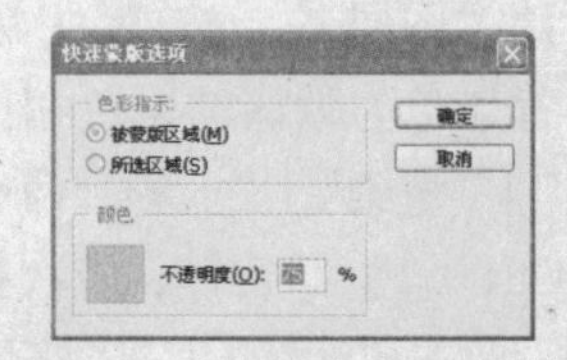

图 45-4 “快速蒙版选项”对话框

04 单击“确定”按钮，选取工具箱中的渐变工具，在图像窗口中多次拖曳鼠标，可进行多次渐变填充，以达到所需的效果，如图 45-1 所示。

实例46 石壁中的海洋

本实例制作的是石壁中的海洋，效果如图46-1所示。

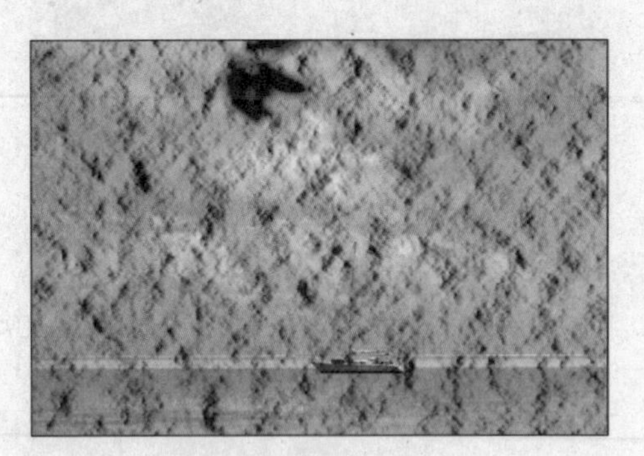

图46-1 石壁中的海洋

操作步骤

01 单击“文件”|“打开”命令，打开一幅素材图像，如图46-2所示。

图46-2 素材图像

02 单击“图层”面板底部的“创建新图层”按钮，新建“图层1”，按【D】键，设置前景色与背景色为默认的黑色和白色。单击“滤镜”|“渲染”|“云彩”命令，然后连续按【Ctrl + F】组合键，多次执行“云彩”命令；单击“滤镜”|“风格化”|“浮雕效果”命令，弹出“浮雕效果”对话框，设置“角度”、“高度”、“数量”值分别为0、15、200，单击“确定”按钮，效果如图46-3所示。

图46-3 浮雕效果

03 按【Ctrl + J】组合键，创建“图层1副本”图层，然后单击“滤镜”|“模糊”|“高斯模糊”命令，弹出“高斯模糊”对话框，在该对话框中设置“半径”值为2.5，单击“确定”按钮，为复制图层中的图像添加高斯模糊效果。

04 在“图层”面板中，设置“图层1副本”图层的混合模式为“叠加”，按【Ctrl+E】组合键，向下合并图层，并设置合并图层的混合模式为“正片叠底”，然后按【Ctrl+E】组合键，将“图层1”和“背景”图层合并。

05 单击“图像”|“调整”|“亮度/对比度”命令，弹出“亮度/对比度”对话框，设置“亮度”、“对比度”值分别为100、50，单击“确定”按钮，效果如图46-1所示。

实例47 异国风情

本实例制作的是邮票效果，如图47-1所示。

图 47-1 邮票图像效果

操作步骤

01 单击“文件”|“新建”命令，新建一个“宽度”为10厘米、“高度”7厘米、“分辨率”为300像素/英寸的图像文件；按【Ctrl+O】组合键，打开一幅素材图像，如图47-2所示。

图 47-2 素材图像

02 选取工具箱中的移动工具，将素材图像拖曳至新建文件窗口，自动创建“图层1”。按【Ctrl + T】组合键执行“自由变换”命令，按住【Shift + Alt】组合键同时，将图像等比例缩放至合适大小，效果如图47-3所示。

03 选取工具箱中的橡皮擦工具，在其属性栏的右侧单击“切换画笔调板”按钮，打开“画笔”面板。从中选择“画笔笔尖形状”选项，在“画笔笔尖形状”选项区中将“直径”和“间距”分别设为25px、170%，如图47-4所示。

04 设置前景色为白色，按住【Shift】键不放，分别在图像的左上角和右上角单击鼠标，为图像上边添加画笔笔触，然后用相同的方法为图像其他边缘添加画笔笔触，效果如图47-5所示。

图 47-3 缩放图像

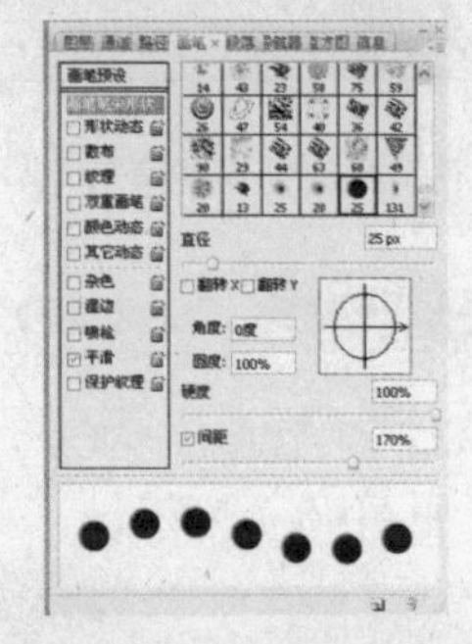

图 47-4 “画笔”面板

图 47-5 添加画笔笔触

05 选取工具箱中的横排文字工具，在图像窗口中输入所需的文字、字母和数字。设置文字“中国邮政”的“字体”为“华文行楷”、“大小”为15点、“颜色”为黑色；设置英文CHINA的“字体”为Times New Roman、“大小”为11点、“颜色”为黑色，字距为200；设置文字“80分”的“字体”为“华文新魏”、“大小”为15点、“颜色”为白色，效果如图47-1所示。

实例48 艺术长廊

本实例制作的是版画风格图像，效果如图48-1所示。

图48-1 版画图像效果

操作步骤

01 单击“文件”|“打开”命令，打开一幅素材图像，如图48-2所示。

图48-2 素材图像

02 将“背景”图层拖曳至“图层”面板底部的“创建新图层”按钮上，创建“背景副本”图层。单击“图像”|“调整”|“去色”命令，或按【Ctrl + Shift + U】组合键，将“背景副本”图层中的图像调整为黑白图像，如图48-3所示。

03 单击“滤镜”|“其他”|“高反差保留”命令，弹出“高反差保留”对话框，设置“半径”值为25像素，单击“确定”按钮，删除图像中明暗过渡的区域，效果如图48-4所示。

图48-3 去色后的图像

图48-4 应用“高反差保留”滤镜

04 单击“图像”|“调整”|“阈值”命令，弹出“阈值”对话框，设置“阈值色阶”值为125，单击“确定”按钮，效果如图48-5所示。

图48-5 阈值效果

05 在“图层”面板底部单击“添加图层样式”按钮，在弹出的下拉菜单中选择“混和选项”选项，弹出“图层样式”对话框，设置该图层的“混合模式”为“滤色”、“不透明度”为80%，如图48-6所示。

06 单击“确定”按钮，得到的图像效果如图48-1所示。

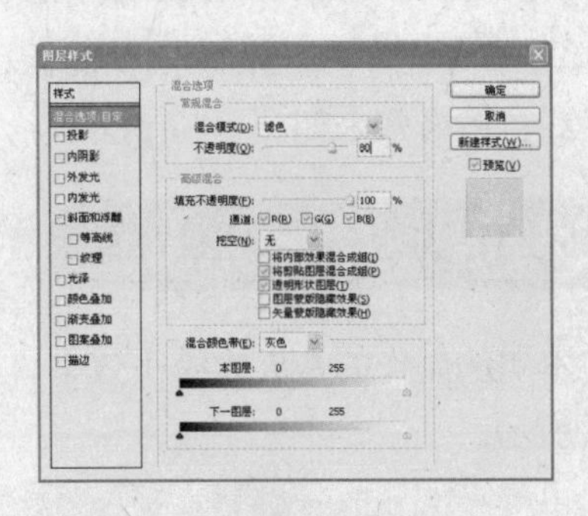

图48-6 “图层样式”对话框

实例49 淋漓大雨

本实例制作的是雨景效果，如图49-1所示。

图49-1 雨景图像效果

操作步骤

01 单击“文件”|“打开”命令，打开一幅素材图像，如图49-2所示。

图49-2 素材图像

02 单击“图层”面板底部的“创建新图层”按钮，新建图层。按【D】键，将前景色和背景色恢复为系统默认的黑色和白色，按【Alt + Delete】组合键，为当前图层填充前景色。

03 单击“滤镜”|“杂色”|“添加杂色”命令，弹出“添加杂色”对话框，设置“数量”为140；在“分布”选项区中选中“高斯分布”单选按钮，并选中“单色”复选框（如图49-3所示），单击“确定”按钮，为图像添加杂色。

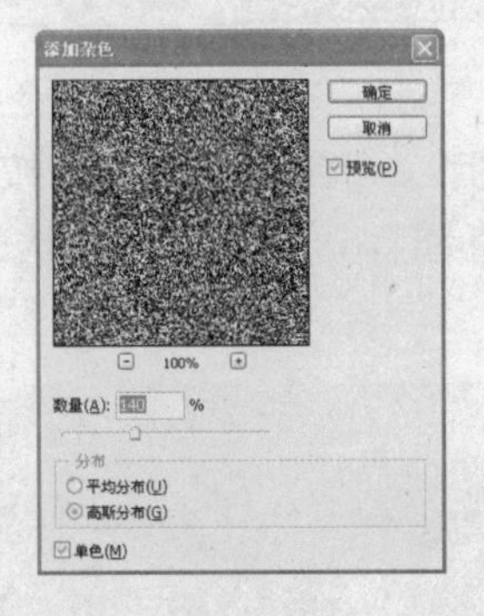

图49-3 “添加杂色”对话框

04 单击“滤镜”|“模糊”|“动感模糊”命令，弹出“动感模糊”对话框，设置“角度”值为-45、“距离”值为50，如图49-4所示。

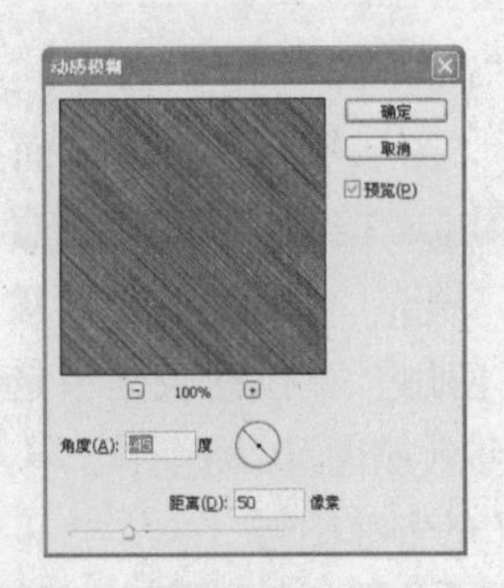

图49-4 “动感模糊”对话框

05 单击“确定”按钮动感模糊图像，然后在“图层”面板上方设置该图层的混合模式为“滤色”，最终效果如图49-1所示。

实例50 大雪纷飞

本实例制作的是大雪纷飞效果，如图50-1所示。

图 50-1 大雪纷飞图像效果

操作步骤

01 单击“文件”|“打开”命令，打开一幅素材图像，如图50-2所示。按【D】键，将前景色和背景色设置为默认的黑色和白色。

图 50-2 素材图像

02 单击“窗口”|“图层”命令，或按【F7】键，打开“图层”面板。单击面板底部的“创建新图层”按钮，新建“图层1”。单击“编辑”|“填充”命令，弹出“填充”对话框，在“使用”下拉列表框中选择“50%灰色”选项（如图50-3所示），单击“确定”按钮，填充当前图层。

03 单击“滤镜”|“素描”|“绘图笔”命令，弹出“绘图笔”对话框，设置“描边长度”为6、“明/暗平衡”为40、“描边方向”为“右对角线”，单击“确定”按钮，效果如图50-4所示。

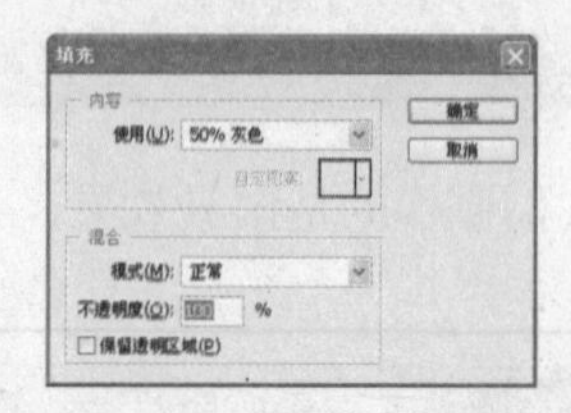

图 50-3 “填充”对话框

图 50-4 应用绘图笔滤镜后的效果

04 单击“选择”|“色彩范围”命令，弹出“色彩范围”对话框，如图50-5所示。

图 50-5 “色彩范围”对话框

05 保持该对话框中各参数为默认设置，单击“确定”按钮创建选区，按【Delete】键清除选区内的内容。单击“选择”|“反向”命令，或按【Ctrl + Shift + I】组合键，创建反向选区，然后单击“编辑”|“填充”命

令，弹出“填充”对话框，在“使用”下拉列表框中选择“白色”选项，单击“确定”按钮填充选区。按【Ctrl + D】组合键，取消选区。

06 单击“滤镜”|“模糊”|“动感模糊”命令，在弹出的“动感模糊”对话框中设置“角度”为45、“距离”为1；单击“确定”按钮，动感模糊图像，效果如图50-1所示。

实例51 小像大形

本实例制作的是画中之画，效果如图51-1所示。

图51-1 小像大形效果

操作步骤

01 单击“文件”|“打开”命令，打开一幅素材图像，如图51-2所示。

图51-2 素材图像

02 单击“图像”|“模式”|“灰度”命令，系统将弹出提示信息框，单击“扔掉”按钮，将图像转换为灰度图像，效果如图51-3所示。

03 单击“图像”|“复制”命令，弹出“复制图像”对话框，其中各参数保持默认设置，单击“确定”按钮，复制当前图像，效果如图51-4所示。

图51-3 转换图像模式

图51-4 复制图像

04 单击“图像”|“图像大小”命令，或按【Ctrl + Alt + I】组合键，弹出“图像大小”对话框，选中“约束比例”和“重定图像像素”复选框，在“文档大小”选项区中设置“宽度”为1.6，此时“高度”值将随之发生变化，单击“确定”按钮，效果如图51-5所示。

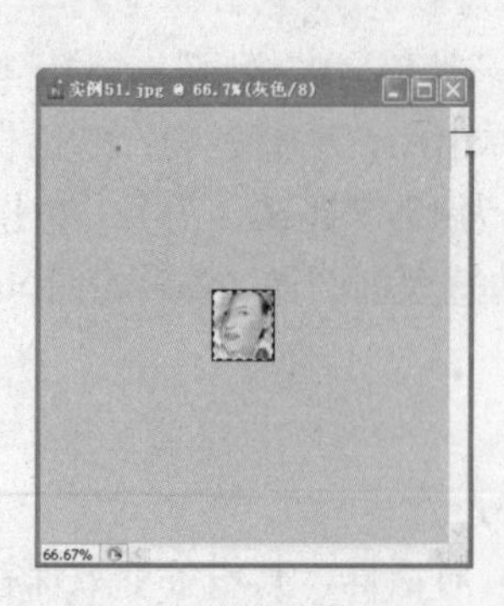

图 51-5 全选图像

05 选择“编辑”|“定义图案”命令，弹出“图案名称”对话框，保持各参数为默认设置，单击“确定”按钮，将图像定义为图案。

06 选中未改变大小的原图像，单击“图像”|“模式”|“位图”命令，弹出“位图”对话框，设置“使用”为“自定图案”，在“自定图案”列表框中选择刚定义的图案，其他选项为默认值，单击“确定”按钮，效果如图 51-1 所示。

实例 52 室内泳池

本实例制作的是室内泳池的玻璃图像，效果如图 52-1 所示。

图 52-1 室内泳池的玻璃效果

操作步骤

01 按【Ctrl + N】组合键，在弹出的“新建”对话框中设置“宽度”和“高度”值均为15厘米、分辨率为300像素/英寸、“颜色模式”为“RGB 颜色”、“背景内容”为白色，如图 52-2 所示。

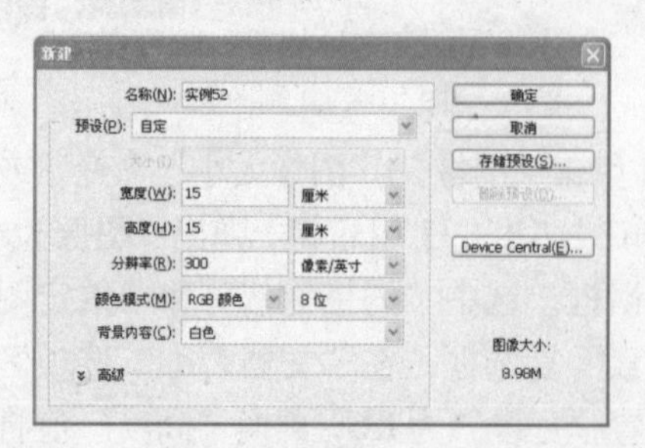

图 52-2 “新建”对话框

02 单击“确定”按钮，新建空白图像文件。设置前景色为蓝色（RGB 值分别为0、70、255），按【Alt + Delete】组合键填充前景色。选择“滤镜”|“杂色”|“添加杂色”命令，弹出“添加杂色”对话框，设置“数量”为55，选中“高斯分布”单选按钮，并选中“单色”复选框，单击“确定”按钮，效果如图 52-3 所示。

图 52-3 添加杂色

03 单击“滤镜”|“像素化”|“晶格化”命令，弹出“晶格化”对话框，设置“单元格大小”为50，单击“确定”按钮，效果如图 52-4 所示。

04 在“图层”面板中将“背景”图层拖曳到面板底部的“创建新图层”按钮上，新建“背景副本”图层。单击“滤镜”|“风格化”|“查找边缘”命令，在“图层”面板中设置“背景副本”图层的混合模式为“颜色减淡”、“不透明度”值为50%，效果

如图52-5所示。

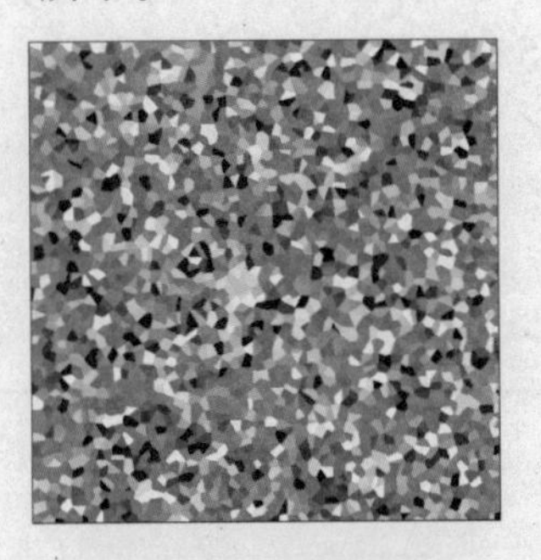

图52-4 晶格化效果

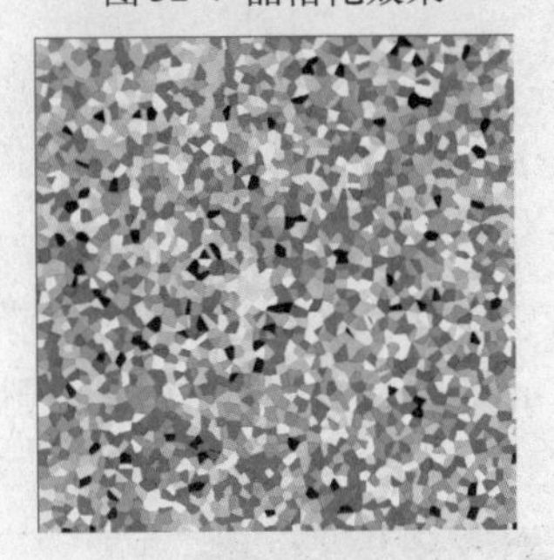

图52-5 图像效果

05 按【Ctrl + E】组合键，将“背景副本”图层合并到“背景”图层，打开一幅素材图像，如图52-6所示。

图52-6 素材图像

06 选择工具箱中的移动工具，将晶格化的图像拖曳到蓝色玻璃所在的图像窗口中，并放置到图层0下面，选取工具箱中的裁剪工具，根据图像大小裁剪晶格化的图像；单击“图层”|“新建”|“图层背景”命令，将该图层定义为“背景”图层，效果如图52-1所示。

实例53 圈式波纹

本实例制作的是水波图像，效果如图53-1所示。

图53-1 波纹图像效果

操作步骤

01 打开一幅素材图像，如图53-2所示。

02 选取工具箱中的套索工具，在图像窗口中任意绘制一个选区，效果如图53-3所示。

03 单击“选择”|“修改”|“羽化”命令，或按【Ctrl + Alt + D】组合键，弹出“羽化选区”对话框，设置“羽化半径”为15，单击“确定”按钮，羽化当前选区。

04 单击“滤镜”|“扭曲”|“水波”命令，弹出“水波”对话框，设置“数量”为9、“起伏”为15、“样式”为“水池波纹”，如图53-4所示。

图53-2 素材图像

图 53-3 创建选区

05 单击“确定”按钮，应用水波滤镜效果；按【Ctrl + D】组合键，取消当前选区，效果如图 53-1 所示。

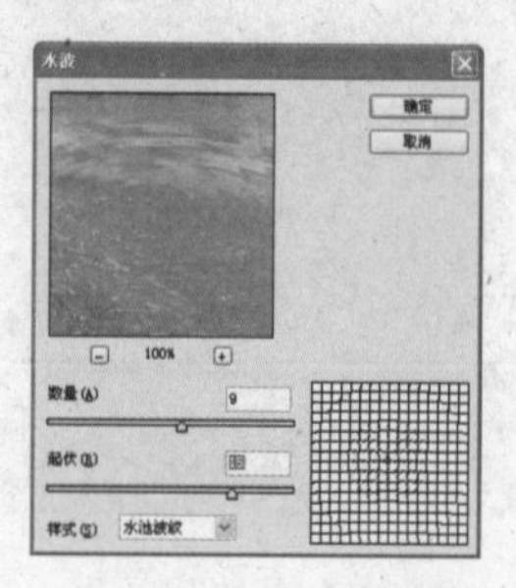

图 53-4 “水波”对话框

实例 54 美人旧照

本实例制作的是报纸图片，效果如图 54-1 所示。

图 54-1 报纸图片效果

操作步骤

01 单击“文件”|“打开”命令，打开一幅素材图像，如图 54-2 所示。

图 54-2 素材图像

02 单击“图像”|“调整”|“去色”命令，或按【Ctrl + Shift + U】组合键，删除图像中的颜色，效果如图 54-3 所示。

图 54-3 图像去色

03 单击“图像”|“调整”|“曲线”命令，或按【Ctrl + M】组合键，弹出“曲线”对话框，根据需要设置各参数，单击“确定”按钮，效果如图 54-4 所示。

图 54-4 调整图像曲线后的效果

04 单击“滤镜”|“像素化”|“彩色半调”命令，弹出“彩色半调”对话框，设置“最大半径”为4、“通道”各选项值均为0，单击“确定”按钮。

05 双击“背景”图层，弹出“新建图层”对话框，保持各参数为默认设置，单击“确定”按钮，将“背景”图层转换为“图层0”。在“图层”面板底部单击“创建新图层”按钮，新建“图层1”。

06 在工具箱中将前景色设为灰色（RGB值均为220），按【Alt + Delete】组合键，填充前景色。在“图层”面板上方设置“图层1”的混合模式为“正片叠底”，效果如图54-1所示。

实例55 美丽流星

本实例制作的是夜空中的流星效果，如图55-1所示。

图55-1 美丽流星

操作步骤

01 单击“文件”|“打开”命令，打开一幅素材图像，如图55-2所示。

图55-2 素材图像

02 选取工具箱中的画笔工具，在工具属性栏中单击“切换画笔调板”按钮，或按【F5】键，打开“画笔”面板，如图55-3所示。

03 在“画笔”面板左侧的列表框中选择“画笔笔尖形状”选项，在面板右侧设置“直径”为10、“硬度”为7%、“间距”为53%。

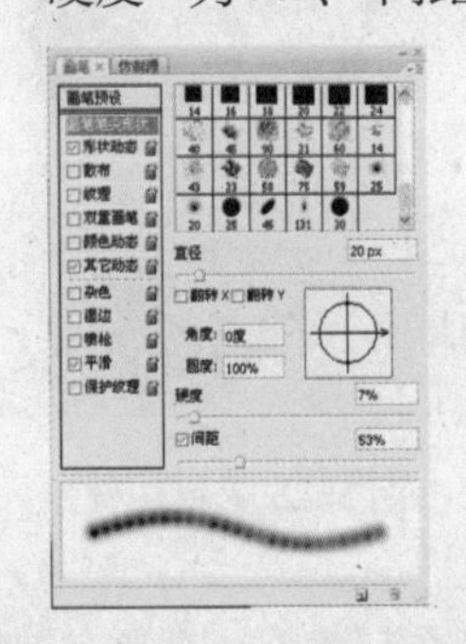

图55-3 打开“画笔”面板

04 在左侧的列表框中选择“其他动态”选项，在第1个“控制”下拉列表框中选择“渐隐”选项，设置数值为150；在第2个“控制”下拉列表框中选择“渐隐”选项，设置数值为350，然后在工具属性栏的“模式”下拉列表框中选择“颜色减淡”选项，在图像窗口中单击鼠标左键，按住【Shift】键的同时在左下角位置单击鼠标左键，绘制一颗流星，用同样的方法绘制其他流星，效果如图55-1所示。

实例56 清爽女人

本实例制作的是拼贴图像，效果如图56-1所示。

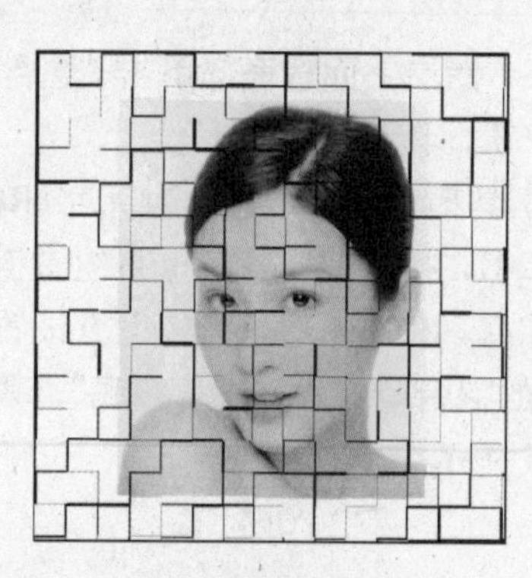

图 56-1 拼贴图像效果

操作步骤

01 打开一幅素材图像，如图56-2所示。

图 56-2 素材图像

02 单击“图像”|“画布大小”命令，或按【Ctrl + Alt + C】组合键，弹出“画布大小”对话框，设置“宽度”和“高度”值均为10厘米，单击“确定”按钮，改变画布大小，效果如图56-3所示。

图 56-3 改变图像画布大小

03 设置背景色为黑色，单击“滤镜”|“风格化”|“拼贴”命令，弹出“拼贴”对话框，设置“拼贴数”、“最大位移”值分别为15、10；在“填充空白区域用”选项区中选中“背景色”单选按钮，单击“确定”按钮，效果如图56-1所示。

实例57 灰色地带

本实例运用彩色铅笔制作灰色地带，效果如图57-1所示。

图 57-1 彩色铅笔图像效果

操作步骤

01 单击“文件”|“打开”命令，打开一幅素材图像，如图57-2所示。

图 57-2 素材图像

02 单击“图像”|“调整”|“去色”命令，或按【Shift + Ctrl + U】组合键，删除图像中的颜色，效果如图57-3所示。

图57-3 图像去色

03 单击“图像”|“调整”|“曲线”命令，或按【Ctrl + M】组合键，弹出“曲线”对话框，将图像调整到所需亮度，单击“确定”按钮。

04 单击“滤镜”|“艺术效果”|“彩色铅笔”命令，弹出“彩色铅笔”对话框，设置“铅笔宽度”、“描边压力”、“纸张亮度”值分别为5、15、25，单击“确定”按钮，为图像应用滤镜效果。

05 单击“图像”|“调整”|“曲线”命令，或按【Ctrl + M】组合键，弹出“曲线”对话框，在调整框中调整图像的色调，单击“确定”按钮，效果如图57-1所示。

实例58 仙人球

本实例制作的是毛刺边缘图像，效果如图58-1所示。

图58-1 毛刺边缘图像效果

操作步骤

01 单击“文件”|“打开”命令，打开一幅素材图像，如图58-2所示。

02 在“图层”面板中将“背景”图层拖曳至“创建新图层”按钮上，创建“背景副本”图层。选取工具箱中的画笔工具，在工具属性栏中单击“切换画笔调板”按钮，或按【F5】键，在弹出的“画笔”面板的左侧列表框中选择“画笔笔尖形状”选项，其他各参数设置如图58-3所示。

图58-2 素材图像

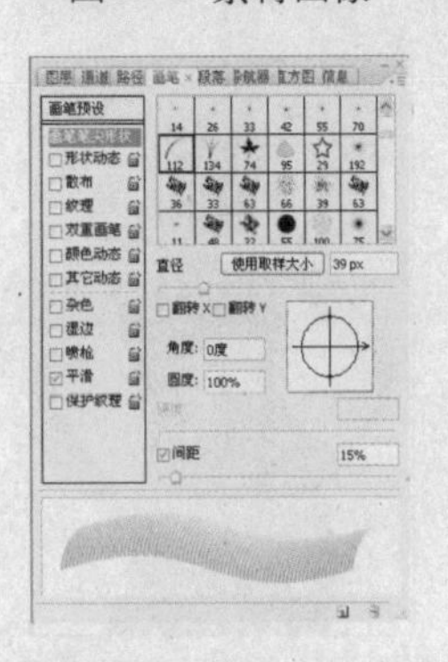

图58-3 “画笔”面板

03 选择“形状动态”选项，在“画笔”面板右侧设置“大小抖动”为0%、“控制”为“钢笔压力”；“最小直径”为8%；“角度抖动”为5%、“控制”为“渐隐”、数值为300；“圆度抖动”为7%、“控制”为“渐隐”、数值为25；“最小圆度”为10%，为画笔设置动态效果。

04 选取工具箱中的魔棒工具，在工具属性栏中将“容差”值设置为30，在图像白色小点上单击鼠标左键，创建选区，切换至“路径”面板，单击面板底部的“从选区生成工作路径”按钮，将选区转化为工作路径，在“路径”面板右上侧单击按钮，在弹出的下拉菜单中选择“描边路径”选项，弹出“描边路径”对话框，在其中的下拉列表框中选择“画笔”选项，单击“确定”按钮。

05 在“路径”面板右上侧单击按钮，在弹出的下拉菜单中选择“删除路径”选项，删除路径。用同样的方法，描边其他路径，效果如图58-1所示。

实例59 自然质感

本实例制作的是铜板画像，效果如图59-1所示。

图59-1 铜板画像效果

操作步骤

01 单击“文件”|“打开”命令，打开一幅素材图像，如图59-2所示。

图59-2 素材图像

02 在“图层”面板中将“背景”图层拖曳至底部的“创建新图层”按钮，创建“背景副本”图层。单击“图像”|“调整”|“去色”命令，对图像进行去色处理，效果如图59-3所示。

图59-3 图像去色后的效果

03 单击“图像”|“调整”|“亮度/对比度”命令，弹出“亮度/对比度”对话框，设置“亮度”、“对比度”值分别为52、1（如图59-4所示），单击“确定”按钮，为图像调整亮度和对比度。

04 单击“滤镜”|“风格化”|“浮雕效果”命令，弹出“浮雕效果”对话框，然后设置“角度”、“高度”、“数量”值分别为0、5、200，单击“确定”按钮，应用浮雕滤镜效果。

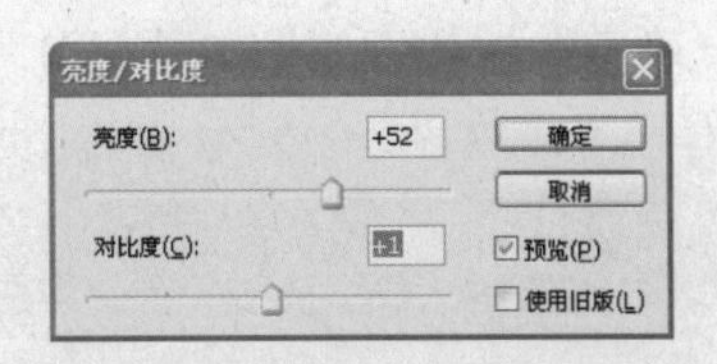

图 59-4 “亮度 / 对比度”对话框

05 单击“滤镜”|“渲染”|“光照效果”命令，弹出“光照效果”对话框，设置各参数，如图 59-5 所示。

06 在该对话框左侧的预览框中可预览图像效果，单击“确定”按钮，应用光照效果，如图 59-1 所示。

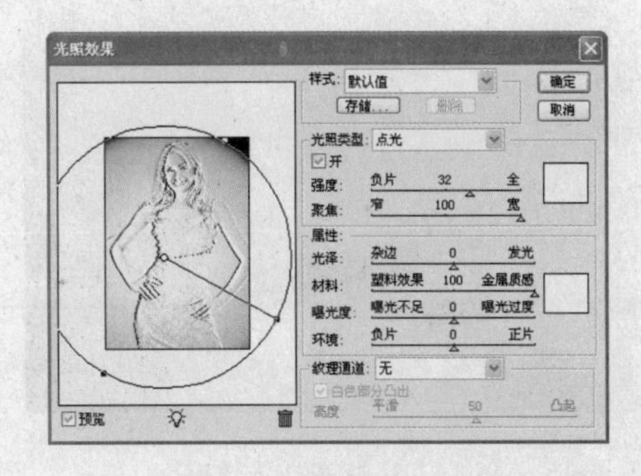

图 59-5 “光照效果”对话框

实例 60 透明晶亮

本实例制作的是动感球面效果，如图 60-1 所示。

图 60-1 动感球面图像效果

操作步骤

01 单击“文件”|“打开”命令，打开一幅素材图像，如图 60-2 所示。

02 单击“滤镜”|“扭曲”|“波纹”命令，弹出“波纹”对话框，然后设置“数量”为-600、“大小”为“中”，单击“确定”按钮，应用波纹滤镜效果，如图 60-3 所示。

03 单击“滤镜”|“扭曲”|“球面化”命令，弹出“球面化”对话框，设置“数量”为39、“模式”为“水平优先”，单击“确定”按钮，应用球面化滤镜效果，如图60-1 所示。

图 60-2 素材图像

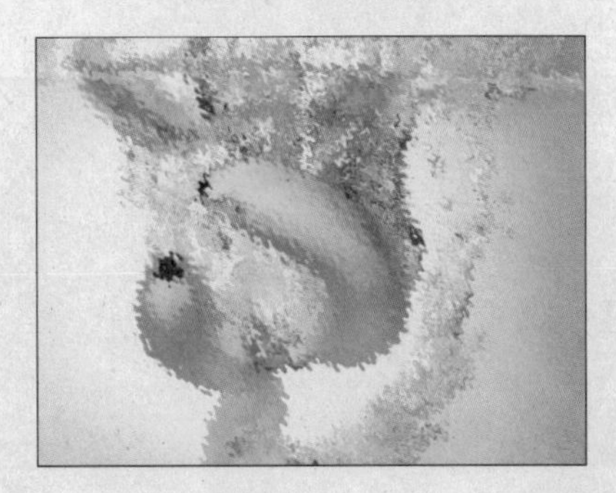

图 60-3 波纹效果

实例 61 燕雀高飞

本实例制作的是一群燕雀在空中高飞的图像，效果如图 61-1 所示。

图 61-1 燕雀高飞效果

操作步骤

01 单击“文件”|“打开”命令，打开一幅素材图像，如图61-2所示。

02 单击“滤镜”|“艺术效果”|“海报边缘”命令，弹出“海报边缘”对话框，设置“边缘厚度”、“边缘强度”、“海报化”值分别为10、0、6，单击“确定”按钮应用海报边缘滤镜效果，如图61-3所示。

03 单击“图像”|“调整”|“曲线”命令，或按【Ctrl + M】组合键，对图像进行调整，单击“确定”按钮，效果如图61-1所示。

图 61-2 素材图像

图 61-3 海报边缘效果

实例62 蜡笔画

本实例制作的是蜡像效果，如图62-1所示。

图 62-1 蜡像效果

操作步骤

01 单击“文件”|“打开”命令，打开一幅素材图像，如图62-2所示。

图 62-2 素材图像

02 单击“滤镜”|“艺术效果”|“粗糙蜡

笔”命令，弹出“粗糙蜡笔”对话框，设置“描边长度”为10、“描边细节”为5，然后在“纹理”下拉列表框中选择“粗麻布”选项，设置“缩放”为150、“凸现”为35、“光照”为“左下”，并选中“反相”复选框，如图62-3所示。

03 单击“确定”按钮，对图像应用滤镜效果，如图62-1所示。

图62-3 “粗糙蜡笔”对话框

实例63 河道小舟

本实例制作的是图像中的烟雾效果，如图63-1所示。

图63-1 烟雾图像效果

操作步骤

01 单击“文件”|“打开”命令，打开一幅素材图像，如图63-2所示。

02 在“图层”面板底部单击“创建新图层”按钮，创建新图层。设置前景色为灰色(RGB值均为160)、背景色为白色。

03 单击“滤镜”|“渲染”|“云彩”命令，应用云彩滤镜，连续按【Ctrl + F】组合键，多次执行“云彩”命令，效果如图63-3所示。

04 确认“图层1”为当前图层。在“图层”面板底部单击“添加图层蒙版”按钮，为该图层添加图层蒙版，连续按【Ctrl + F】组合键，多次执行“云彩”命令，对图像应用云彩滤镜，效果如图63-1所示。

图63-2 素材图像

图63-3 云彩效果

实例64 金字塔

本实例制作的是凸出图像效果，如图64-1所示。

图 64-1 凸出图像效果

操作步骤

01 单击“文件”|“打开”命令，打开一幅素材图像，如图 64-2 所示。

02 单击“滤镜”|“风格化”|“凸出”命令，弹出“凸出”对话框，设置各参数，如图 64-3 所示。

03 单击“确定”按钮，对图像应用凸出滤镜；按【Ctrl+M】组合键，在弹出的“曲线”对话框中调整图像的亮度，效果如图 64-1 所示。

图 64-2 素材图像

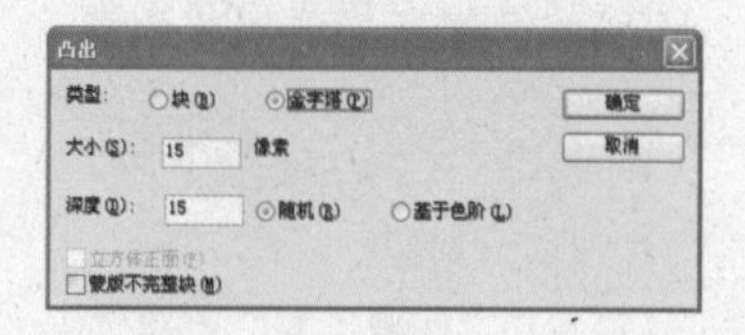

图 64-3 “凸出”对话框

实例 65 时尚女郎

本实例制作的是木刻图像效果，如图 65-1 所示。

图 65-1 木刻图像

操作步骤

01 单击“文件”|“打开”命令，打开一幅素材图像，如图 65-2 所示。

图 65-2 素材图像

02 单击“滤镜”|“艺术效果”|“木刻”命令，弹出“木刻”对话框，设置“色阶数”、“边缘简化度”、“边缘逼真度”值分别为6、6、3，如图65-3所示。

03 单击“确定”按钮，为图像应用木刻滤镜。单击“滤镜”|“素描”|“便条纸”命令，弹出“便条纸”对话框，设置“图像平衡”、“粒度”、“凸现”值分别为35、15、17，单击“确定”按钮，效果如图65-1所示。

图65-3 “木刻”对话框

实例66 阳光女孩

本实例制作的是海洋波纹效果，如图66-1所示。

图66-1 海洋波纹效果

操作步骤

01 单击“文件”|“打开”命令，打开一幅素材图像，如图66-2所示。

02 单击“滤镜”|“扭曲”|“海洋波纹”命令，弹出“海洋波纹”对话框，设置“波纹大小”、“波纹幅度”值分别为4、9，如图66-3所示。

03 单击“确定”按钮，对图像应用海洋波纹滤镜，效果如图66-1所示。

图66-2 素材图像

图66-3 “海洋波纹”对话框

实例67 塑料花朵

本实例制作的是塑料图像效果，如图67-1所示。

图 67-1 塑料图像效果

操作步骤

01 单击"文件"|"打开"命令，打开一幅素材图像，如图67-2所示。

02 单击"滤镜"|"艺术效果"|"塑料包装"命令，弹出"塑料包装"对话框，设置"高光强度"、"细节"、"平滑度"值分别为14、10、8，如图67-3所示。

03 单击"确定"按钮，对图像应用塑料包装滤镜，效果如图67-1所示。

图 67-2 素材图像

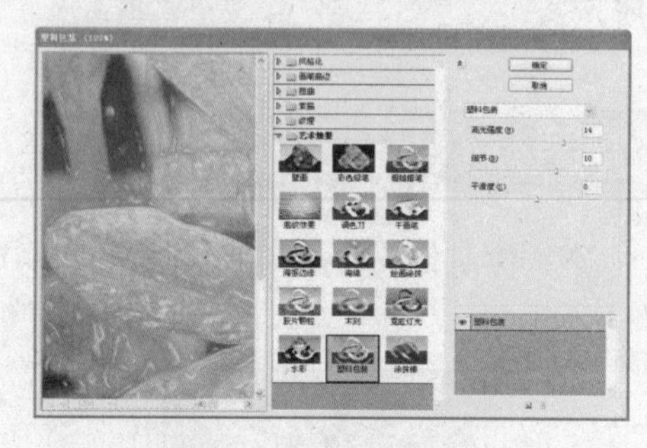

图 67-3 "塑料包装"对话框

实例68 金发美女

本实例制作的是光晕效果，如图68-1所示。

图 68-1 光晕效果

操作步骤

01 单击"文件"|"打开"命令，打开一幅素材图像，如图68-2所示。

02 单击"滤镜"|"渲染"|"镜头光晕"命令，弹出"镜头光晕"对话框，设置各参数，如图68-3所示。

03 单击"确定"按钮，对图像应用镜头光晕滤镜，效果如图68-1所示。

图 68-2 素材图像

图 68-3 "镜头光晕"对话框

实例69 蓝海倩影

本实例制作的是水波图像效果，如图69-1所示。

图69-1 水波图像效果

操作步骤

01 单击"文件"|"打开"命令，打开一幅素材图像，如图69-2所示。

图69-2 素材图像

02 选取工具箱中的多边形套索工具，在图像窗口中水面上的任意位置创建选区，按【Ctrl + Alt + D】组合键，弹出"羽化选区"对话框，设置"羽化半径"值为5，单击"确定"按钮羽化选区。单击"滤镜"|"扭曲"|"波浪"命令，弹出"波浪"对话框，设置各参数（如图69-3所示），单击"确定"按钮。

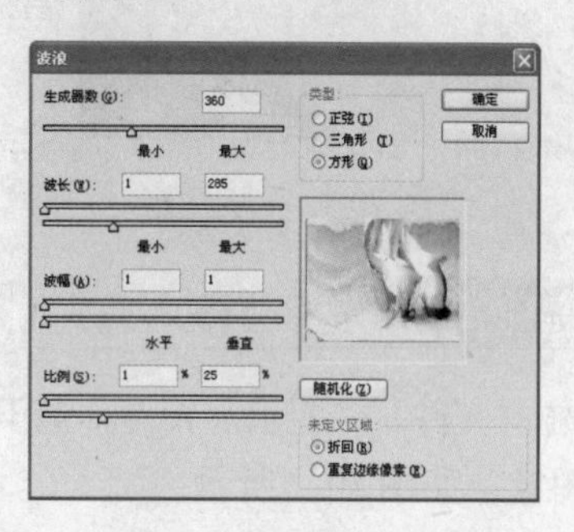

图69-3 "波浪"对话框

03 单击"滤镜"|"模糊"|"动感模糊"命令，弹出"动感模糊"对话框，设置"角度"、"距离"值分别为85、5，单击"确定"按钮，应用动感模糊滤镜，效果如图69-4所示。

图69-4 模糊图像效果

04 【Ctrl + D】组合键，取消选区，效果如图69-1所示。

实例70 红艳枫叶

本实例制作的是水彩图像，效果如图70-1所示。

图 70-1 水彩图像

操作步骤

01 单击“文件”|“打开”命令，打开一幅素材图像，如图70-2所示。

02 单击“滤镜”|“艺术效果”|“干画笔”命令，弹出“干画笔”对话框，设置各参数，如图70-3所示。

03 单击“确定”按钮，应用干画笔滤镜。单击“滤镜”|“素描”|“水彩画纸”命令，弹出“水彩画纸”对话框，设置“纤维长度”、“亮度”、“对比度”值分别为10、60、80，单击“确定”按钮，添加水彩画纸滤镜效果。

04 单击“滤镜”|“模糊”|“高斯模糊”命令，弹出“高斯模糊”对话框，在该对话框中设置“半径”值为2.5，单击“确定”按钮，高斯模糊图像，效果如图70-1所示。

图 70-2 素材图像

图 70-3 “干画笔”对话框

第4章 质感传奇——精彩纹理

本章将重点讲解在Photoshop CS3中运用滤镜制作各种纹理特效的知识。在日常生活中，纹理特效可以用作贴图和材质，希望读者通过对本章实例的学习，掌握纹理制作的相关技巧，制作出更多、更精致、更完美的纹理效果。

实例71 帆布纹理

本实例制作的是帆布纹理，效果如图71-1所示。

图71-1 帆布纹理效果

操作步骤

01 单击"文件"|"新建"命令，新建一个"宽度"和"高度"值均为500像素、"分辨率"为72像素/英寸、"颜色模式"为"RGB颜色"、"背景内容"为白色的图像文件。

02 按【D】键，设置前景色和背景色分别为黑色和白色。单击"图层"面板底部的"创建新图层"按钮，创建新图层，按【Ctrl + Delete】组合键，为新图层填充背景色。

03 单击"滤镜"|"杂色"|"添加杂色"命令，弹出"添加杂色"对话框，设置各参数（如图71-2所示），并单击"确定"按钮添加杂色。

04 单击"滤镜"|"模糊"|"高斯模糊"命令，弹出"高斯模糊"对话框，设置"半径"值为2.0，单击"确定"按钮，高斯模糊图像。

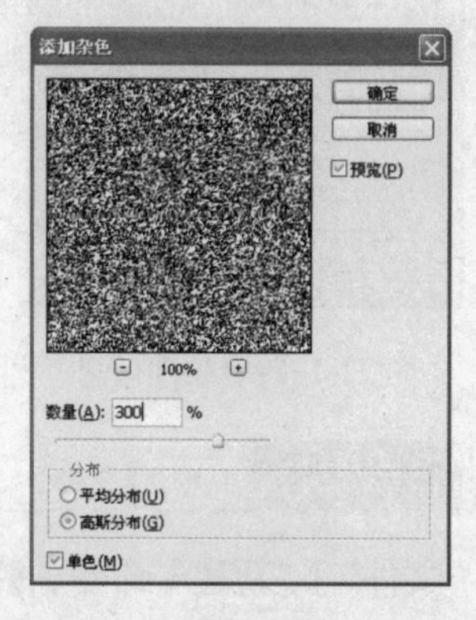

图71-2 "添加杂色"对话框

05 单击"图像"|"调整"|"色相/饱和度"命令，弹出"色相/饱和度"对话框，设置"色相"、"饱和度"和"明度"值分别为50、20、-15，单击"确定"按钮，效果如图71-3所示。

图71-3 调整色相/饱和度后的图像

06 单击"滤镜"|"像素化"|"马赛克"命令，弹出"马赛克"对话框，在该对话框中设置"单元格大小"为15，单击"确定"

按钮，应用马赛克滤镜。

07 单击“滤镜”|“纹理”|“纹理化”命令，弹出“纹理化”对话框，设置“缩放”为100、“凸现”为8、“光照”为“左上”，单击“确定”按钮，应用纹理化滤镜，效果如图71-1所示。

实例72 砖墙纹理

本实例制作的是砖墙纹理，效果如图72-1所示。

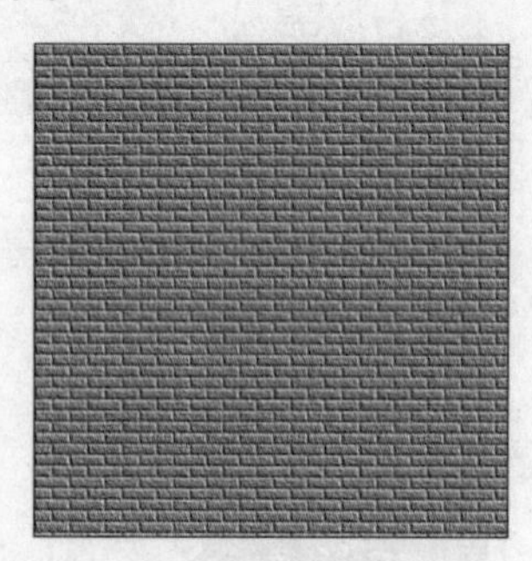

图72-1 砖墙纹理效果

操作步骤

01 单击“文件”|“新建”命令，弹出“新建”对话框，设置“宽度”和“高度”值均为15厘米、“分辨率”为150像素/英寸、“颜色模式”为“RGB颜色”、“背景内容”为白色，单击“确定”按钮，新建一个空白图像文件。

02 设置前景色为深褐色（RGB值分别为208、113、78）、背景色为白色。单击“图层”面板底部的“创建新图层”按钮，新建图层，按【Alt + Delete】组合键，为新图层填充前景色，效果如图72-2所示。

图72-2 填充图像

03 单击“滤镜”|“纹理”|“纹理化”命令，弹出“纹理化”对话框，设置相应的参数，如图72-3所示。

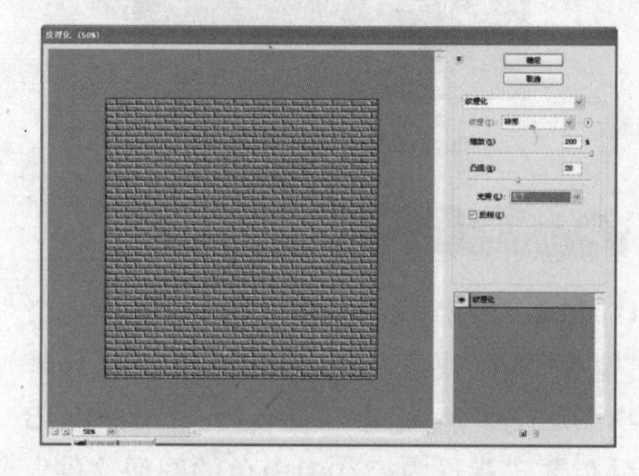

图72-3 “纹理化”对话框

04 单击“确定”按钮，应用纹理化滤镜，效果如图72-1所示。

实例73 玻璃效果

本实例制作的是玻璃效果，如图73-1所示。

操作步骤

01 单击“文件”|“新建”命令，在“新建”对话框中设置“宽度”、“高度”值均为10厘米、分辨率为72像素/英寸、“颜色模式”为“RGB颜色”、“背景内容”为白色，单击“确定”按钮，新建一个空白文件。

02 设置前景色为蓝色（RGB值分别为124、

139、249)、背景色为白色，按【Alt+Delete】组合键，填充前景色。

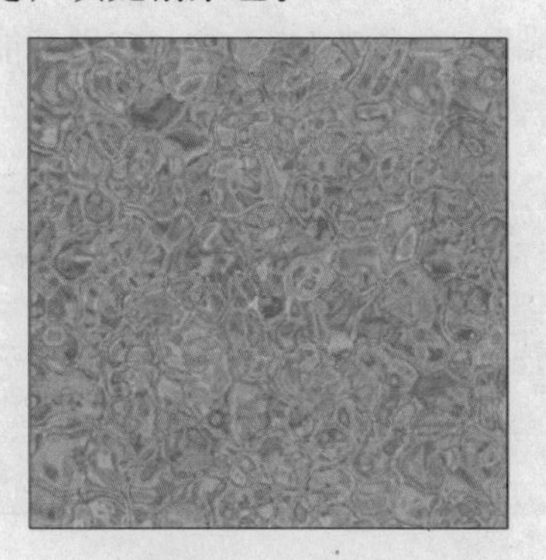

图 73-1 玻璃效果

03 选择“滤镜”|“纹理”|“颗粒”命令，弹出“颗粒”对话框，设置各参数（如图73-2所示），单击“确定”按钮，为图像应用颗粒滤镜效果。

04 单击“滤镜”|“扭曲”|“玻璃”命令，弹出“玻璃”对话框，设置“扭曲度”、“平滑度”值分别为15和9；在“纹理”下拉列表框中选择“磨砂”选项，并设置“缩放”值为170，单击“确定”按钮，效果如图73-3所示。

05 单击“图像”|“调整”|“亮度/对比度”命令，弹出“亮度/对比度”对话框，然后设置“亮度”、“对比度”值分别为20和70，单击“确定”按钮，图像效果如图73-1所示。

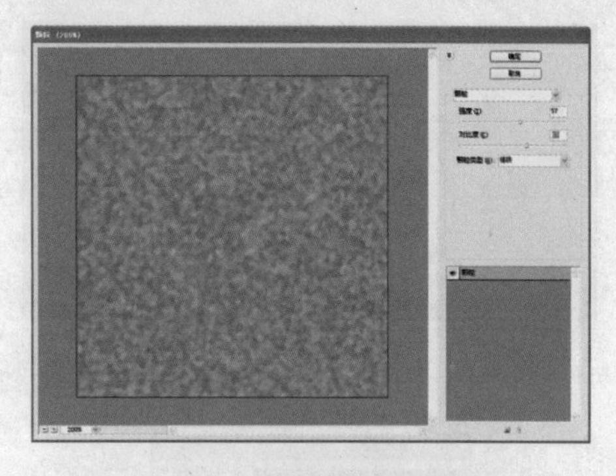

图 73-2 “颗粒”对话框

图 73-3 玻璃纹理效果

实例74 木纹效果

本实例制作的是木纹效果，如图74-1所示。

图 74-1 木纹效果

操作步骤

01 单击“文件”|“新建”命令，在“新建”对话框中设置文件“宽度”和“高度”值分别为10厘米和5厘米、“分辨率”为150像素/英寸、“颜色模式”为“RGB颜色”、“背景内容”为白色，单击“确定”按钮，新建一个空白图像文件。

02 设置前景色为棕色（RGB值分别为183、133、113），按【Alt + Delete】组合键填充前景色，效果如图74-2所示。

03 单击“滤镜”|“杂色”|“添加杂色”命令，弹出“添加杂色”对话框，设置各参数，如图74-3所示。

04 单击“确定”按钮，为图像添加杂色，

单击“滤镜”|“模糊”|“动感模糊”命令，弹出“动感模糊”对话框，设置“角度”、“距离”值分别为0、900，单击“确定”按钮，动感模糊图像。

图 74-2 填充图像

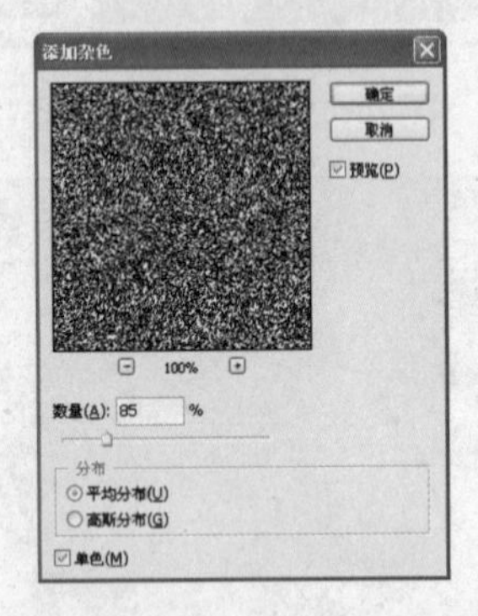

图 74-3 “添加杂色”对话框

05 单击“滤镜”|“模糊”|“高斯模糊”命令，弹出“高斯模糊”对话框，在该对话框中设置“半径”为1.5，单击“确定”按钮高斯模糊图像，效果如图74-4所示。

图 74-4 高斯模糊效果

06 单击“滤镜”|“锐化”|“智能税化”命令，弹出“智能锐化”对话框，设置“数量”为126、“半径”为3、“移去”为“镜头模糊”，单击“确定”按钮应用智能锐化滤镜，效果如图74-5所示。

图 74-5 智能锐化效果

07 选取工具箱中的矩形选框工具，在图像窗口的任意位置绘制一个矩形选区，并将其移至适当的位置。单击“滤镜”|“扭曲”|“旋转扭曲”命令，弹出“旋转扭曲”对话框，设置“角度”值为85度，单击“确定”按钮应用旋转扭曲滤镜。

08 用同样的方法，在图像窗口中的其他位置创建矩形选区，在“旋转扭曲”对话框中设置“角度”值为206度，单击“确定”按钮，应用旋转扭曲滤镜。按【Ctrl + D】组合键取消选区，效果如图74-6所示。

图 74-6 旋转扭曲效果

09 单击“图像”|“调整”|“曲线”命令，弹出“曲线”对话框，对图像进行适当调整，单击“确定”按钮，效果如图74-1所示。

实例75 拼图纹理

本实例制作的是拼图纹理，效果如图75-1所示。

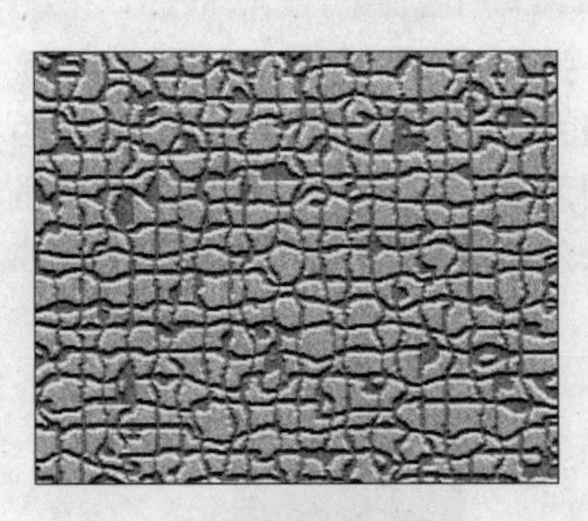

图 75-1 拼图纹理

操作步骤

01 单击“文件”|“新建”命令，新建一个“宽度”为10厘米、“高度”为8厘米、“分辨率”为72像素/英寸、“颜色模式”为“RGB颜色”、“背景内容”为白色的图像文件。

02 设置前景色为灰色（RGB值均为179）、背景色为白色，按【Alt + Delete】组合键，为背景图层填充前景色，效果如图75-2所示。

03 单击“滤镜”|“纹理”|“马赛克拼贴”命令，弹出“马赛克拼贴”对话框，设置各参数值，如图75-3所示。

图 75-2 填充颜色

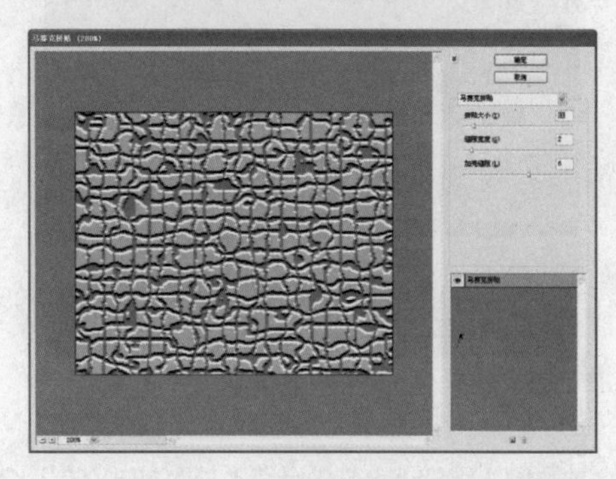

图 75-3 “马赛克拼贴”对话框

04 单击“确定”按钮，单击“滤镜”|“杂色”|“添加杂色”命令，弹出“添加杂色”对话框，设置“数量”为15，选中“平均分布”单选按钮及“单色”复选框，单击“确定”按钮，为图像添加杂色，效果如图75-1所示。

实例 76 鳞状纹理

本实例制作的是鳞状纹理，效果如图76-1所示。

图 76-1 鳞状纹理效果

操作步骤

01 单击“文件”|“打开”命令，打开一幅素材图像，如图76-2所示。

图 76-2 素材图像

02在“图层”面板底部单击“创建新图层”按钮，新建一个图层。按【D】键，设置前景色和背景色为默认的黑色和白色，按【Alt + Delete】组合键为新图层填充前景色，并在“图层”面板中设置该图层的混合模式为“柔光”，效果如图76-3所示。

图76-3 填充前景色并设置混合模式

03单击“滤镜”|“杂色”|“添加杂色”命令，弹出“添加杂色”对话框，设置各参数（如图76-4所示），单击“确定”按钮为图像添加杂色。

04单击“滤镜”|“像素化”|“点状化”命令，弹出“点状化”对话框，设置“单元格大小”值为70，单击“确定”按钮，对图像进行滤镜处理。

05单击“滤镜”|“模糊”|“高斯模糊”命令，在弹出的“高斯模糊”对话框中设置“半径”值为4，单击“确定”按钮，对图像进行高斯模糊。

06单击“滤镜”|“纹理”|“染色玻璃”命令，弹出“染色玻璃”对话框，设置“单元格大小”、“边框粗细”、“光照强度”值分别为25、3、10，单击“确定”按钮，应用杂色玻璃滤镜，效果如图76-5所示。

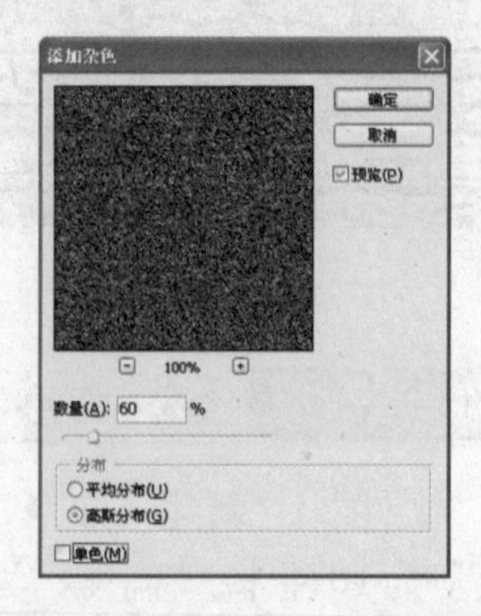

图76-4 “添加杂色”对话框

图76-5 染色玻璃效果

07单击“滤镜”|“风格化”|“浮雕效果”命令，弹出“浮雕效果”对话框，设置“角度”、“高度”、“数量”值分别为150、30、37，单击“确定”按钮应用浮雕滤镜，效果如图76-1所示。

实例77 岩石纹理

本实例制作的是岩石纹理，效果如图77-1所示。

操作步骤

01单击“文件”|“新建”命令，在打开的“新建”对话框中，设置文件“宽度”为15厘米、“高度”为10厘米、“分辨率”为150像素/英寸、“颜色模式”为“RGB颜色”、“背景内容”为白色，如图77-2所示。单击“确定”按钮，新建一个图像文件，按【D】键，设置前景色和背景色为系统默认的黑色和白色。

图 77-1 岩石纹理效果

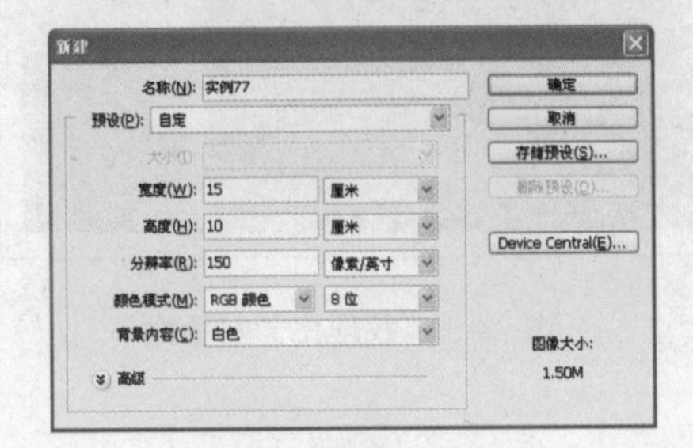

图 77-2 “新建”对话框

02 单击“滤镜”|“渲染”|“云彩”命令，并多次按【Ctrl + F】组合键，重复执行“云彩”命令，添加云彩效果，如图77-3所示。

03 单击“滤镜”|“素描”|“基底凸现”命令，弹出“基底凸现”对话框，设置“细节”、“平滑底”值分别为13、2，在“光照”下拉列表框中选择“左上”选项，单击“确定”按钮，对图像应用该滤镜，效果如图77-4所示。

图 77-3 云彩效果

图 77-4 基底凸现图像

04 单击“图像”|“调整”|“色相/饱和度”命令，弹出“色相/饱和度”对话框，选中“着色”复选框，并设置“色相”、“饱和度”、“明度”值分别为220、8、0，单击“确定”按钮，调整图像的色相/饱和度，效果如图77-1所示。

实例 78 画布纹理

本实例制作的是画布纹理，效果如图78-1所示。

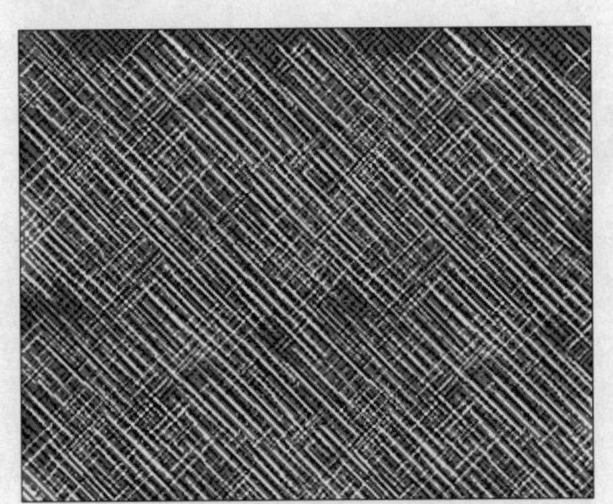

图 78-1 画布纹理效果

操作步骤

01 单击“文件”|“新建”命令，在“新建”对话框中设置“宽度”为10厘米、“高度”为8厘米、“分辨率”为72像素/英寸、“颜色模式”为“RGB颜色”、“背景内容”为白色，单击“确定”按钮，新建一个空白图像文件。

02 设置前景色为蓝色（RGB参考值分别为0、0、255)、背景色为白色，按【Alt + Delete】组合键填充前景色，效果如图78-2所示。

图 78-2 填充颜色

03 单击“滤镜”|“纹理”|“纹理化”命令，弹出“纹理化”对话框，设置各参数，如图 78-3 所示。

04 单击“确定”按钮，应用纹理化滤镜；单击“滤镜”|“画笔描边”|“阴影线”命令，弹出“阴影线”对话框，设置“描边长度”、“锐化程度”、“强度”值分别为20、15、2，单击“确定”按钮应用阴影线滤镜，效果如图 78-1 所示。

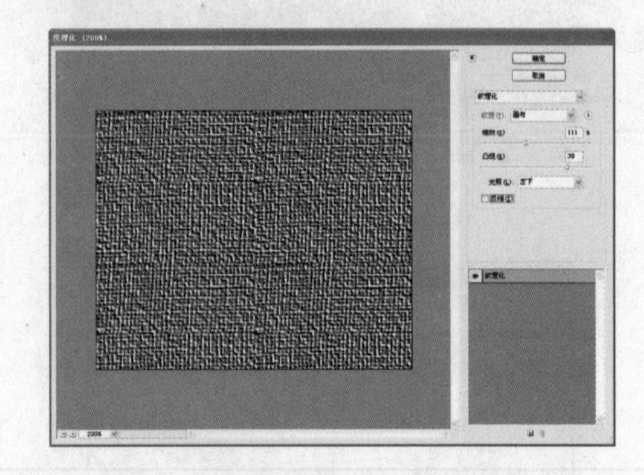

图 78-3 “纹理化”对话框

实例 79 镜头玻璃

本实例制作的是镜头玻璃效果，如图 79-1 所示。

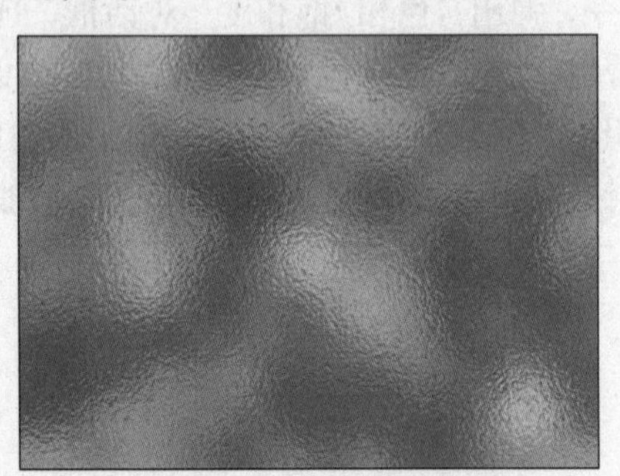

图 79-1 镜头玻璃效果

操作步骤

01 单击“文件”|“新建”命令，在弹出的“新建”对话框中设置“宽度”为15厘米、“高度”为10厘米、“分辨率”为72像素/英寸、“颜色模式”为“RGB颜色”、“背景内容”为白色，单击“确定”按钮，新建一个图像文件。

02 设置前景色为蓝色（RGB 值分别为 100、0、255），按【Alt＋Delete】组合键为“背景”图层填充前景色，效果如图79-2 所示。

图 79-2 填充颜色

03 单击“滤镜”|“渲染”|“云彩”命令，并多次按【Ctrl＋F】组合键，重复执行“云彩”命令，添加云彩效果；单击“滤镜”|“扭曲”|“玻璃”命令，弹出“玻璃”对话框，设置各参数，如图 79-3 所示。

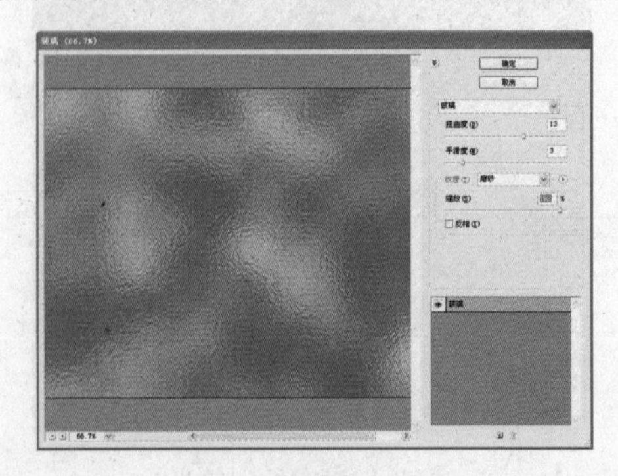

图 79-3 “玻璃”对话框

04 单击“确定”按钮，对图像应用玻璃滤镜，单击“图像”|“调整”|“亮度/对比度”命令，在弹出的“亮度/对比度”对话框中设置“亮度”、“对比度”的值分别为12、-20，单击“确定”按钮调整图像亮度/对比度，效果如图79-1所示。

实例80 龟裂纹理

本实例制作的是龟裂纹理，效果如图80-1所示。

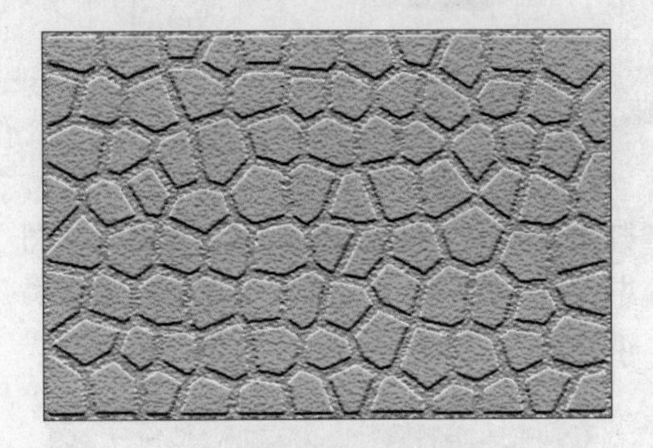

图80-1 龟裂纹理效果

操作步骤

01 单击“文件”|“新建”命令，在弹出的“新建”对话框中设置“宽度”为15厘米、“高度”为10厘米、“分辨率”为72像素/英寸、“颜色模式”为“RGB颜色”、“背景内容”为白色，单击“确定”按钮，新建一个空白图像文件。

02 设置前景色为灰色（RGB值均为143）、背景色为浅蓝色（RGB值分别为80、200、250），按【Ctrl + Delete】组合键，为“背景”图层填充背景色。

03 单击“滤镜”|“渲染”|“云彩”命令，并多次按【Ctrl + F】组合键，重复执行“云彩”命令，添加云彩效果，如图80-2所示。

04 单击“滤镜”|“纹理”|“染色玻璃”命令，弹出“染色玻璃”对话框，设置各参数，如图80-3所示。单击“确定”按钮，对图像添加染色玻璃滤镜效果。

图80-2 云彩效果

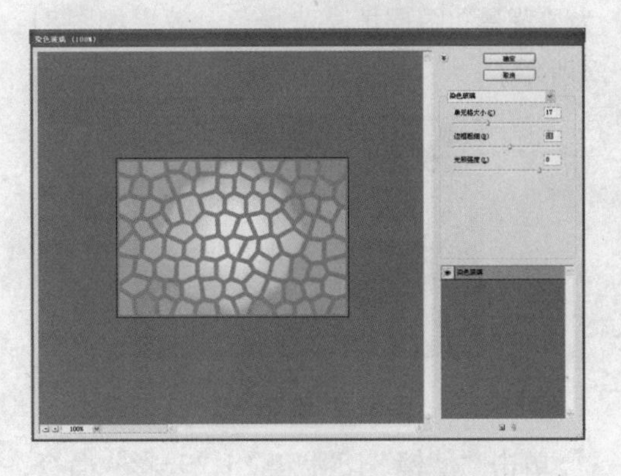

图80-3 “染色玻璃”对话框

05 单击“滤镜”|“素描”|“便条纸”命令，在弹出的“便条纸”对话框中设置“图像平衡”、“粒度”和“凸现”值分别为31、17、11，单击“确定”按钮，应用便条纸滤镜，效果如图80-1所示。

实例81 块状玻璃

本实例制作的是块状玻璃，效果如图81-1所示。

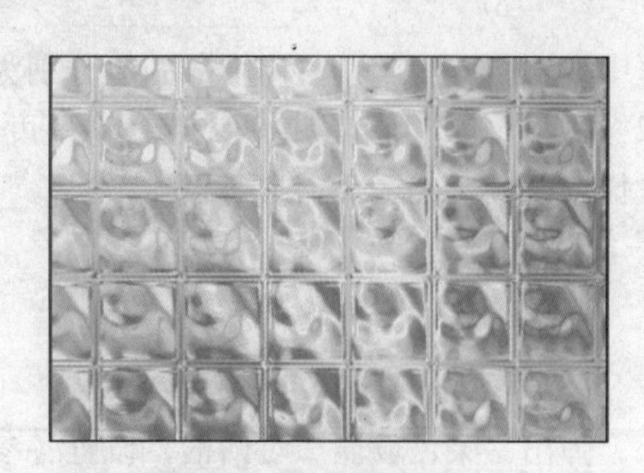

图 81-1 块状玻璃效果

操作步骤

01 单击“文件”|“新建”命令，在弹出的“新建”对话框中设置“宽度”为15厘米、“高度”为10厘米、“分辨率”为72像素/英寸、“颜色模式”为“RGB颜色”、“背景内容”为白色，单击“确定”按钮，新建一个图像文件。

02 设置背景色为浅蓝色（RGB值分别为1、125、255），按【Ctrl + Delete】组合键，为“背景”图层填充背景色，效果如图81-2所示。

图 81-2 填充图像

03 单击“滤镜”|“渲染”|“云彩”命令，对图像应用云彩滤镜。单击“图像”|“调整”|“色阶”命令，在弹出“色阶”对话框中设置各参数(如图81-3所示)，单击“确定”按钮。

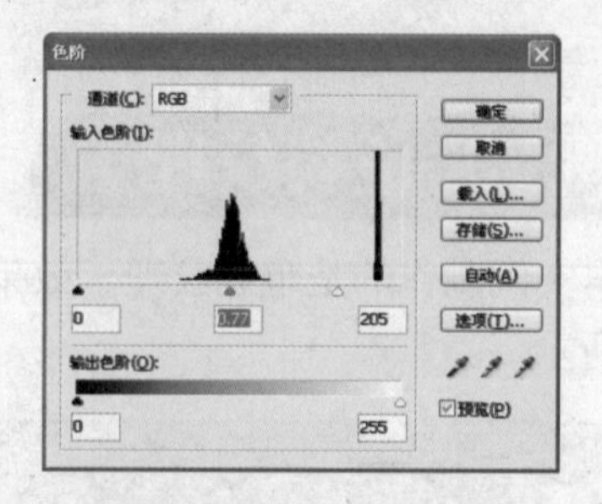

图 81-3 “色阶”对话框

04 单击“滤镜”|“扭曲”|“玻璃”命令，弹出“玻璃”对话框，设置各参数（如图81-4所示），单击“确定”按钮应用玻璃滤镜。

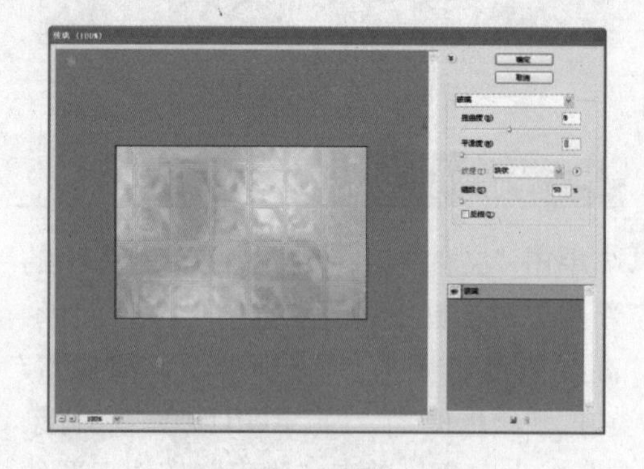

图 81-4 “玻璃”对话框

05 单击“图像”|“调整”|“曲线”命令，在弹出的“曲线”对话框中对图像进行适当的调整，单击“确定”按钮，效果如图81-1所示。

实例 82 旋转马赛克纹理

本实例制作的是旋转马赛克纹理，效果如图 82-1 所示。1

操作步骤

01 单击“文件”|“新建”命令，弹出“新建”对话框，设置“宽度”为15厘米、“高度”为10厘米、“分辨率”为72像素/英寸、“颜色模式”为“RGB颜色”、“背景内容”为白色（如图82-2所示），单击“确定”按钮，新建一个图像文件。

02 设置前景色为绿色（RGB值分别为27、245、136）、背景色为粉红色（RGB值分别为241、194、250)。

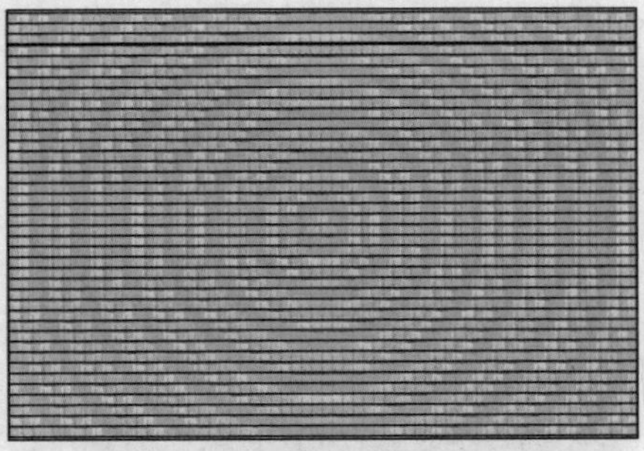

图 82-1 旋转马赛克纹理效果

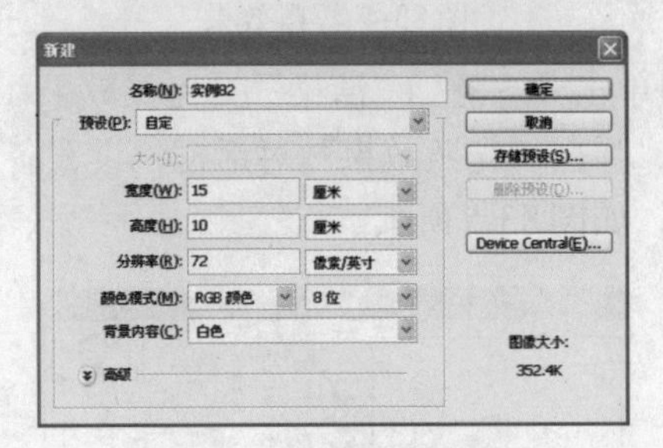

图 82-2 “新建”对话框

03 单击“滤镜”|“素描”|“半调图案”命令，弹出“半调图案”对话框，设置各参数（如图82-3所示），单击“确定”按钮，对图像添加半调图案滤镜效果。

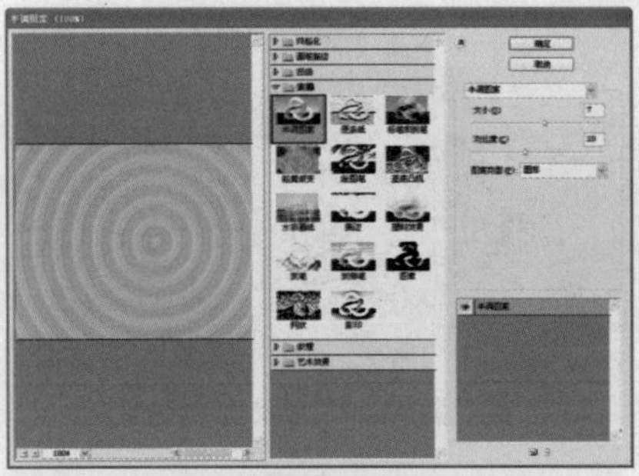

图 82-3 “半调图案”对话框

04 单击“滤镜”|“纹理”|“拼缀图”命令，弹出“拼缀图”对话框，设置各参数，如图82-4所示。

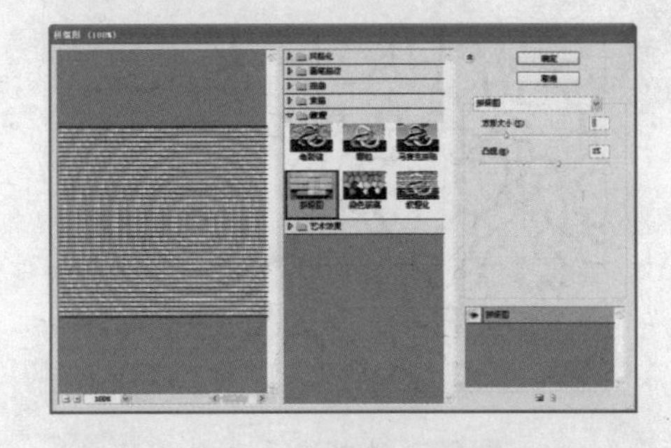

图 82-4 “拼缀图”对话框

05 单击“确定”按钮，效果如图82-1所示。

实例 83 裂缝纹理

本实例制作的是裂缝纹理，效果如图83-1所示。

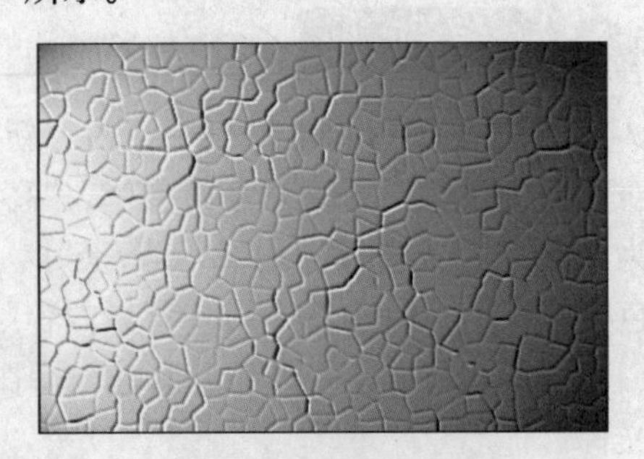

图 83-1 裂缝纹理

操作步骤

01 单击“文件”|“新建”命令，在“新建”对话框中设置“宽度”为15厘米、“高度”为10厘米、“分辨率”为72像素/英寸、“颜色模式”为“RGB颜色”、“背景内容”为白色，单击“确定”按钮，新建一个图像文件。

02 按【D】键，设置前景色和背景色为默认的黑色和白色，单击“滤镜”|“渲染”|“云彩”命令，并多次按【Ctrl + F】组合键，重复执行“云彩”命令，为图像添加云彩效果，如图83-2所示。

03 单击“滤镜”|“像素化”|“晶格化”命令，弹出“晶格化”对话框，设置“单元格大小”为20，单击“确定”按钮，对图像进行滤镜处理。

图 83-2 云彩效果

04 单击“滤镜”|“风格化”|“查找边缘”命令，并多次按【Ctrl + F】组合键，重复执行“查找边缘”命令，得到的效果如图83-3 所示。

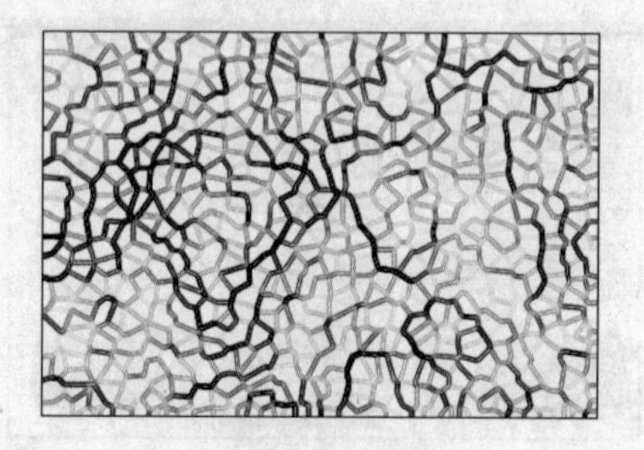

图 83-3 查找边缘效果

05 单击“滤镜”|“风格化”|“浮雕效果”命令，弹出“浮雕效果”对话框，设置“角度”、“高度”和“数量”值分别为 - 45、2、35，单击“确定”按钮，对图像应用浮雕效果滤镜，效果如图 83-4 所示。

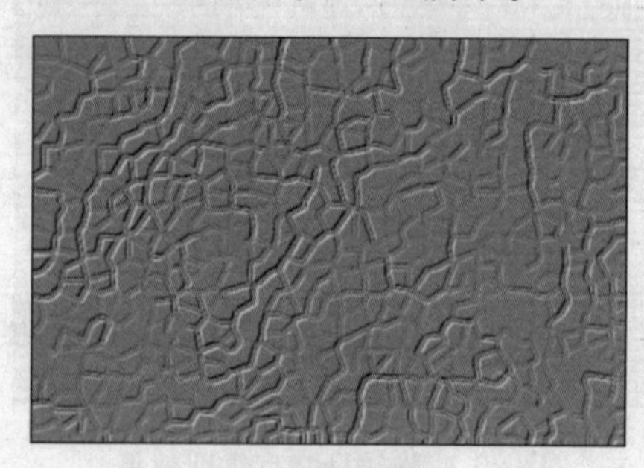

图 83-4 浮雕效果

06 单击“滤镜”|“渲染”|“光照效果”命令，弹出“光照效果”对话框，设置各参数，如图 83-5 所示。

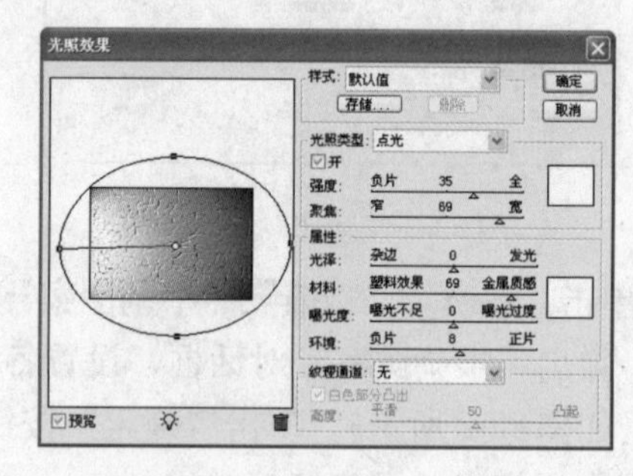

图 83-5 “光照效果”对话框

07 单击“确定”按钮，效果如图83-1所示。

实例 84 放射纹理

本实例制作的是放射纹理，效果如图 84-1 所示。

图 84-1 放射纹理

操作步骤

01 单击“文件”|“新建”命令，在“新建”对话框中设置“宽度”为15厘米、“高度”为10厘米、“分辨率”为72像素/英寸、“颜色模式”为“RGB 颜色”、“背景内容”为白色，单击“确定”按钮，新建一个图像文件。

02 按【D】键，设置前景色和背景色为默认的黑色和白色，单击“滤镜”|“渲染”|“云彩”命令，并多次按【Ctrl + F】组合键，重复执行“云彩”命令，得到的效果

如图84-2所示。

图84-2 云彩效果

03 单击“滤镜”|“扭曲”|“极坐标”命令，弹出“极坐标”对话框，选中“平面坐标到极坐标”单选按钮，单击“确定”按钮，效果如图84-3所示。

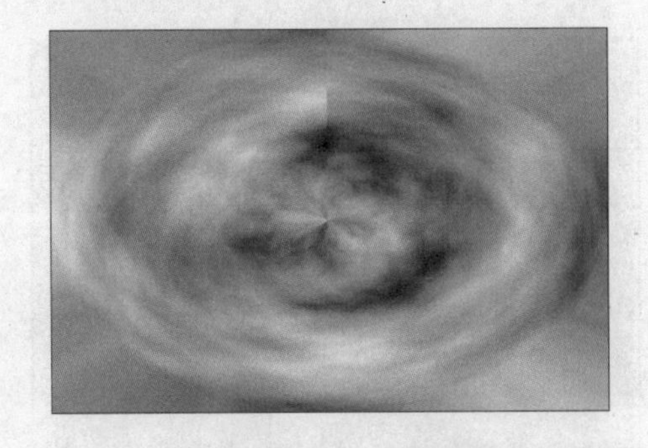

图84-3 极坐标图像

04 单击“滤镜”|“素描”|“铬黄”命令，弹出“铬黄渐变”对话框，在该对话框中设置“细节”和“平滑度”值均为5，单击“确定”按钮，对图像应用该滤镜。

05 按【Ctrl + J】组合键，复制图像并新建图层。单击“图像”|“调整”|“色相/饱和度”命令，弹出“色相/饱和度”对话框，选中“着色”复选框，调整图像颜色为蓝色，设置“色相”、“饱和度”和“明度”值分别为200、70、0，单击“确定”按钮，效果如图84-4所示。

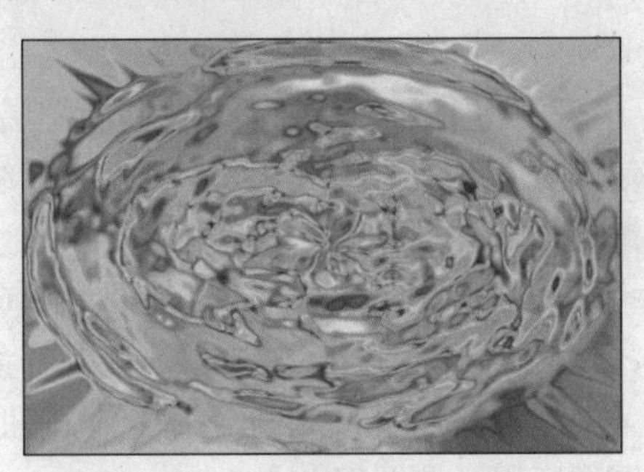

图84-4 调整色相/饱和度

06 单击“滤镜”|“模糊”|“径向模糊”命令，在弹出的“径向模糊”对话框中设置“数量”为25，在“模糊方法”选项区中选中“缩放”单选按钮，在“品质”选项区中选中“好”单选按钮，单击“确定”按钮应用径向模糊滤镜。在“图层”面板中设置该图层的混合模式为“强光”，效果如图84-1所示。

实例85 地毯纹理

本实例制作的是地毯纹理，效果如图85-1所示。

图85-1 地毯纹理

操作步骤

01 单击“文件”|“新建”命令，在弹出的“新建”对话框中设置“宽度”为15厘米、“高度”为10厘米、“分辨率”为150像素/英寸、“颜色模式”为“RGB颜色”、“背景内容”为白色（如图85-2所示），单击“确定”按钮，新建一个空白图像文件。

02 设置前景色为浅紫色（RGB值分别为229、160、255）、背景色为深黄色（RGB

值分别为241、219、9)，按【Alt + Delete】组合键，在图像窗口中填充前景色。

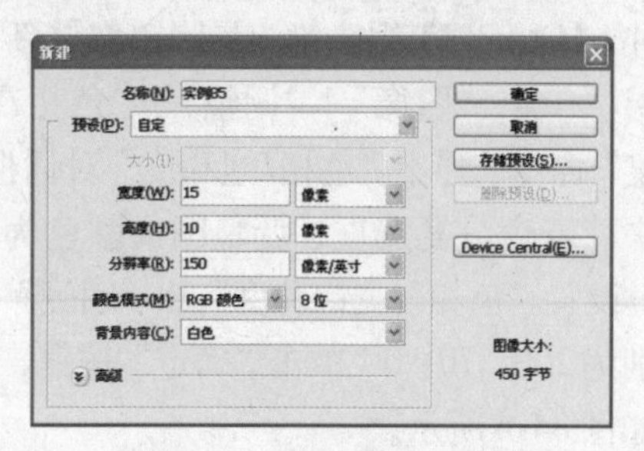

图 85-2 “新建”对话框

03单击“图层”面板底部的“创建新图层”按钮，创建新图层，按【Ctrl + Delete】组合键，填充背景色。

04单击“滤镜”|“素描”|“半调图案”命令，弹出“半调图案”对话框，设置各参数（如图85-3所示），单击“确定”按钮，对图像应用半调图案效果。

05单击“滤镜”|“艺术效果”|“壁画”命令，在弹出的“壁画”对话框中设置各参数（如图85-4所示），单击“确定”按钮添加壁画滤镜效果。

06在“图层”面板中设置图层的混合模式为“颜色减淡”。单击“滤镜”|“艺术效果”|“壁画”命令，弹出“壁画”对话框，设置“画笔大小”、“画笔细节”和“纹理”值分别为4、8和1，单击“确定”按钮，多次按【Ctrl + F】组合键，重复执行“壁画”命令，效果如图85-1所示。

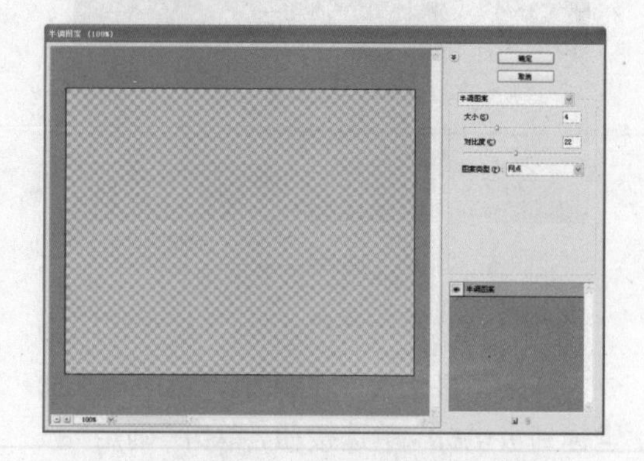

图 85-3 “半调图案”对话框

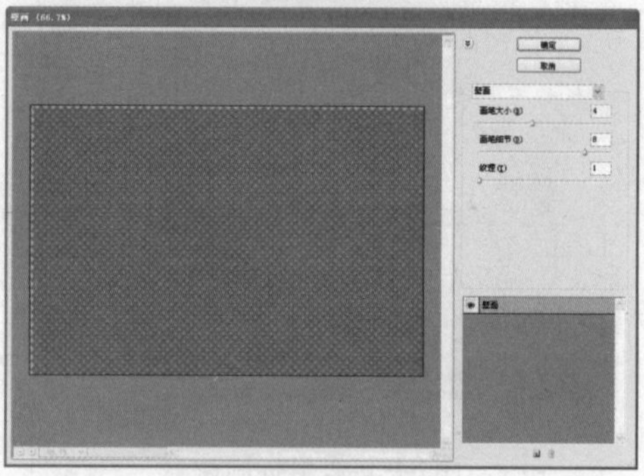

图 85-4 “壁画”对话框

实例86 桌布纹理

本实例制作的是桌布纹理，效果如图86-1所示。

图 86-1 桌布纹理效果

操作步骤

01单击“文件”|“新建”命令，在弹出的“新建”对话框中设置“宽度”为15厘米、“高度”为10厘米、“分辨率”为72像素/英寸、“颜色模式”为“RGB颜色”、“背景内容”为白色，单击“确定”按钮，新建一个空白图像文件。

02设置前景色为浅蓝色（RGB值分别为159、179、231)、背景色为纯绿青色（RGB参分别为0、104、183)，按【Alt+Delete】

组合键，为“背景”图层填充前景色，如图86-2所示。

图86-2 填充图像

03 单击“滤镜”|“风格化”|“拼贴”命令，在弹出的“拼贴”对话框中设置各参数（如图86-3所示），单击“确定”按钮，对图像添加拼贴滤镜效果。

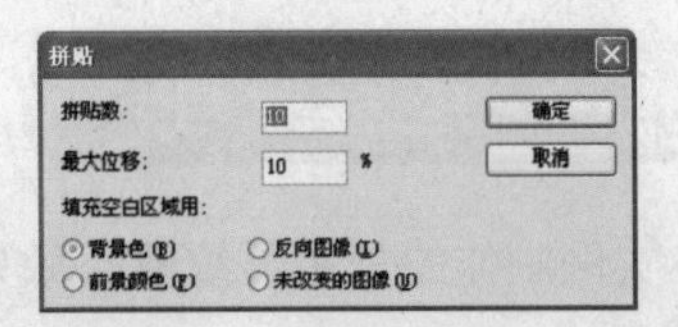

图86-3 “拼贴”对话框

04 单击“滤镜”|“像素化”|“碎片”命令，为图像添加碎片效果，多次按【Ctrl + F】组合键，重复执行“碎片”命令，对图像进行滤镜处理。

05 单击“滤镜”|“其他”|“最小值”命令，弹出“最小值”对话框，设置“半径”值为2像素，单击“确定”按钮，得到的效果如图86-1所示。

实例87 大理石纹理

本实例制作的是大理石纹理，效果如图87-1所示。

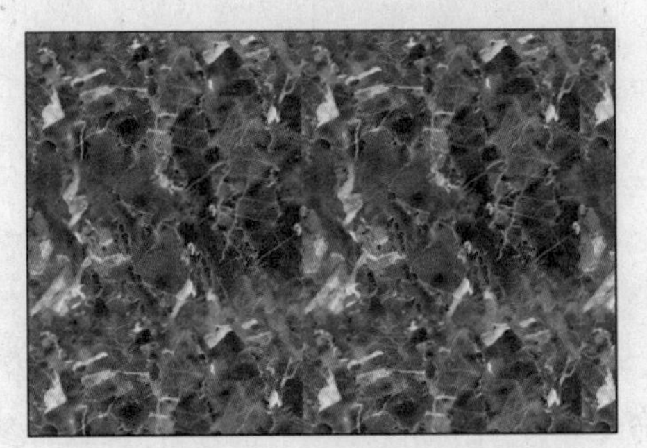

图87-1 大理石纹理效果

操作步骤

01 单击“文件”|“新建”命令，弹出“新建”对话框，设置“宽度”为15厘米、“高度”为10厘米、“分辨率”为72像素/英寸、“颜色模式”为“RGB颜色”、“背景内容”为白色（如图87-2所示），单击“确定”按钮，新建一个空白图像文件。1

02 选取工具箱中的油漆桶工具，在工具属性栏中单击“设置填充区域的源”下拉列表框右侧的下拉按钮，在弹出的列表框中选择“图案”选项。单击图案选项右侧的下拉按钮，在弹出的面板中单击右上侧的小三角按钮，弹出下拉菜单，从中选择“岩石图案”选项，弹出提示信息框，（如图87-3所示），单击“追加”按钮。

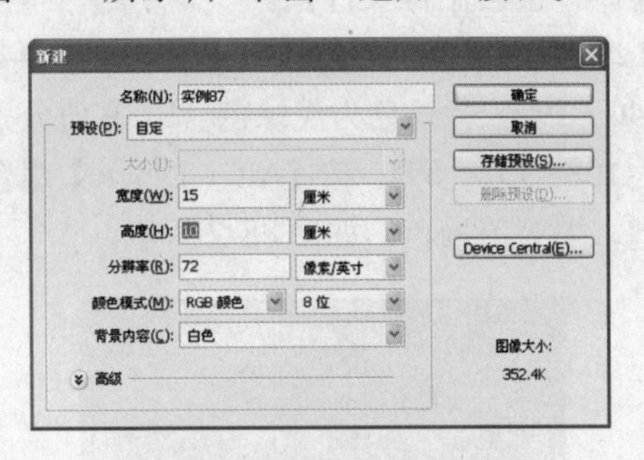

图87-2 “新建”对话框

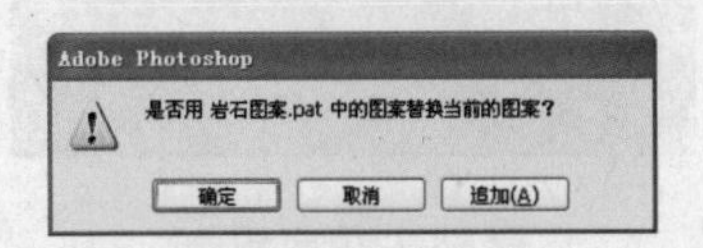

图87-3 提示信息框

03 在图案面板的列表框中选择“黑色大理石”选项，然后将鼠标指针移至图像窗口中，此时鼠标指针将呈形状，单击鼠标左键填充图案，效果如图87-1所示。

实例88 迷彩纹理

本实例制作的是迷彩纹理，效果如图88-1所示。

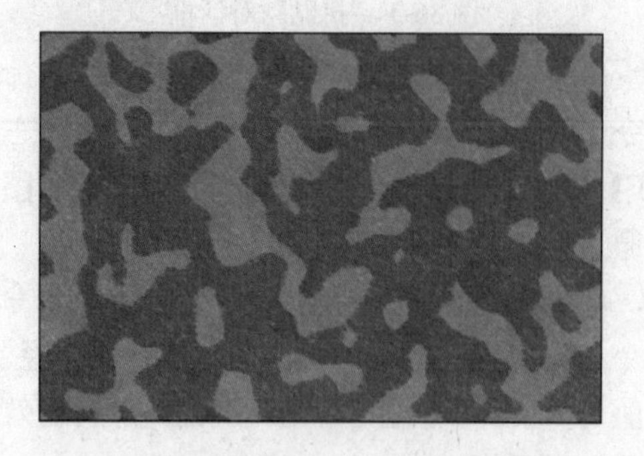

图88-1 迷彩纹理效果

操作步骤

01 单击“文件”|“新建”命令，在弹出的“新建”对话框中设置文件“宽度”为15厘米、“高度”为10厘米、“分辨率”为72像素/英寸、“颜色模式”为“RGB颜色”、“背景内容”为白色，单击“确定”按钮，新建一个空白图像文件。

02 设置前景色为绿色（RGB值分别为44、140、29）、背景色为浅绿色（RGB值分别为108、152、69），按【Alt + Delete】组合键，填充前景色，如图88-2所示。

图88-2 填充颜色

03 单击“滤镜”|“艺术效果”|“海绵”命令，弹出“海绵”对话框，设置各参数（如图88-3所示），单击“确定”按钮对图像添加海绵滤镜效果。

04 单击“滤镜”|“艺术效果”|“调色刀”命令，弹出“调色刀”对话框，设置各参数（如图88-4所示），单击“确定”按钮，对图像添加调色刀滤镜效果。

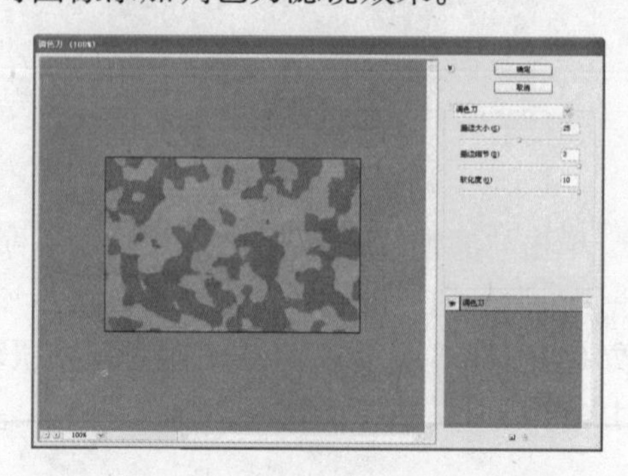

图88-3 “海绵”对话框

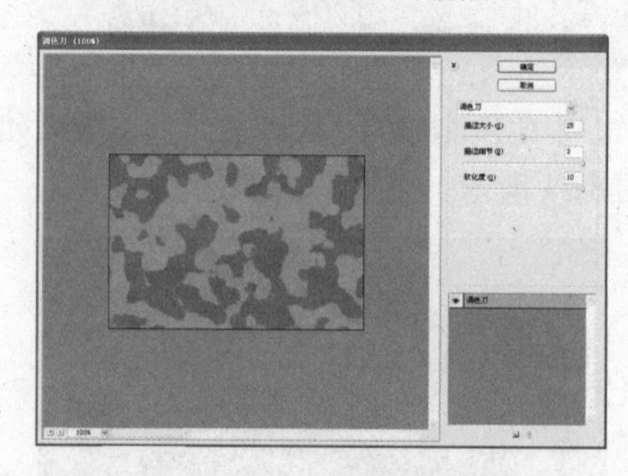

图88-4 “调色刀”对话框

05 单击“滤镜”|“艺术效果”|“涂抹棒”命令，弹出“涂抹棒”对话框，设置各参数，如图88-5所示。

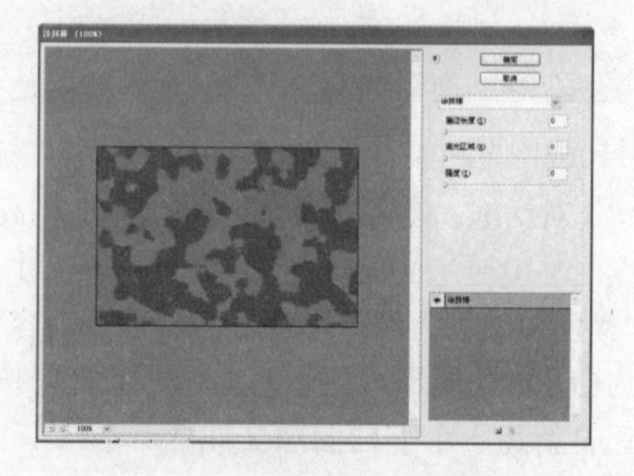

图88-5 “涂抹棒”对话框

06 单击“确定”按钮，得到的图像效果如图88-1所示。

实例89 皮革纹理

本实例制作的是皮革纹理，效果如图89-1所示。

图89-1 皮革纹理效果

操作步骤

01单击“文件”|“新建”命令，在“新建”对话框中设置“宽度”为15厘米、“高度”为10厘米、“分辨率”为72像素/英寸、“颜色模式”为“RGB颜色”、“背景内容”为白色（如图89-2所示），单击“确定”按钮，新建一个图像文件。

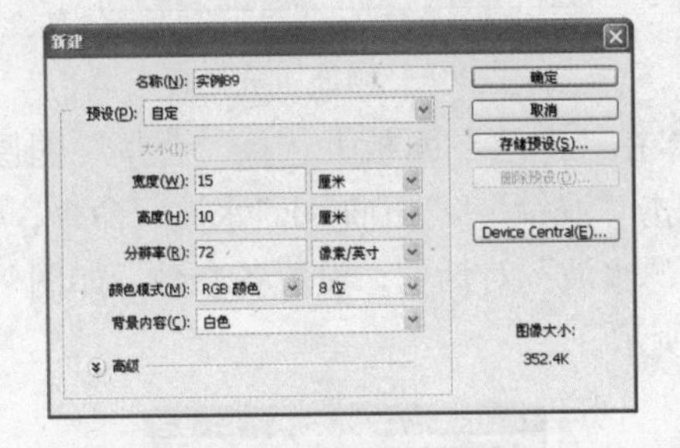

图89-2 “新建”对话框

02按【D】键，设置前景色和背景色为默认的黑色和白色。单击“滤镜”|“纹理”|“染色玻璃”命令，弹出“染色玻璃”对话框，设置“单元格大小”、“边框粗细”、“光照强度”值分别为11、8、8（如图89-3所示），单击“确定”按钮，对图像添加染色玻璃滤镜效果。

03单击“滤镜”|“杂色”|“添加杂色”命令，弹出“添加杂色”对话框，在该对话框中设置“数量”为65，在“分布”选项区中选中“高斯分布”单选按钮，然后选中“单色”复选框，单击“确定”按钮，对图像添加该滤镜效果。

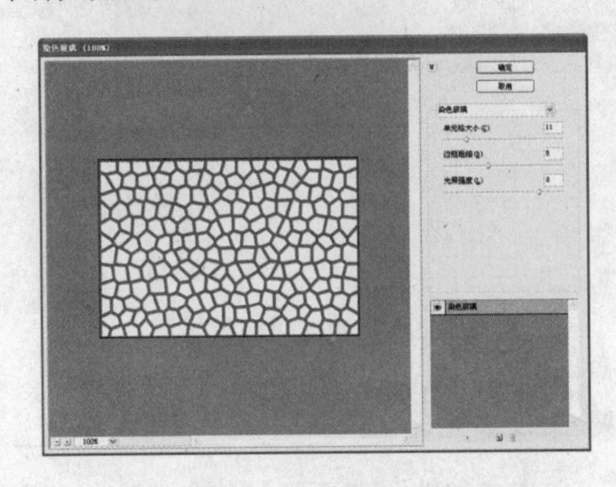

图89-3 染色玻璃效果

04单击“滤镜”|“风格化”|“浮雕效果”命令，弹出“浮雕效果”对话框，设置“角度”、“高度”和“数量”值分别为165、5和25，单击“确定”按钮，得到的浮雕效果如图89-4所示。

图89-4 浮雕效果

05单击“图像”|“调整”|“色相/饱和度”命令，弹出“色相/饱和度”对话框，在该对话框中选中“着色”复选框，设置“色相”、“饱和度”和“明度”值分别为33、18、-20，单击“确定”按钮，调整图像的色相/饱和度，效果如图89-5所示。

实例90 水波纹理

本实例制作的是水波纹理，效果如图90-1所示。

图90-1 水波纹理效果

操作步骤

01 单击“文件”|“新建”命令，弹出“新建”对话框，设置“宽度”和“高度”均为20厘米、“分辨率”为72像素/英寸、“颜色模式”为“RGB颜色”、“背景内容”为白色（如图90-2所示），单击“确定”按钮，新建一个图像文件。

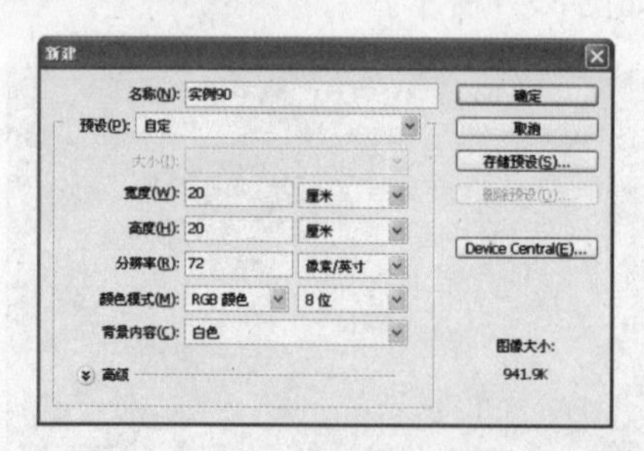

图90-2 “新建”对话框

02 设置前景色为浅蓝色（RGB值分别为0、174、255）、背景色为白色，按【Alt + Delete】组合键，为“背景”图层填充前景色。

03 单击“滤镜”|“渲染”|“云彩”命令，并多次按【Ctrl + F】组合键，重复执行“云彩”命令，得到的效果如图90-3所示。

04 按【Ctrl + J】组合键，复制图像并新建图层，在“图层”面板中设置新图层的混合模式为“颜色加深”，效果如图90-4所示。

图90-3 云彩效果

图90-4 颜色加深效果

05 在“图层”面板上选择“背景”图层，单击“滤镜”|“扭曲”|“水波”命令，弹出“水波”对话框，设置各参数，如图90-5所示。

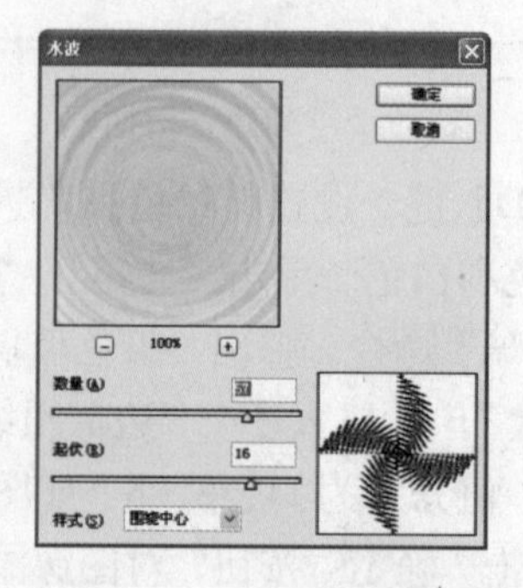

图90-5 “水波”对话框

06 单击“确定”按钮，应用水波滤镜，效果如图90-1所示。

实例91 花岗岩纹理

本实例制作的是花岗岩纹理，效果如图91-1所示。

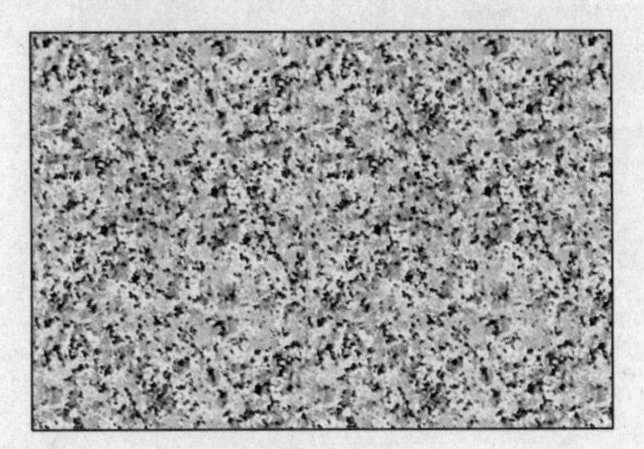

图91-1 花岗岩纹理

操作步骤

01 单击“文件”|“新建”命令，在弹出的“新建”对话框中设置文件“宽度”为10厘米、“高度”为5厘米、“分辨率”为72像素/英寸、“颜色模式”为“RGB颜色”、“背景内容”为白色（如图91-2所示），单击“确定”按钮，新建一个空白文件。

02 选取工具箱中的油漆桶工具，在工具属性栏中单击“设置填充区域的源”下拉列表框右侧的下拉按钮，在弹出的列表框中选择“图案”选项；然后单击“图案”选项右侧的下拉按钮，在弹出的面板中单击右上侧的小三角按钮，再在弹出的下拉菜单中选择“岩石图案”选项，弹出提示信息框（如图91-3所示），单击“追加”按钮即可。

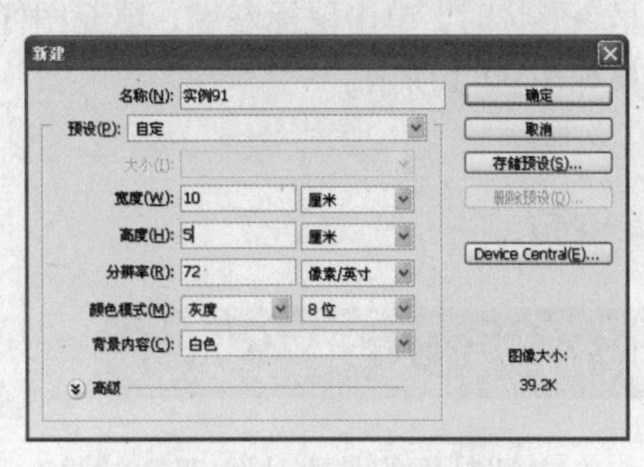

图91-2 “新建”对话框

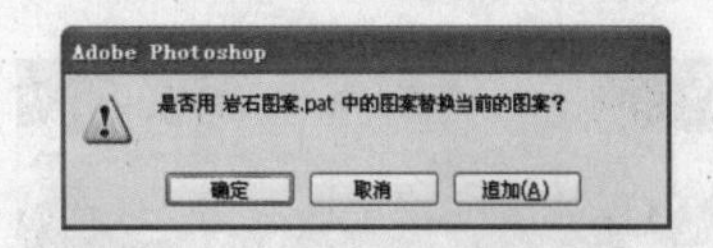

图91-3 提示信息框

03 在图案面板的列表框中选择“花岗岩”纹理，然后将鼠标指针移至图像窗口，当鼠标指针呈形状时，在图像窗口单击鼠标左键，填充图案，效果如图91-1所示。

实例92 石壁纹理

本实例制作的是石壁纹理，效果如图92-1所示。

图92-1 石壁纹理效果

操作步骤

01 单击“文件”|“新建”命令，在弹出的“新建”对话框中设置“宽度”为10厘米、“高度”为8厘米、“分辨率”为72像素/英寸、“颜色模式”为“RGB颜色”、“背景内容”为白色（如图92-2所示），单击“确定”按钮，新建一个空白图像文件。

02 选取工具箱中的油漆桶工具，在工具属性栏中单击“设置填充区域的源”下拉列表框右侧的下拉按钮，在弹出的下拉菜单中选择“图案”选项，单击图案选项右侧的下拉按钮，弹出其面板，单击其中右上侧的小三角按钮，弹出下拉菜单，选择“岩石图案”选项，弹出提示信息框（如图92-3所示），单击“追加”按钮即可。

03 在图案面板的列表框中选择“石壁”纹理，将鼠标指针移至图像窗口，当鼠标指针呈形状时，单击鼠标左键，填充图像，效果如图92-1所示。

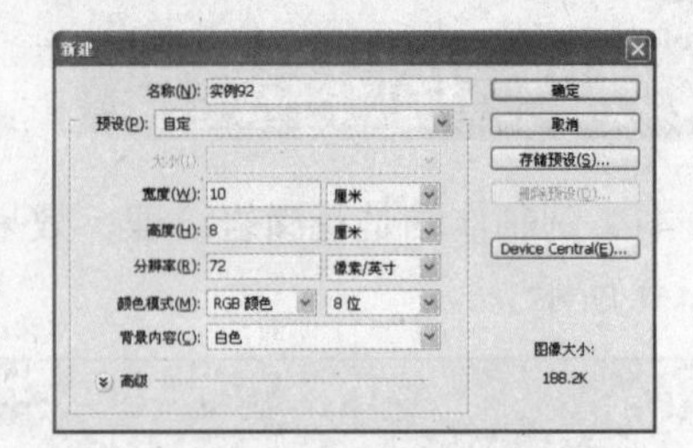

图92-2 “新建”对话框

图92-3 提示信息框

实例93 方块纹理

本实例制作的是方块纹理，效果如图93-1所示。

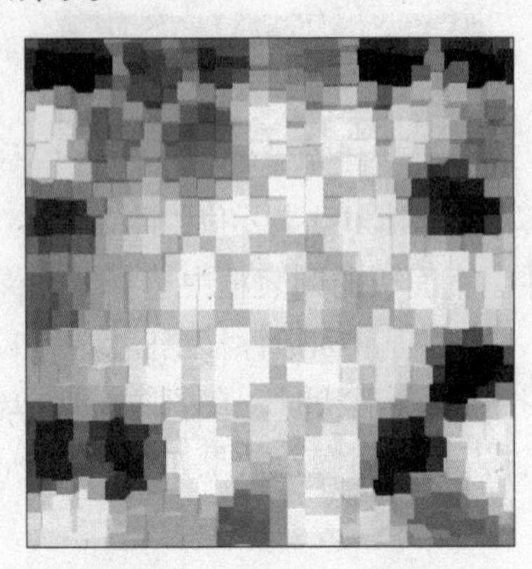

图93-1 方块纹理效果

操作步骤

01 单击“文件”|“新建”命令，弹出“新建”对话框，设置“宽度”和“高度”均为10厘米、“分辨率”为72像素/英寸、“颜色模式”为“RGB颜色”、“背景内容”为白色，单击“确定”按钮，新建一个图像文件。

02 设置前景色为橙色（RGB值分别为248、181、81），按【Alt＋Delete】组合键，在图像窗口中填充前景色，如图93-2所示。

图93-2 填充颜色

03 单击“滤镜”|“杂色”|“添加杂色”命令，弹出“添加杂色”对话框，设置各参数（如图93-3所示），单击“确定”按钮，为图像添加杂色。

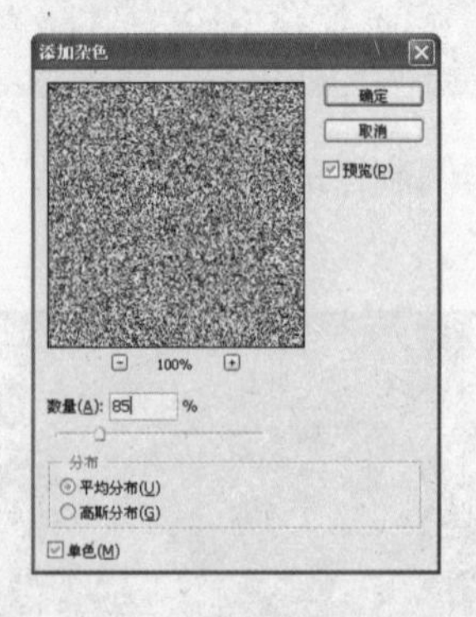

图93-3 “添加杂色”对话框

04 单击“滤镜”|“纹理”|“染色玻璃”命令，弹出“染色玻璃”对话框，设置各参数（如图93-4所示），单击“确定”按钮。

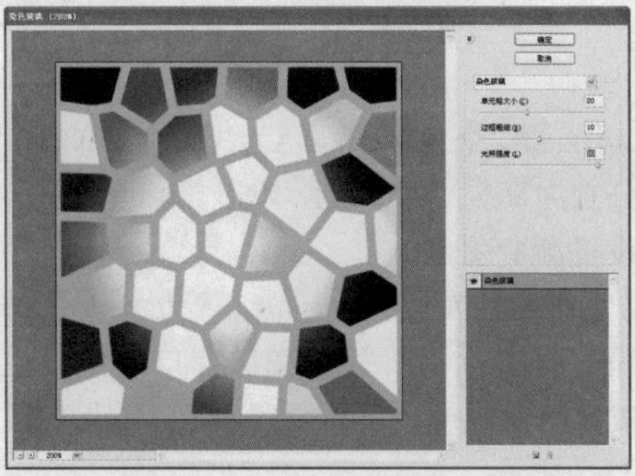

图 93-4 “染色玻璃”对话框

05 单击“滤镜”|“风格化”|“凸出”命令，弹出“凸出”对话框，设置各参数，如图 93-5 所示。

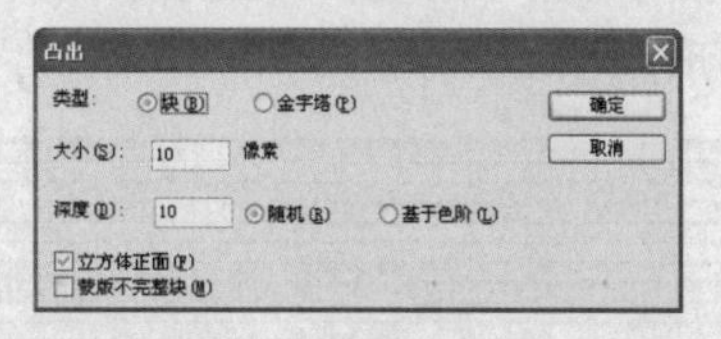

图 93-5 “凸出”对话框

06 单击“确定”按钮，得到的图像效果如图 93-1 所示。

实例 94 拼贴纹理

本实例制作的是拼贴纹理，效果如图 94-1 所示。

图 94-1 拼贴纹理

操作步骤

01 单击“文件”|“新建”命令，在打开的对话框中设置“宽度”为 15 厘米、“高度”为 10 厘米、“分辨率”为 72 像素/英寸、“颜色模式”为“RGB 颜色”、“背景内容”为白色（如图 94-2 所示），单击“确定”按钮，新建一个空白图像文件。

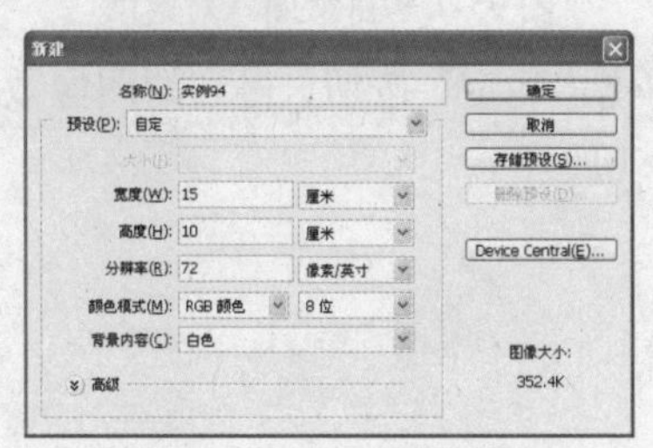

图 94-2 “新建”对话框

02 设置前景色为绿色（RGB 值分别为 19、149、47）、背景色为蓝色（RGB 值分别为 66、133、255），选取工具箱中的画笔工具，并在工具属性栏中选择相应的笔触样式，然后在图像窗口中单击鼠标左键，绘制图形，效果如图 94-3 所示。

图 94-3 使用画笔工具绘制图像

03 单击“滤镜”|“风格化”|“拼贴”命令，弹出“拼贴”对话框，设置各参数，如图 94-4 所示。

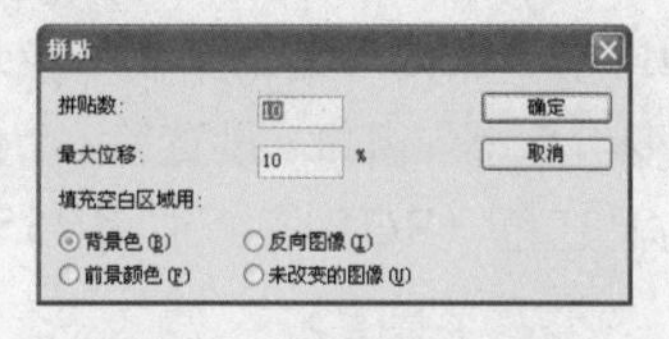

图 94-4 “拼贴”对话框

04 单击“确定”按钮，得到的图像效果如图 94-1 所示。

实例95 拼缀纹理

本实例制作的是拼缀纹理，效果如图95-1所示。

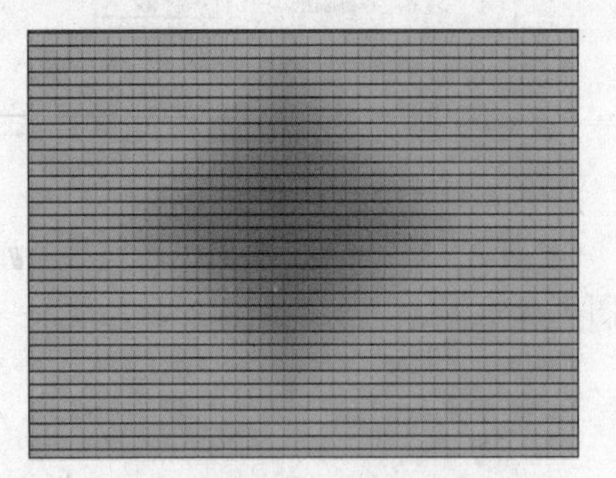

图95-1 拼缀纹理效果

操作步骤

01 单击“文件”|“新建”命令，弹出“新建”对话框，设置“宽度”为20厘米、“高度”为15厘米、“分辨率”为72像素/英寸、“颜色模式”为“RGB颜色”、“背景内容”为白色（如图95-2所示），单击“确定”按钮，新建一个空白图像文件。

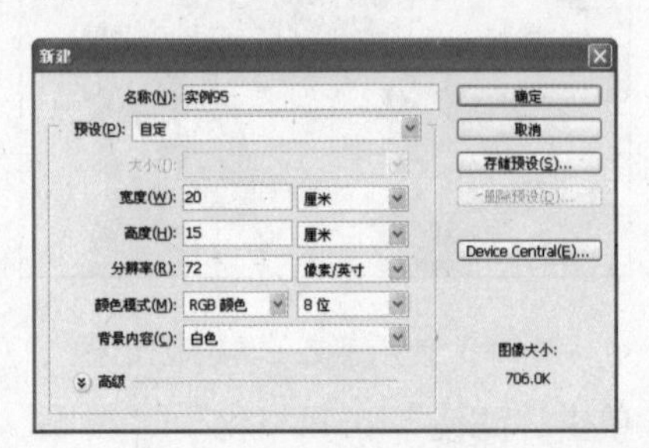

图95-2 “新建”对话框

02 选取工具箱中的渐变工具，在工具属性栏中单击“点按可编辑渐变”色块，弹出“渐变编辑器”窗口，设置第1个色标的颜色为浅红色（RGB值分别为255、70、100）、第2个色标的颜色为浅黄色（RGB值分别为255、200、70），单击“确定”按钮，设置渐变颜色。

03 在工具属性栏中单击“菱形渐变”按钮，将鼠标指针移至图像窗口的中间位置，拖曳鼠标，填充渐变颜色，效果如图95-3所示。

图95-3 填充渐变颜色

04 单击“滤镜”|“纹理”|“拼缀图”命令，弹出“拼缀图”对话框，设置各参数，如图95-4所示。

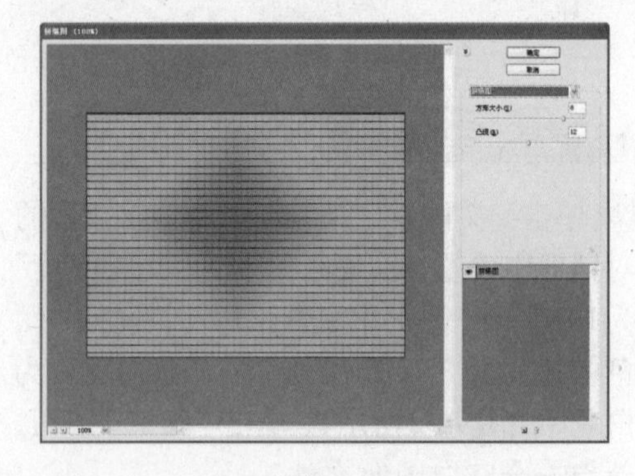

图95-4 “拼缀图”对话框

05 单击“确定”按钮，得到的图像效果如图95-1所示。

实例96 金属纹理

本实例制作的是金属纹理，效果如图96-1所示。

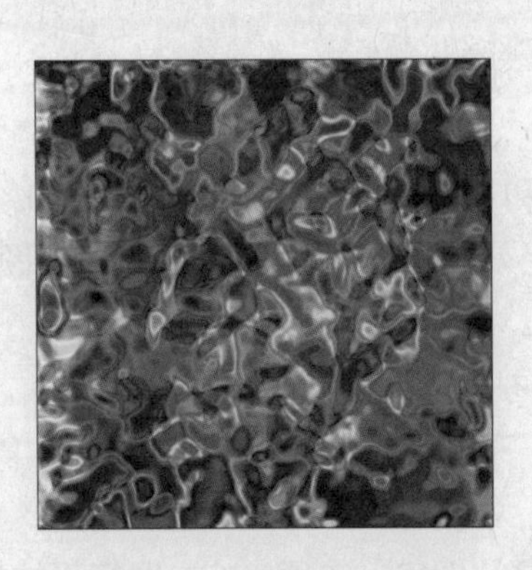

图 96-1 金属纹理效果

操作步骤

01 单击“文件”|“新建”命令，在弹出的对话框中设置“宽度”、“高度”值均为10厘米、“分辨率”为150像素/英寸、“颜色模式”为“RGB颜色”、“背景内容”为白色（如图96-2所示），单击“确定”按钮。

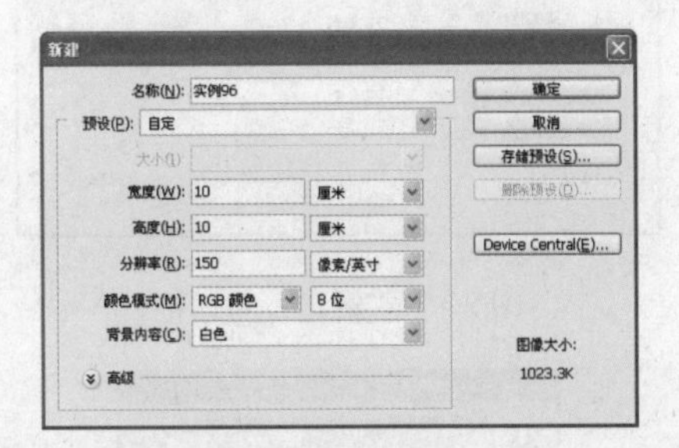

图 96-2 “新建”对话框

02 单击“滤镜”|“杂色”|“添加杂色”命令，弹出“添加杂色”对话框，设置“数量”值为350，在“分布”选项区中选中“平均分布”单选按钮，然后选中“单色”复选框，单击“确定”按钮，对图像添加杂色滤镜效果。

03 单击“滤镜”|“像素化”|“晶格化”命令，弹出“晶格化”对话框，设置“单元格大小”为120，单击“确定”按钮，对图像添加该滤镜效果，效果如图96-3所示。

04 单击“滤镜”|“风格化”|“照亮边缘”命令，弹出“照亮边缘”对话框，设置“边缘宽度”、“边缘亮度”、“平滑度”值分别为9、12、8，单击“确定”按钮，对图像添加滤镜效果。

图 96-3 晶格化图像

05 按【D】键，设置前景色和背景色为默认的黑色和白色，单击“滤镜”|“渲染”|“分层云彩”命令，并多次按【Ctrl+F】组合键，重复执行“分层云彩”命令，效果如图96-4所示。

图 96-4 分层云彩效果

06 单击“滤镜”|“素描”|“铬黄”命令，弹出“铬黄渐变”对话框，设置“细节”、“平滑度”值分别为2、3，单击“确定”按钮，效果如图96-5所示。

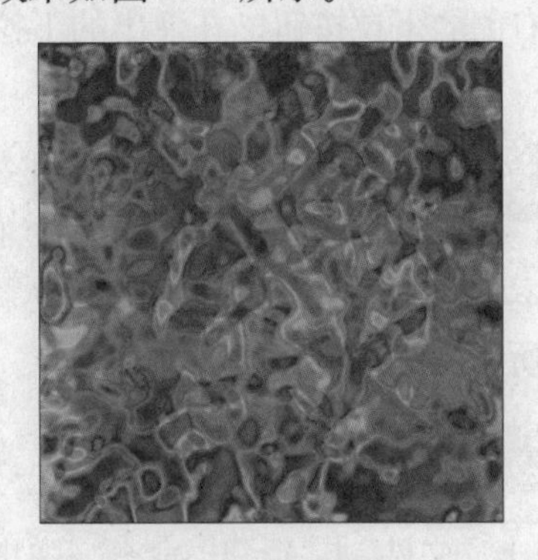

图 96-5 铬黄图像

07 单击“图像”|“调整”|“色阶”命令，弹出“色阶”对话框，在弹出的对话框中设置“输入色阶”值分别为34、1.00、200，单击“确定”按钮，调整图像色阶。

08 单击“图像”|“调整”|“色相/饱和度”命令，弹出“色相/饱和度”对话框，选中“着色”复选框，并设置“色相”、“饱和度”和“明度”值分别为0、25、0，单击“确定”按钮，得到的图像效果如图96-1所示。

实例97 树皮纹理

本实例制作的是树皮纹理，效果如图97-1所示。

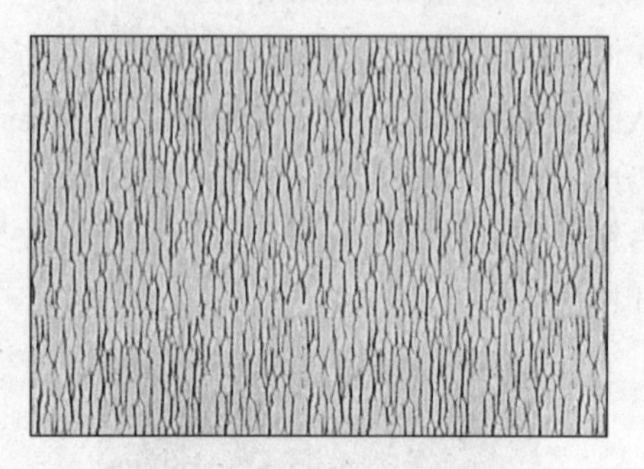

图97-1 树皮纹理效果

操作步骤

01 单击“文件”|“新建”命令，弹出“新建”对话框，设置文件的“宽度”为15厘米、“高度”为10厘米、“分辨率”为72像素/英寸、“颜色模式”为“RGB颜色”、“背景内容”为白色（如图97-2所示），单击“确定”按钮，新建一个空白图像文件。

02 选取工具箱中的油漆桶工具，在工具属性栏中单击“设置填充区域的源”下拉列表框右侧的下拉按钮，在弹出的下拉菜单中选择“图案”选项，单击图案下拉按钮，弹出其面板，并单击其右上侧的小三角按钮，并在弹出的下拉菜单中选择“填充纹理”选项，弹出提示信息框（如图97-3所示），单击“追加”按钮。

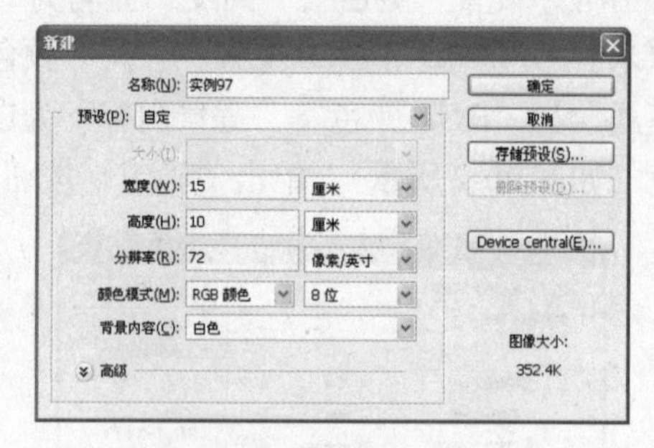

图97-2 “新建”对话框

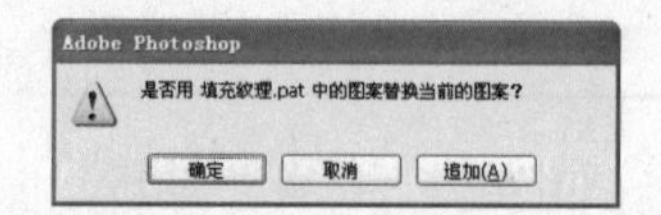

图97-3 提示信息框

03 在图案面板的列表框中选择“树皮”纹理，然后将鼠标指针移至图像窗口中，当鼠标指针呈形状时，在图像窗口中单击鼠标左键，填充图案，效果如图97-1所示。

实例98 漩涡纹理

本实例制作的是漩涡纹理，效果如图98-1所示。

操作步骤

01 单击“文件”|“新建”命令，弹出“新建”对话框，设置“宽度”为20厘米、“高度”为15厘米、“分辨率”为150像素/英寸、“颜色模式”为“RGB颜色”、“背景内容”为白色（如图98-2所示），单击“确定”按钮，新建一个空白图像文件。

图 98-1 漩涡纹理效果

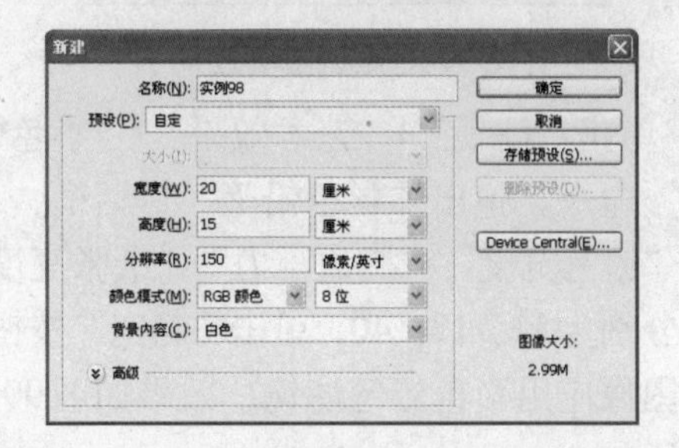

图 98-2 “新建”对话框

02 设置前景色为浅蓝色（RGB 值分别为 64、228、255）、背景色为白色。单击“滤镜”|“渲染”|“云彩”命令，并多次按【Ctrl+F】组合键，重复执行“云彩”命令，效果如图 98-3 所示。

图 98-3 云彩图像

03 单击“滤镜”|“扭曲”|“旋转扭曲”命令，弹出“旋转扭曲”对话框，设置“角度”值为-698，单击“确定”按钮，对图像添加滤镜效果，如图 98-4 所示。

04 单击“滤镜”|“画笔描边”|“阴影线”命令，弹出“阴影线”对话框，设置“描边长度”、“锐化程度”、“强度”值分别为 13、6、1，单击“确定”按钮，对图像进行滤镜处理。

图 98-4 旋转扭曲图像

05 单击“滤镜”|“画笔描边”|“强化的边缘”命令，弹出“强化的边缘”对话框，然后设置“边缘宽度”、“边缘亮度”、“平滑度”分别为 4、35、7，单击“确定”按钮，对图像添加滤镜效果，效果如图 98-5 所示。

图 98-5 强化边缘效果

06 选取工具箱中的油漆桶工具，在工具属性栏中单击“设置填充区域的源”下拉列表框右侧的下拉按钮，在弹出的下拉菜单中选择“图案”选项，然后单击图案选项右侧的下拉按钮，弹出其面板，并单击其右上侧的小三角按钮，在弹出的下拉菜单中选择“彩色纸”选项，会弹出提示信息框，单击“追加”按钮即可。

07 在追加的图案中选择“水绿色纸”纹理，将鼠标指针移至图像窗口中，当鼠标指针呈 形状时，在图像窗口中的任意位置单击鼠标左键，填充图案，效果如图 98-1 所示。

实例99 彩布纹理

本实例制作的是彩布纹理，效果如图99-1所示。

图99-1 彩布纹理效果

操作步骤

01 单击“文件”|“新建”命令，弹出“新建”对话框，设置文件“宽度”为10厘米、“高度”为8厘米、“分辨率”为150像素/英寸、“颜色模式”为“RGB颜色”、“背景内容”为白色（如图99-2所示），单击“确定”按钮，新建一个空白图像文件。

02 设置前景色为浅绿色（RGB值分别为155、207、161）、背景色为白色（RGB值均为255），按【Alt + Delete】组合键，为“背景”图层填充前景色。

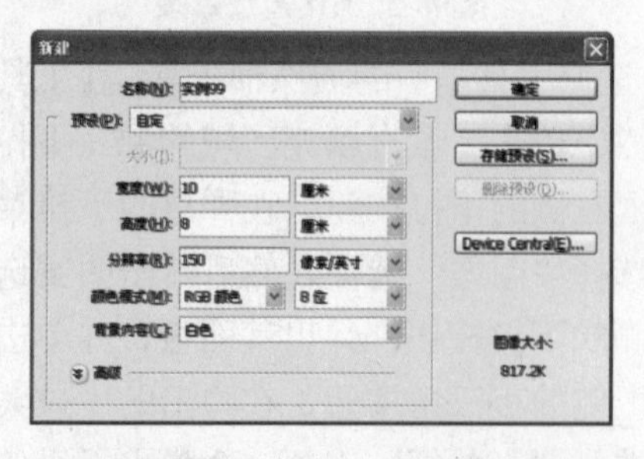

图99-2 “新建”对话框

03 单击“滤镜”|“素描”|“半调图案”命令，弹出“半调图案”对话框，设置“大小”、“对比度”值分别为3、10，在“图案类型”下拉列表框中选择“网点”选项，单击“确定”按钮，对图像应用滤镜，效果如图99-3所示。

图99-3 半调图案效果

04 单击“滤镜”|“艺术效果”|“彩色铅笔”命令，弹出“彩色铅笔”对话框，设置“铅笔宽度”、“描边压力”、“纸张亮度”值分别为11、12、40，单击“确定”按钮，对图像应用彩色铅笔滤镜，效果如图99-4所示。

图99-4 彩色铅笔效果

05 单击“图层”面板底部的“创建新图层”按钮，创建新图层。选取工具箱中的渐变工具，在工具属性栏中单击“编辑渐变”色块，弹出“渐变编辑器”窗口，设置第1个色标的颜色为浅黄色（RGB值分别为208、233、90）、设置第2个色标的颜色为白色，单击“确定”按钮将其设置为当前渐变色。

06 在工具属性栏中单击“径向渐变”按钮，在图像窗口中按住鼠标左键并从左上角往右下角拖曳鼠标，在图层中填充渐变颜色。

07 在“图层”面板中设置该图层的混合模式为“柔光”，效果如图99-1所示。

实例100 麻布纹理

本实例制作的是麻布纹理，效果如图100-1所示。

图100-1 麻布纹理效果

操作步骤

01 单击“文件”|“新建”命令，弹出“新建”对话框，设置“宽度”为10厘米、“高度”为8厘米、“分辨率”为150像素/英寸、“颜色模式”为“RGB颜色”、“背景内容”为白色（如图100-2所示），单击“确定”按钮，新建一个空白图像文件。

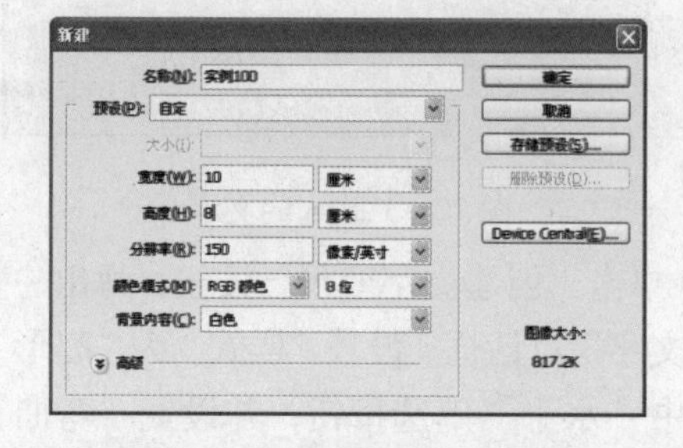

图100-2 “新建”对话框

02 设置前景色为浅黄色（RGB值分别为248、231、185）、背景色为白色，按【Ctrl + Delete】组合键，为“背景”图层填充背景色，效果如图100-3所示。

图100-3 填充背景色

03 单击“滤镜”|“纹理”|“纹理化”命令，弹出“纹理化”对话框，设置各参数（如图100-4所示），单击“确定”按钮，应用纹理化滤镜效果。

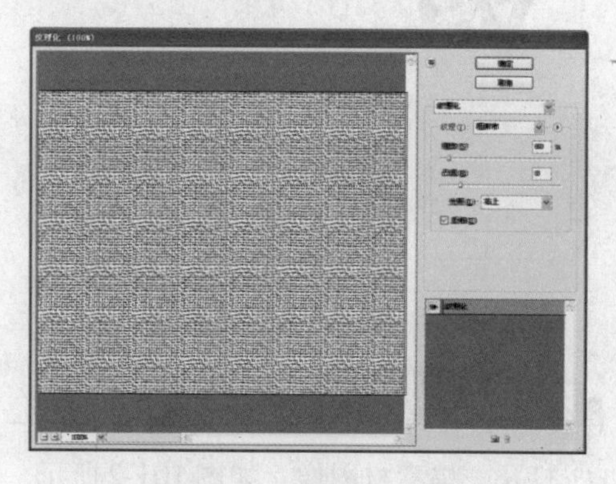

图100-4 “纹理化”对话框

04 单击“滤镜”|“杂色”|“添加杂色”命令，弹出“添加杂色”对话框，设置“数量”值为3，在“分布”选项区中选中“高斯分布”单选按钮，然后选中“单色”复选框，单击“确定”按钮，应用滤镜效果，如图100-1所示。

第5章 字效风云——文字特效

一幅好的平面作品，文字设计占据着重要位置，文字的设计内容包括流畅、简洁的语言，独具风格的造型。通过这些可赋予平面作品视觉上的美感。本章通过制作30个不同效果的实例，帮助读者掌握制作文字特效的具体方法，从而制作出各种不同的文字特效，以便在需要的时候应用于平面设计作品中。

实例101 扇形字

本实例制作的是扇形字，效果如图101-1所示。

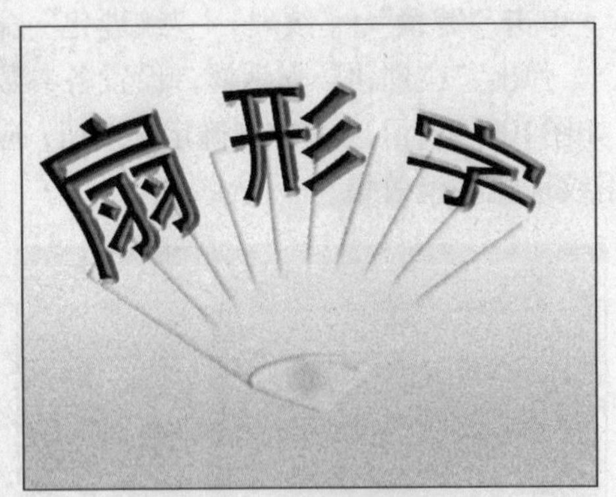

图101-1 扇形字效果

操作步骤

01 打开一幅素材图像，如图101-2所示。

图101-2 素材图像

02 按【D】键，将前景色和背景色设置为默认的黑色和白色，选取工具箱中的横排文字工具，在工具属性栏中设置“字体”为“黑体”、“大小”为108点。在素材图像中的合适位置输入相应的文字，效果如图101-3所示。

图101-3 输入的文字

03 单击“创建文字变形”按钮，弹出“变形文字”对话框，设置“样式”为“扇形”，选中“水平”单选按钮，并设置“弯曲”、“水平扭曲”、“垂直扭曲”值分别为40、-40、0，单击“确定”按钮，创建文字变形效果，按【Ctrl + Enter】组合键确认操作。选取移动工具，将文字移至适当位置，效果如图101-4所示。

04 单击“图层”|“图层样式”|“斜面和浮雕”命令，弹出“图层样式”对话框，设置各参数，如图101-5所示。

05 单击“确定”按钮，得到的文字效果如图101-1所示。

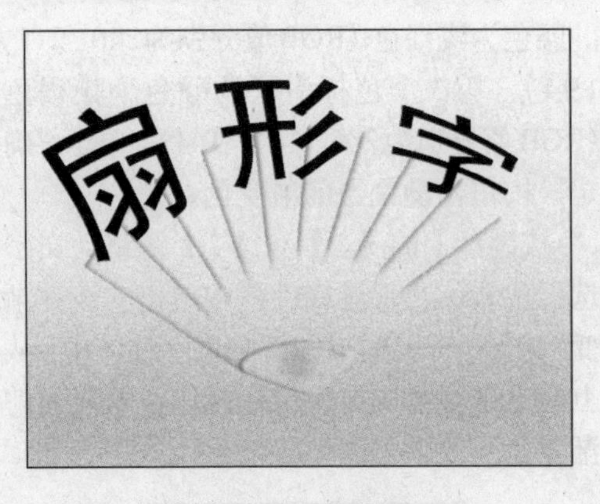

图 101-4 变形文字

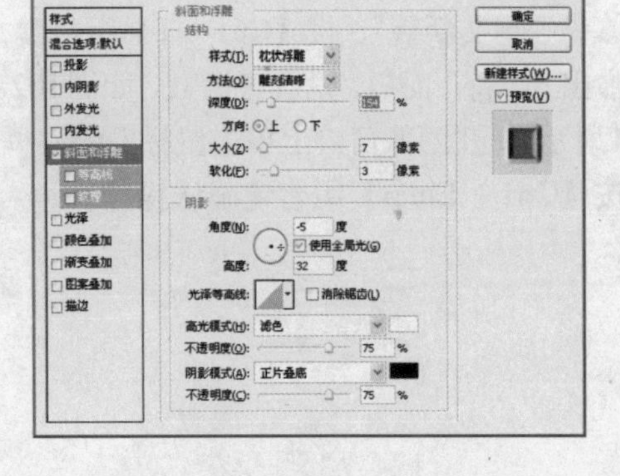

图 101-5 “图层样式”对话框

实例 102 立体字

本实例制作的是立体字，效果如图 102-1 所示。

图 102-1 立体字效果

操作步骤

01 单击“文件”|“新建”命令，设置文件“宽度”和“高度”值均为15厘米、“分辨率”为72像素/英寸、“颜色模式”为“RGB颜色”、“背景内容”为白色（如图102-2所示），单击“确定”按钮，新建一个空白图像文件。

02 选取工具箱中的渐变工具，在工具属性栏中单击“点按可编辑渐变”色块，弹出“渐变编辑器”窗口，设置第1个色标的颜色为淡红色（RGB值分别为239、219、205）、第2个色标的颜色为浅蓝色（RGB值分别为144、203、214），单击“确定”按钮，设置当前渐变颜色。

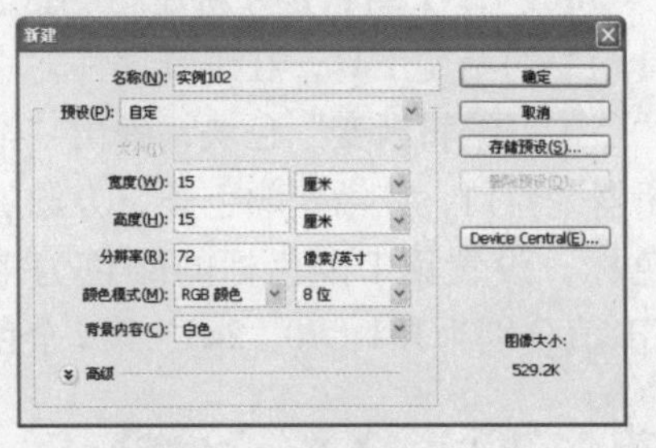

图 102-2 “新建”对话框

03 在工具属性栏中单击“线性渐变”按钮。设置“模式”为“溶解”、“不透明度”值为95%，将鼠标指针移至图像窗口中，按住鼠标左键从上往下拖动鼠标，为“背景”图层填充渐变色，效果如图 102-3 所示。

图 102-3 渐变填充

04 单击“图层”面板底部的“创建新图层”按钮，创建一个新图层。选取工具箱中的横排文字蒙版工具，在图像窗口中输入相应的文字；选择文字，在属性栏中设置字体为“华文新魏”，按【Ctrl + T】组合键，弹出“字符”面板，设置各参数（如图102-4所示），在图像窗口上单击鼠标左键，并按【Ctrl + Enter】组合键确认操作。

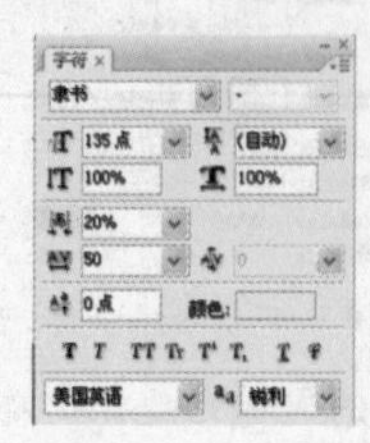

图 102-4 “字符”面板

05 设置前景色为黑色，按【Alt + Delete】组合键，为文字选区填充前景色，按【Ctrl + Alt + Shift + N】组合键，新建图层。选取工具箱中的渐变工具，在工具属性栏中单击“点按可编辑渐变”色块，弹出“渐变编辑器”窗口，在渐变颜色条下方添加一个色标，设置第1个色标的颜色为褐色（RGB值分别为151、70、26）、第2个色标的颜色为浅褐色（RGB值分别为240、211、194）、第3个色标滑块的颜色为浅褐色（RGB值分别为206、164、144），单击“确定”按钮，设置当前渐变色。

06 按键盘上的【↑】和【↓】键移动文字选区位置；在工具属性栏中单击“线性渐变”按钮，将鼠标指针移至文字选区中，从上向下进行多次拖曳鼠标操作，填充当前渐变色，效果如图102-5所示。

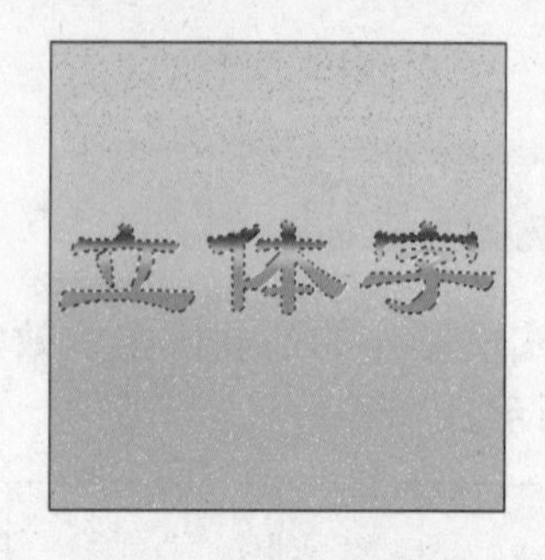

图 102-5 渐变文字效果

07 按【Ctrl + D】组合键取消选区，效果如图102-1所示。

实例 103 飘动字

本实例制作的是飘动字，效果如图103-1所示。

图 103-1 飘动字效果

操作步骤

01 单击“文件”|“新建”命令，弹出“新建”对话框，设置“宽度”和“高度”值均为10厘米、“分辨率”为72像素/英寸、“颜色模式”为“RGB颜色”、“背景内容”为白色（如图103-2所示），单击“确定”按钮，新建一个空白图像文件。

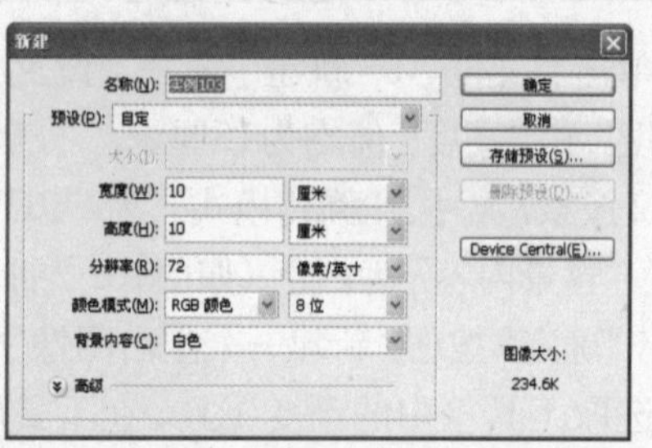

图 103-2 “新建”对话框

02 单击“文件”|“打开”命令，打开一幅素材图像，如图103-3所示。

03 设置前景色为蓝色（RGB值分别为52、175、252）、背景色为白色。选取工具箱中的横排文字工具，在图像窗口中的适当位置输入相应的文字，在工具属性栏中设置输入文字的“字体”为“隶书”、“大小”为105点、“颜色”为蓝色（RGB值分别为52、175、252）。

图 103-3 素材图像

04 选取工具箱中的移动工具，适当调整文字“飘舞”的位置，在文字图层上单击鼠标右键，在弹出的快捷菜单中选择“栅格化文字”选项，将文字图层栅格化，效果如图103-4所示。

图 103-4 栅格化文字

05 单击“图层”|“图层样式”|“投影”命令，弹出“图层样式”对话框，设置各参数（如图103-5所示），单击“确定”按钮，为文字图层设置图层样式。

06 单击“图层”|“图层样式”|“斜面和浮雕”命令，弹出“图层样式”对话框，设置各参数（如图103-6所示），单击“确定”按钮，为文字图层添加浮雕效果。

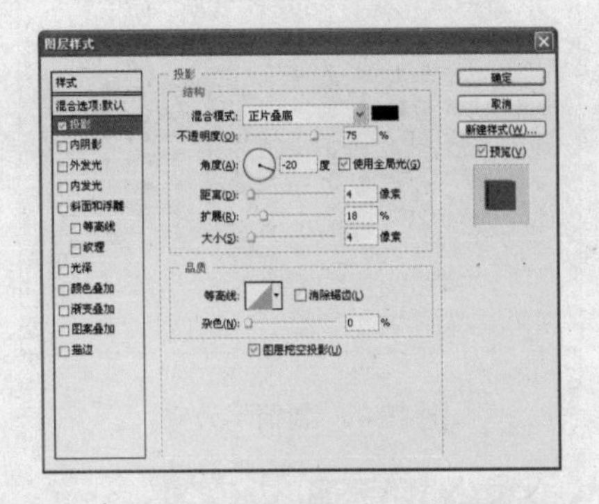

图 103-5 “图层样式”对话框

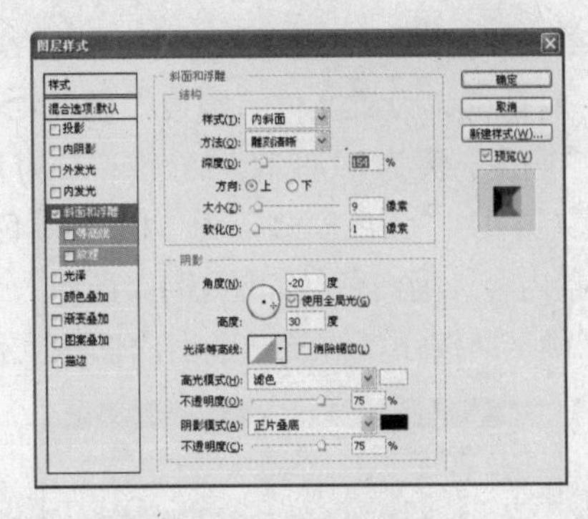

图 103-6 添加浮雕效果

07 单击“滤镜”|“扭曲”|“波浪”命令，在弹出“波浪”对话框中设置各参数，如图103-7所示。

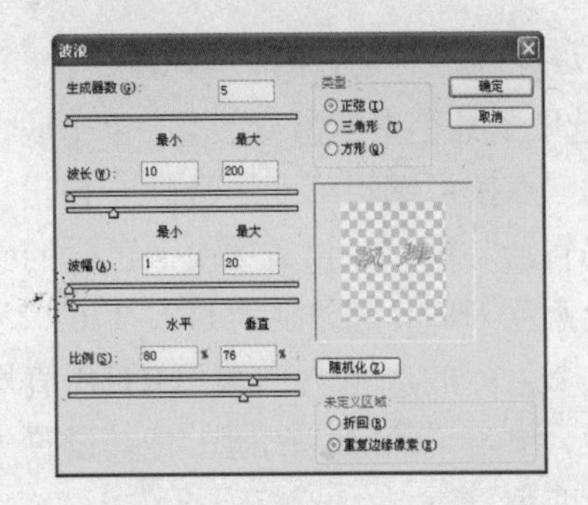

图 103-7 “波浪”对话框

08 单击“确定”按钮，为文字图层添加波浪效果，如图103-1所示。

实例104 刺猬字

本实例制作的是刺猬字，效果如图104-1所示。

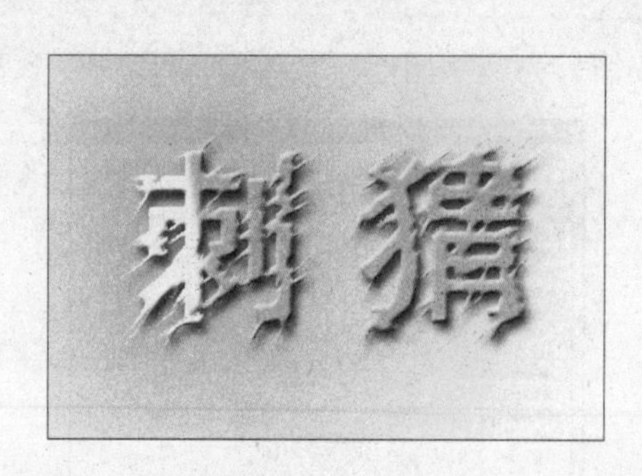

图 104-1 刺猬字效果

操作步骤

01 单击“文件”|“新建”命令，弹出“新建”对话框，设置文件“宽度”值为15厘米、“高度”值为10厘米、“分辨率”为150像素/英寸、“颜色模式”为“RGB颜色”、“背景内容”为白色（如图104-2所示），单击“确定”按钮，新建一个空白图像文件。

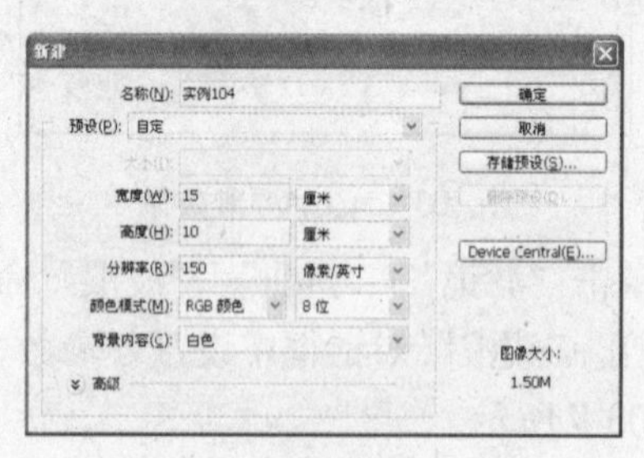

图 104-2 “新建”对话框

02 选取工具箱中的渐变工具，单击属性栏中的“点按可编辑渐变”色块，弹出“渐变编辑器”窗口，设置第1个色标的颜色为浅蓝色（RGB值分别为119、176、255）、第2个色标的颜色为白色（RGB值均为255），单击“确定”按钮，将其设置为当前渐变色。

03 在工具属性栏中单击“径向渐变”按钮，选择“图层”面板中的“背景”图层，单击鼠标左键，将鼠标指针移至图像窗口中，进行多次拖曳操作，填充渐变色，效果如图104-3所示。

04 选取工具箱中的文字工具，在图像窗口中的适当位置输入相应的文字，选择文字，在工具属性栏中设置“字体”为“黑体”、“大小”为170点，按【Ctrl + Enter】组合键确认。

图 104-3 渐变图像

05 选取工具箱中的移动工具，将文字移至适当位置，在“图层”面板中的文字图层上单击鼠标右键，在弹出的快捷菜单中选择“栅格化文字”选项，将文字图层栅格化，效果如图104-4所示。

图 104-4 栅格化文字

06 选取工具箱中的涂抹工具，在工具属性栏中设置画笔“大小”为10px、“模式”为“正常”、“强度”为50%，在文字边缘由内向外涂抹出放射的尖刺效果，如图104-5所示。

图 104-5 涂抹图像

07 按住【Ctrl】键的同时，单击文字图层的缩略图，创建文字的形状选区，选取工具箱中的渐变工具，在工具属性栏中单击“点按可编辑渐变”色块，弹出“渐变编辑器”窗口，设置第1个色标的颜色为白色（RGB值均为255）、第2个色标的颜色为浅褐色（RGB值分别为221、162、115），单击“确定”按钮，将其设置为当前渐变色。

08在工具属性栏中单击“线性渐变”按钮，在图像窗口的文字选区上从左至右多次拖曳鼠标，填充渐变色，效果如图104-6所示。

图104-6 渐变图像

09按【Ctrl + D】组合键，取消选区。单击“图层”|“图层样式”|“投影”命令，弹出“图层样式”对话框，设置各参数（如图104-7所示），单击“确定”按钮，为该图层添加投影效果。

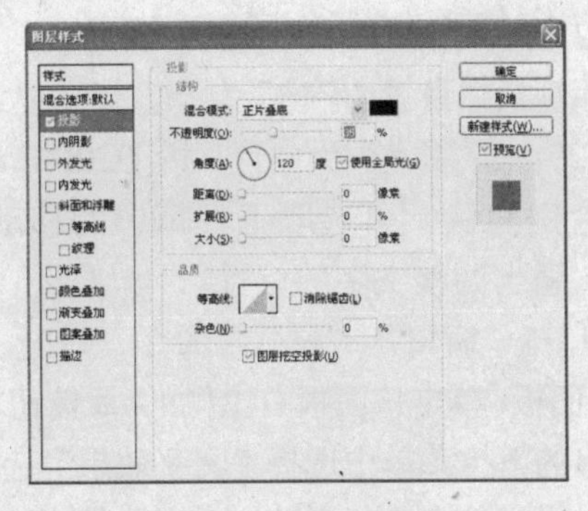

图104-7 设置投影样式

10单击“图层”|“图层样式”|“斜面和浮雕”命令，在弹出的“图层样式”对话框中设置各参数，如图104-8所示。

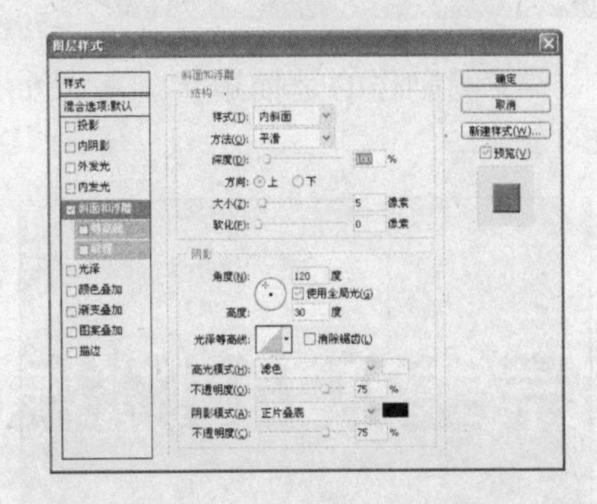

图104-8 设置斜面和浮雕

11单击“确定”按钮，为该图层添加斜面和浮雕效果，如图104-1所示。

实例105 粉笔字

本实例制作的是粉笔字，效果如图105-1所示。

图105-1 粉笔字效果

操作步骤

01单击“文件”|“新建”命令，并在“新建”对话框中设置“宽度”值为15厘米、“高度”值为10厘米，“分辨率”为150像素/英寸、“颜色模式”为“RGB颜色”、“背景内容”为白色，单击“确定”按钮，新建一个空白图像文件。

02设置前景色为黑色，按【Alt + Delete】组合键，在“背景”图层中填充前景色，效果如图105-2所示。

03选取工具箱中的横排文字工具，在图像

窗口中输入相应的文字，选中该文字，在工具属性栏中设置“字体”为“黑体”、“大小”为129点、“颜色”为白色，按【Ctrl+Enter】组合键确认，再选取工具箱中的移动工具，适当调整文字的位置。

04 单击“窗口”|“样式”命令，弹出“样式”面板，单击该面板右上侧的▾☰按钮，在弹出的下拉菜单中选择“文字效果”选项，弹出提示信息框，单击“追加”按钮追加图案，在“样式”面板的列表框中选择“粉笔”选项，填充文字样式，效果如图105-1所示。

图 105-2 填充颜色

实例 106 描边字

本实例制作的是描边字，效果如图106-1所示。

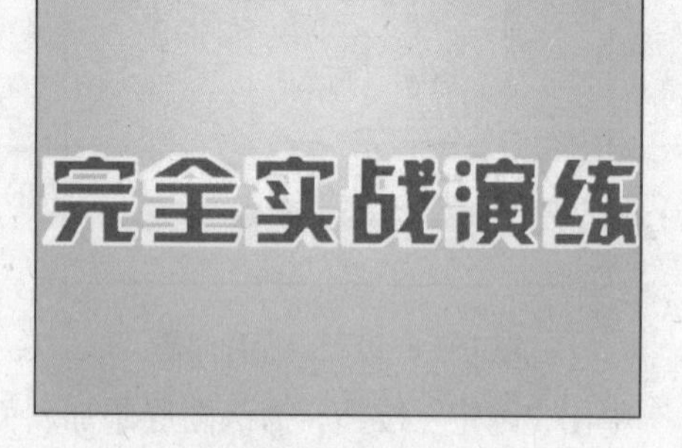

图 106-1 描边字效果

操作步骤

01 单击“文件”|“新建”命令，弹出“新建”对话框，设置“宽度”为15厘米、“高度”为10厘米、“分辨率”为150像素/英寸、“颜色模式”为“RGB颜色”、“背景内容”为白色（如图106-2所示），单击“确定”按钮，新建一个空白图像文件。

02 选取工具箱中的渐变工具，在工具属性栏中设置“模式”为“正常”、“不透明度”为100%，单击“点按可编辑渐变”色块，弹出“渐变编辑器”窗口，从中设置第1个色标的颜色为淡蓝色（RGB值分别为204、240、255）、第2个色标的颜色为绿色（RGB值分别为132、207、71），单击“确定”按钮，将其设置为当前渐变颜色。

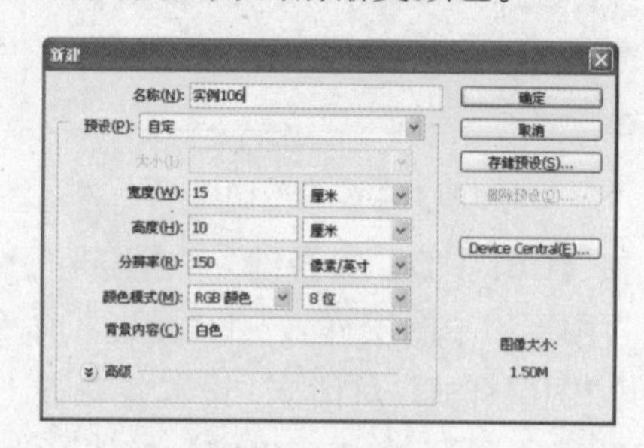

图 106-2 “新建”对话框

03 在工具属性栏中单击“线性渐变”按钮，然后将鼠标指针移至图像窗口中，从上向下多次拖曳鼠标，填充渐变色，效果如图106-3所示。

图 106-3 渐变填充

04 选取工具箱中的横排文字工具，在图像窗口中的适当位置，输入相应的文字，选中该文字，在工具属性栏中设置“字体”为“汉仪菱心体简”、“大小”为64点、“颜色”

为红色（RGB值分别为255、0、0），按【Ctrl + Enter】组合键确认操作。

05 选取工具箱中的移动工具，适当调整文字的位置。在“图层”面板中的文字图层上单击鼠标右键，在弹出的快捷菜单中选择“栅格化文字”选项，将文字图层栅格化。

06 单击“编辑”|“描边”命令，弹出“描边”对话框，设置“宽度”为6、“颜色”为白色、“位置”为“居中”，单击“确定”按钮，对文字进行描边。

07 按住【Ctrl + Alt】组合键的同时，分别按键盘上的【←】和【↑】键调整文字的位置，效果如图106-1所示。

实例107 鱼眼字

本实例制作的是鱼眼字，效果如图107-1所示。

图107-1 鱼眼字效果

操作步骤

01 单击“文件”|“新建”命令，弹出“新建”对话框，设置“宽度”为10厘米、“高度”为5厘米，“分辨率”为150像素/英寸、“颜色模式”为“RGB颜色”、“背景内容”为白色（如图107-2所示），单击“确定”按钮，新建一个空白图像文件。

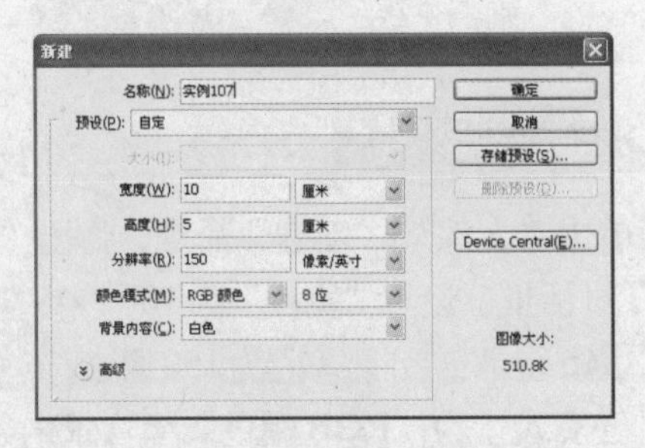

图107-2 “新建”对话框

02 选取工具箱中的渐变工具，单击属性栏中的“点按可编辑渐变”色块，弹出“渐变编辑器”窗口，设置第1个色标的颜色为白色（RGB值均为255）、第2个色标的颜色为紫红色（RGB值分别为172、97、161），单击“确定”按钮将其设置为当前渐变色。在工具属性栏中单击“径向渐变”按钮，将鼠标指针移至图像窗口中，从中间向边缘进行多次拖曳鼠标操作，填充渐变色，效果如图107-3所示。

图107-3 渐变图像

03 选取工具箱中的文字工具，在图像窗口中的适当位置输入相应的文字，选中该文字，在工具属性栏中设置“字体”为“华文行楷”、“大小”为52点、“颜色”为浅红色（RGB值分别为229、134、98）。

04 在工具属性栏中单击“创建文字变形”按钮，弹出“变形文字”对话框，在该对话框中设置“样式”为“鱼眼”，并设置“弯曲”、“水平扭曲”、“垂直扭曲”值分别为100、0、0，单击“确定”按钮，设置文字的变形效果。

05 按【Ctrl + Enter】组合键确认操作，选取工具箱中的移动工具，将文字移至适当位置，如图107-4所示。

图 107-4 文字变形效果

06 单击“图层”|“图层样式”|“斜面和浮雕”命令，弹出“图层样式”对话框，设置各参数（如图107-5所示），单击“确定”按钮，为文字图层添加斜面和浮雕效果。

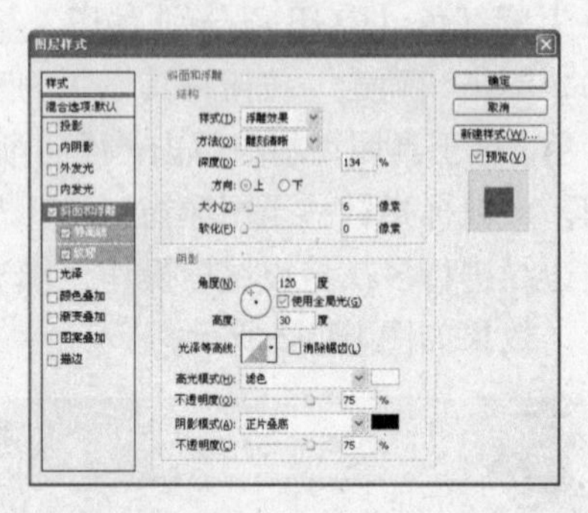

图 107-5 “图层样式”对话框

07 单击“图层”|“图层样式”|“渐变叠加”命令，在弹出的“图层样式”对话框中设置各参数（如图107-6所示），单击“确定”按钮，为文字图层添加渐变叠加效果。

实例 108 塑料字

本实例制作的是塑料字，效果如图108-1所示。

图 108-1 塑料字效果

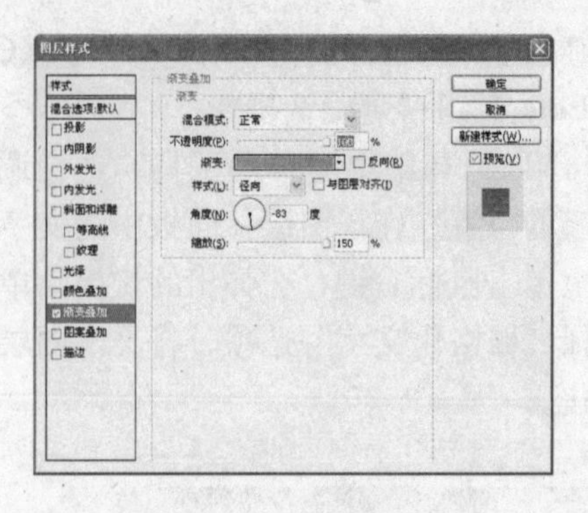

图 107-6 设置渐变叠加样式

08 单击“图层”面板底部的“添加图层样式”按钮，在弹出的下拉菜单中选择“光泽”选项，弹出“图层样式”对话框，从中设置各参数，如图107-7所示。

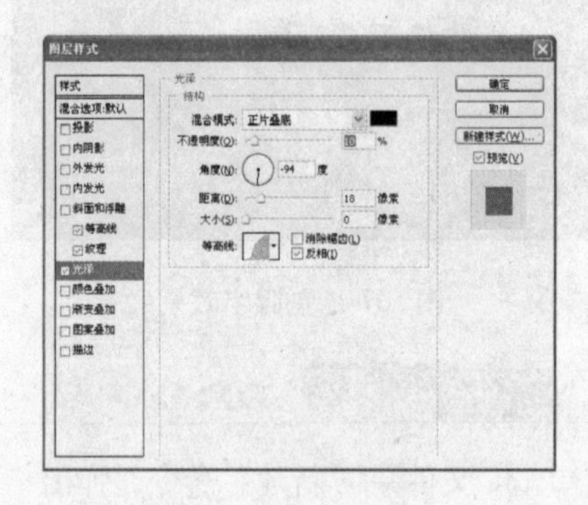

图 107-7 设置光泽样式

09 单击“确定”按钮，为文字图层添加光泽效果，如图107-1所示。

操作步骤

01 单击“文件”|“新建”命令，弹出“新建”对话框，设置“宽度”为10厘米、“高度”为5厘米、“分辨率”为150像素/英寸、“颜色模式”为“RGB颜色”、“背景内容”为白色（如图108-2所示），单击“确定”按钮，新建一个空白图像文件。

02 选取工具箱中的渐变工具，单击工具属性栏中的“点按可编辑渐变”色块，弹出

“渐变编辑器”窗口，设置第1个色标的颜色为白色、第2个色标的颜色为绿色（RGB值分别为103、186、88），单击“确定”按钮，设置当前渐变色。

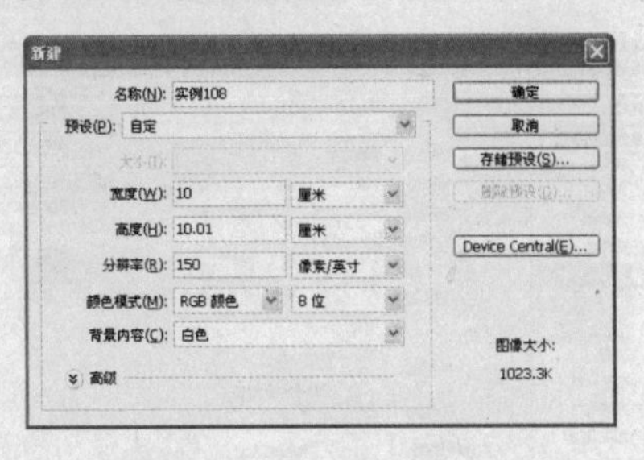

图108-2 “新建”对话框

03在工具属性栏中单击“线性渐变”按钮，在图像窗口中从上向下进行多次拖曳鼠标操作，填充渐变色，效果如图108-3所示。

图108-3 渐变填充

04选取工具箱中的文字工具，在图像窗口中的适当位置输入相应的文字。选中输入的文字，在工具属性栏中设置“字体”为“汉仪菱心体简”、“大小”为60点、“颜色”为白色。

05按【Ctrl + Enter】组合键确认操作，选取工具箱中的移动工具，将文字移至适当位置。

06单击“窗口”|“样式”命令，弹出“样式”面板，单击该面板右上侧的☰按钮，在弹出的下拉菜单中选择“文字效果”选项，弹出提示信息框，单击“追加”按钮追加图案；在“样式”面板的列表框中选择“绸光”选项。

07在“图层”面板中的文字图层上单击鼠标右键，在弹出的快捷菜单中选择“栅格化文字”选项，栅格化文字图层。

08单击“滤镜”|“素描”|“塑料效果”命令，弹出“塑料效果”对话框，设置“图像平衡”、“平滑度”值分别为50、15，在“光照”下拉列表框中选择“右上”选项，单击“确定”按钮，设置塑料效果，如图108-1所示。

实例109 图案字

本实例制作的是图案字，效果如图109-1所示。

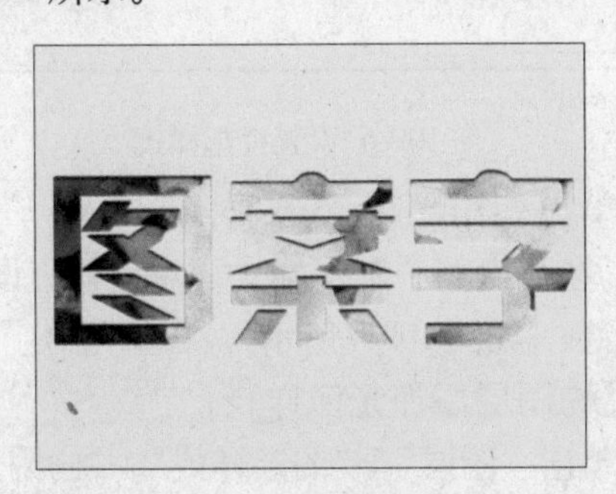

图109-1 图案字效果

01单击“文件”|“新建”命令，弹出“新建”对话框，设置“宽度”为36厘米、“高度”为27厘米、“分辨率”为150像素/英寸、“颜色模式”为“RGB颜色”、“背景内容”为白色（如图109-2所示），单击“确定”按钮，新建一个空白图像文件。

02设置前景色为浅绿色（RGB值分别为221、253、180），按【Alt + Delete】组合键，为“背景”图层填充前景色。

03单击“文件”|“打开”命令，打开一幅素材图像。选取工具箱中的移动工具，将素材图像拖曳至新建的图像文件中，系统自动生成新图层。

04选取工具箱中的横排文字蒙版工具，在图像窗口中输入相应的文字，并选中该文字，在工具属性栏中设置“字体”为“汉仪菱心体简”、“大小”为342点。

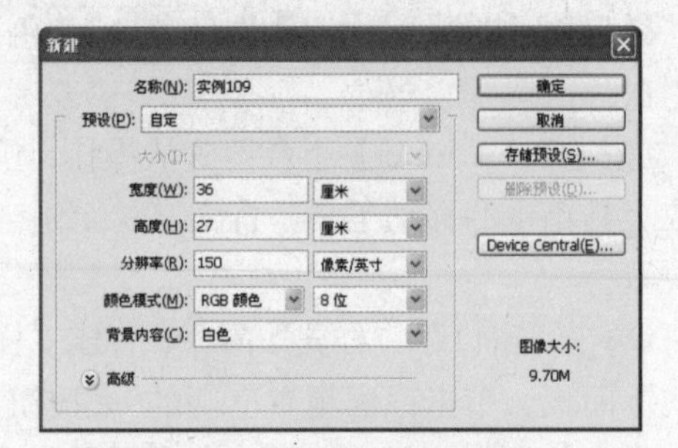

图 109-2 “新建”对话框

05 按【Ctrl + Enter】组合键确认操作，按键盘上的【→】键或【↑】键，对文字选区的位置进行适当调整，效果如图109-3所示。

图 109-3 输入文字

06 按【Shift + Ctrl + I】组合键，执行“反向”命令，反选选区，按【Delete】键删除选区中的图像，按【Ctrl + D】组合键取消选区，效果如图109-4所示。

图 109-4 文字效果

07 单击“图层”|“图层样式”|“斜面和浮雕”命令，在弹出的“图层样式”对话框中设置各参数（如图109-5所示），单击“确定”按钮，为图层添加斜面和浮雕效果。

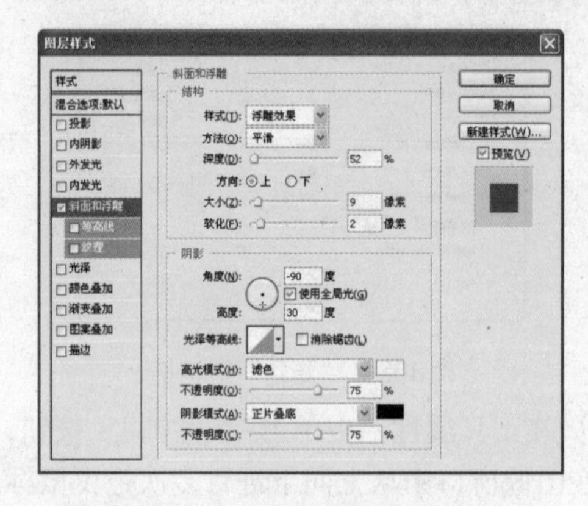

图 109-5 设置斜面和浮雕样式

08 单击“图层”|“图层样式”|“投影”命令，弹出“图层样式”对话框，设置各参数（如图109-6所示），单击“确定”按钮，为图层添加投影效果。

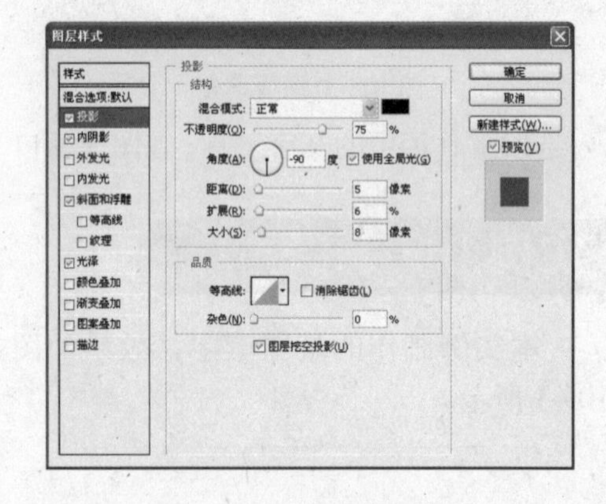

图 109-6 设置投影样式

09 单击“图层”|“图层样式”|“光泽”命令，在弹出的“图层样式”对话框中设置各参数（如图109-7所示），单击“确定”按钮，为图层添加光泽样式。

10 单击“图层”|“图层样式”|“内阴影”命令，弹出“图层样式”对话框，从中设置各参数，如图109-8所示。

11 单击“确定”按钮，为图层添加内阴影效果，如图109-1所示。

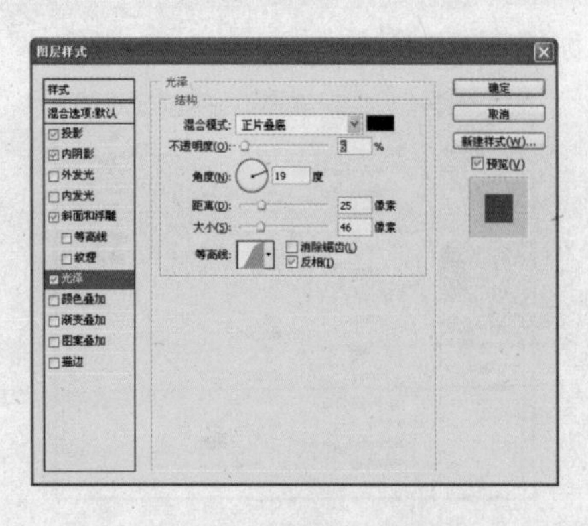

图 109-7 设置光泽样式

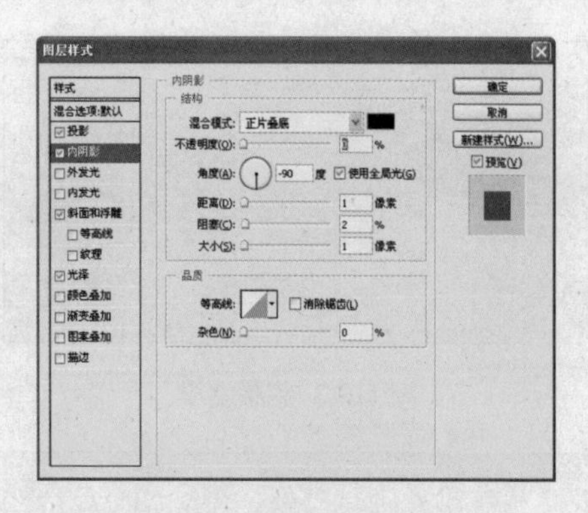

图 109-8 设置内阴影样式

实例110 木纹字

本实例制作的是木纹字，效果如图110-1所示。

图 110-1 木纹字效果

操作步骤

01 单击“文件”|“新建”命令，在弹出的“新建”对话框中设置文件“宽度”为10厘米、“高度”为5厘米、“分辨率”为150像素/英寸、“颜色模式”为“RGB颜色”、“背景内容”为白色，单击“确定”按钮，新建一个空白图像文件。

02 选取工具箱中的渐变工具，在工具属性栏中单击“点按可编辑渐变”色块，弹出“渐变编辑器”窗口，设置第1个色标的颜色为浅褐色（RGB值分别为220、161、114）、第2个色标的颜色为白色（RGB值均为225），单击“确定”按钮，设置当前渐变色。

03 在工具属性栏中单击“线性渐变”按钮，并设置“模式”为“溶解”、“不透明度”为95%，在图像窗口中从右上方向下方拖曳鼠标，为背景“图层”填充渐变颜色，效果如图110-2所示。

图 110-2 渐变填充

04 打开一幅素材图像，选取工具箱中的移动工具，将其拖曳至新建图像文件中，自动生成“图层1”，将图像移至适当位置。

05 选取工具箱中的横排文字蒙版工具，在图像窗口中输入相应的文字，创建文字选区，选中该文字，在工具属性栏中设置“字体”为“汉仪菱心体简”、“大小”为77点。

06 按【Ctrl + Enter】组合键确认操作，按键盘上的【→】键或【↑】键，对文字选区的位置进行适当调整，效果如图110-3所示。

07 按【Shift + Ctrl + I】组合键，执行“反向”命令，反选选区，按【Delete】键删除选区中的图像，效果如图110-4所示。

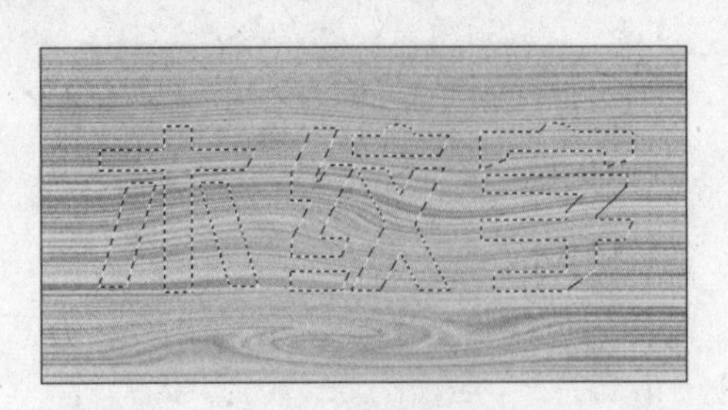

图 110-3 蒙版文字

图 110-4 文字效果

08 按【Ctrl + D】组合键，取消选区。单击“图层”|“图层样式”|“斜面和浮雕”命令，弹出“图层样式”对话框，设置各参数（如图 110-5 所示），单击“确定”按钮，为图层添加斜面和浮雕效果。

09 单击“图层”|“图层样式”|“内发光”命令，弹出“图层样式”对话框，设置各参数（如图 110-6 所示），单击“确定”按钮，为图层添加内发光效果。

10 单击“图层”|“图层样式”|“光泽”命令，在弹出的“图层样式”对话框中设置各参数，如图 110-7 所示。

11 单击“确定”按钮，为图层添加光泽样式；按【Ctrl + D】组合键，取消选区，效果如图 110-1 所示。

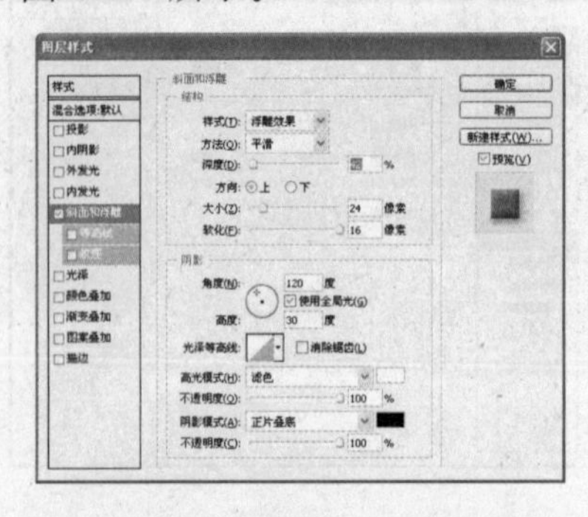

图 110-5 设置斜面和浮雕样式

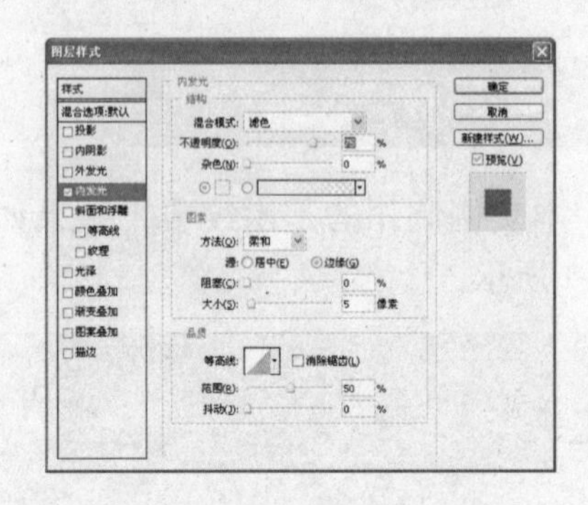

图 110-6 设置内发光样式

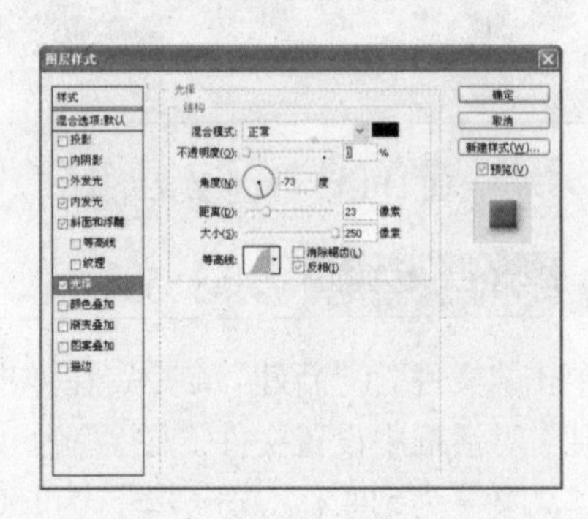

图 110-7 设置光泽

实例 111 滴血字

本实例制作的是滴血字，效果如图 111-1 所示。

操作步骤

01 单击“文件”|“新建”命令，弹出“新建”对话框，从中设置“宽度”为 10 厘米、“高度”为 5 厘米、“分辨率”为 150 像素/英寸、“颜色模式”为“RGB 颜色”、“背景内容”为白色（如图 111-2 所示），单击“确定”按钮，新建一个空白图像文件。

02 按【D】键，设置前景色和背景色为默认的黑色和白色，按【Alt + Delete】组合键，为“背景”图层填充前景色。

图 111-1 滴血字效果

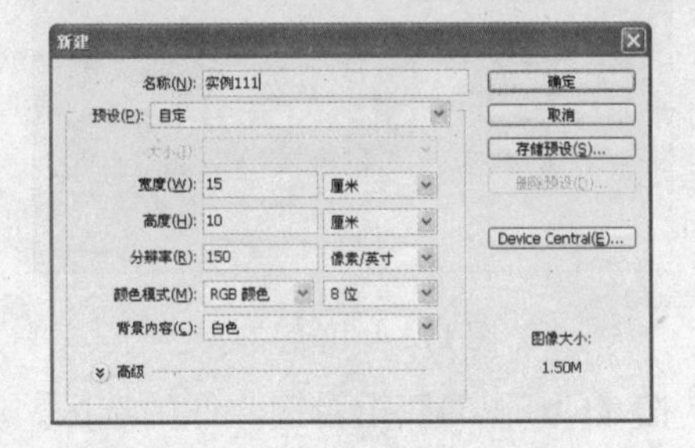

图 111-2 “新建”对话框

03 选取工具箱中的横排文字工具，在图像窗口中输入相应的文字，并选中该文字，在工具属性栏中设置“字体”为“黑体”、“大小”为90点、“颜色”为红色（RGB值分别为255、0、0）。

04 按【Ctrl + Enter】组合键确认操作，选择工具箱中的移动工具，对文字的位置进行适当调整，效果如图 111-3 所示。

05 在“图层”面板的文字图层上单击鼠标右键，在弹出的快捷菜单中选择“栅格化文字”选项，将文字图层栅格化。

图 111-3 输入文字

06 单击“滤镜”|“液化”命令，弹出“液化”对话框，设置各参数，如图111-4所示。

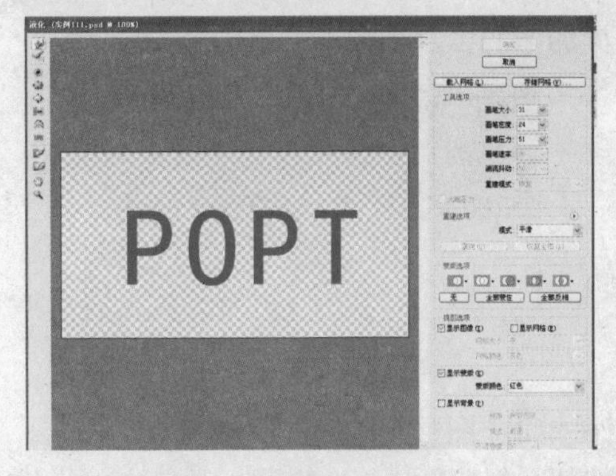

图 111-4 “液化”对话框

07 在该对话框的左侧选择相应的工具，并在图像预览窗口的相应位置单击鼠标左键，液化文字，单击“确定”按钮，为文字添加液化滤镜效果；单击“图层”|“图层样式”|“斜面和浮雕”命令，在弹出的“图层样式”对话框中进行相应的设置，应用该样式后的效果如图 111-1 所示。

实例 112 岩石字

本实例制作的是岩石字，效果如图 112-1 所示。

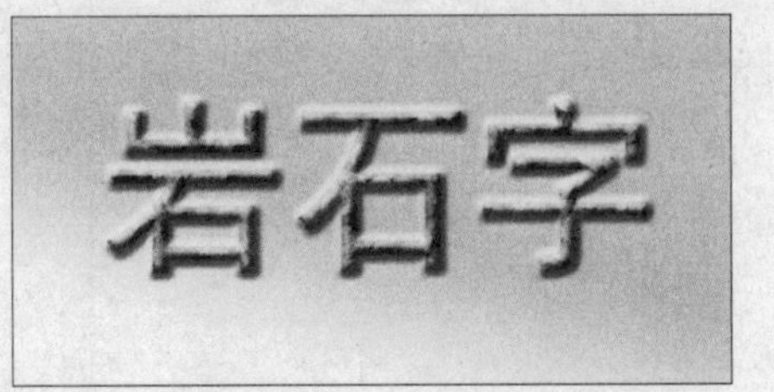

图 112-1 岩石字效果

操作步骤

01 单击“文件”|“新建”命令，在弹出的“新建”对话框中设置“宽度”为10厘米、“高度”为5厘米、“分辨率”为150像素/英寸、“颜色模式”为“RGB颜色”、“背景内容”为白色，单击“确定”按钮，新建一个空白图像文件。

02 选取工具箱中的渐变工具，在工具属性栏中单击“点按可编辑渐变”色块，弹出“渐变编辑器”窗口，设置第1个色标的颜色为深灰色（RGB值分别为184、174、157）、第2个色标的颜色为白色（RGB值均为225），单击“确定”按钮，设置当前渐变色。

03在工具属性栏中设置渐变样式为“线性渐变”、“模式”为“正常”、“不透明度”为100%，在图像窗口中从右上方向左下方拖曳鼠标，为“背景”图层填充渐变色，效果如图112-2所示。

图112-2 渐变填充

04单击“图层”面板底部的“创建新图层”按钮，创建新图层，选取工具箱中的横排文字蒙版工具，在图像窗口中输入相应的文字，创建文字选区。选中该文字，在工具属性栏中设置“字体”为“黑体”、“大小”为75点，按【Ctrl + Enter】组合键确认操作。按键盘上的【→】键或【↑】键，对文字的位置进行适当调整，效果如图112-3所示。

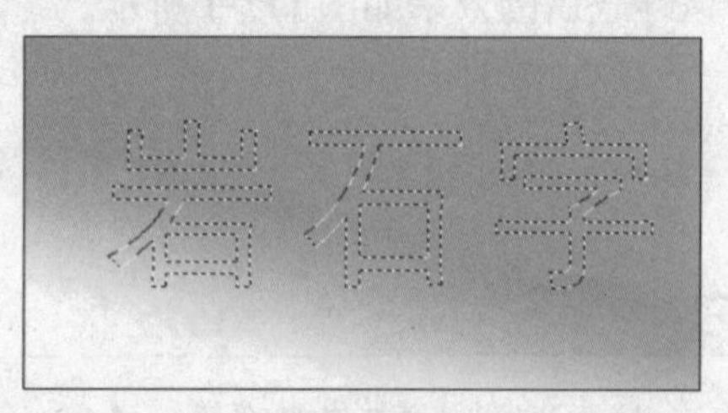

图112-3 输入文字图像

05选取工具箱中的油漆桶工具，在工具属性栏中单击“设置填充区域的源”下拉列表框右侧的下拉按钮，在弹出的下拉菜单中选择“图案”选项，单击图案选项右侧的下拉按钮，弹出图案面板，单击其右侧的按钮，在弹出的下拉列表框中选择“岩石图案”选项，弹出提示信息框，单击“追加”按钮追加图案，在图案面板的列表框中选择“红岩”图案。

06将鼠标指针移至图像窗口中，当鼠标指针呈形状时，在文字选区中单击鼠标左键，用所选图案填充文字，效果如图112-4所示。

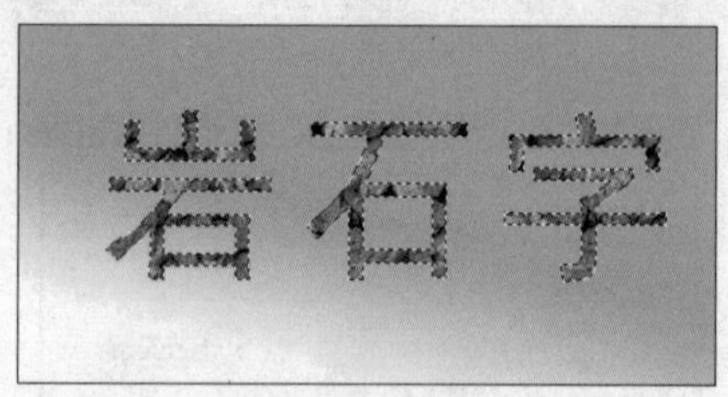

图112-4 填充文字

07按【Ctrl + D】组合键，取消选区。单击“图层”|“图层样式”|“斜面和浮雕”命令，弹出“图层样式”对话框，设置各参数（如图112-5所示），单击“确定”按钮，为图层添加斜面和浮雕效果。

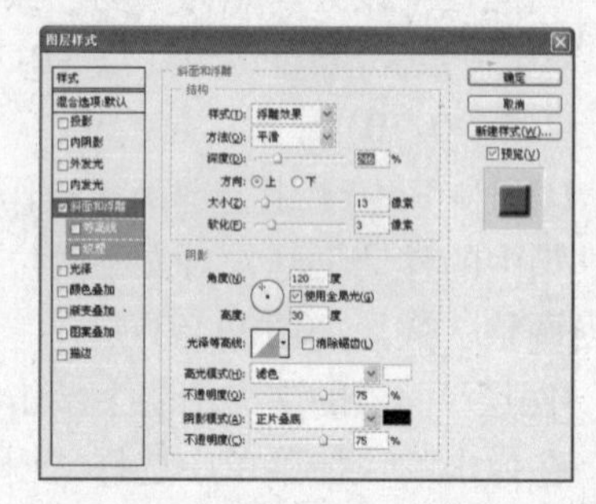

图112-5 设置斜面和浮雕样式

08单击“图层”|“图层样式”|“内阴影”命令，在弹出的“图层样式”对话框中设置各参数，如图112-6所示。

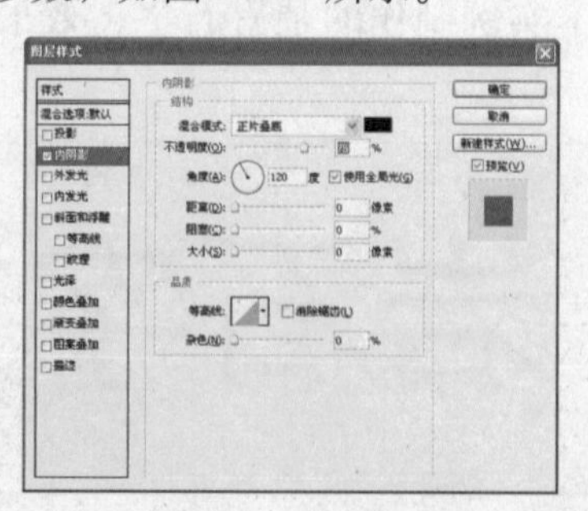

图112-6 设置内阴影

09 单击“确定”按钮，为图层添加内阴影效果，效果如图112-1所示。

实例113 砖墙字

本实例制作的是砖墙字，效果如图113-1所示。

图113-1 砖墙字效果

操作步骤

01 单击“文件”|“新建”命令，在弹出的“新建”对话框中设置“宽度”为10厘米、“高度”为5厘米、“分辨率”为150像素/英寸、“颜色模式”为“RGB颜色”、“背景内容”为白色，单击“确定”按钮，新建一个空白图像文件。

02 单击“滤镜”|“纹理”|“纹理化”命令，弹出“纹理化”对话框，在“纹理”下拉列表框中选择“砖形”选项，设置“缩放”、“凸现”值分别为181、30，在“光照”下拉列表框中选择“右上”选项，并选中“反相”复选框，单击“确定”按钮，效果如图113-2所示。

图113-2 纹理化图像

03 打开一幅素材图像，选取工具箱中的移动工具，将其拖曳至新建的图像文件中，系统自动生成新图层。

04 按【Ctrl + T】组合键，对素材图像进行缩放，按【Ctrl + Enter】组合键确认变换，并将图像移至适当位置。

05 选取工具箱中的横排文字蒙版工具，在图像窗口中输入相应的文字，并选中该文字，在工具属性栏中设置“字体”为“黑体”、“大小”为75点，按【Ctrl + Enter】组合键确认操作。按键盘上的【→】键或【↑】键，对文字选区的位置进行适当调整，效果如图113-3所示。

图113-3 蒙版文字

06 按【Shift + Ctrl + I】组合键，执行“反向”命令，反选选区；按【Delete】键删除选区中的图像，效果如图113-4所示。

图113-4 文字效果

07 按【Ctrl + D】组合键取消选区，单击“图层”|“图层样式”|“斜面和浮雕”命令，弹出“图层样式”对话框，设置各参数（如图113-5所示），单击“确定”按钮，为图层添加斜面和浮雕效果。

08 单击“图层”|“图层样式”|“外发光”命令，在弹出的“图层样式”对话框中设置各参数（如图113-6所示），单击“确定”

按钮，为图层添加外发光效果。

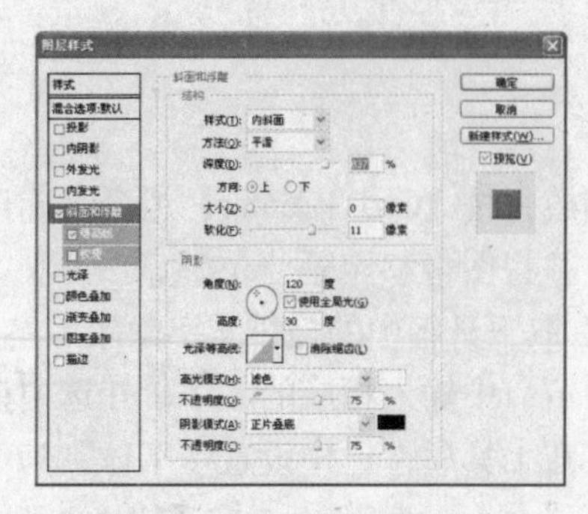

图 113-5 设置斜面和浮雕样式

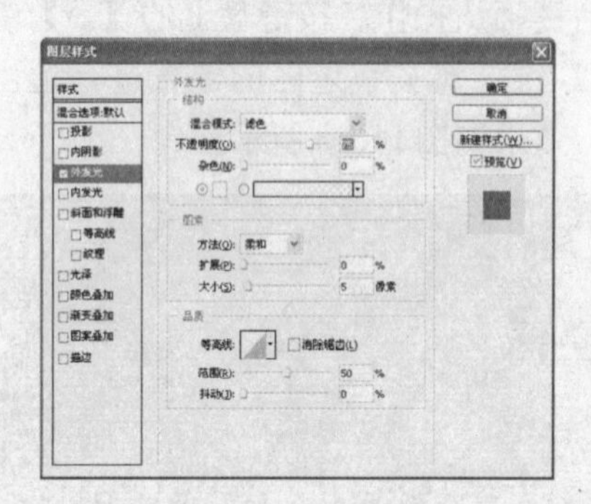

图 113-6 设置外发光样式

09 单击“图层”|“图层样式”|“内阴影”命令，弹出“图层样式”对话框，设置各参数（如图113-7所示），单击“确定”按钮，为图层添加内阴影效果。

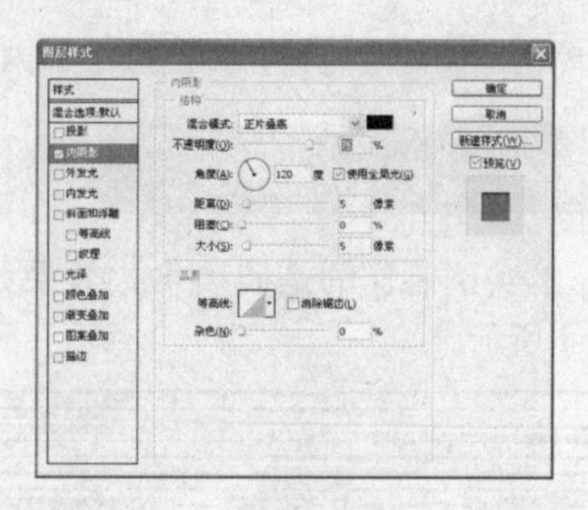

图 113-7 设置内阴影样式

10 单击“图层”|“图层样式”|“投影”命令，弹出“图层样式”对话框，并在该对话框中设置各参数，如图113-8所示。

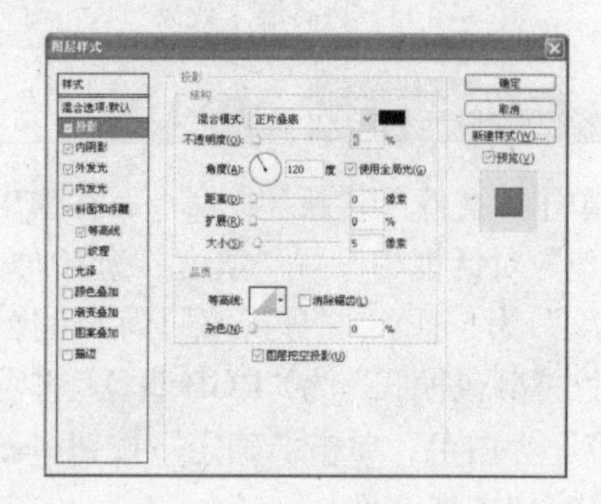

图 113-8 设置投影样式

11 单击“确定”按钮，添加投影效果，如图113-1所示。

实例114 鱼形字

本实例制作的是鱼形字，效果如图114-1所示。

图 114-1 鱼形字效果

操作步骤

01 单击“文件”|“打开”命令，打开一幅素材图像，如图114-2所示。

图 114-2 素材图像

02 选取工具箱中的横排文字工具，在图像窗口中输入相应的文字，并选中该文字，在工具属性栏中设置其“字体”为“华文行楷”、“大小”为94点、“颜色”为浅红色

(RGB值分别为255、104、122)。

03 在工具属性栏中单击“创建文字变形”按钮，弹出“变形文字”对话框，设置“样式”为“鱼形”，选中“水平”单选按钮，并设置“弯曲”、“水平扭曲”、“垂直扭曲”值分别为65、-16、-1，单击“确定”按钮，变形文字。

04 按【Ctrl + Enter】组合键确认操作，用移动工具将文字移至适当位置，效果如图114-3所示。

图 114-3 输入文字

05 单击“图层”|“图层样式”|“斜面和浮雕”命令，弹出“图层样式”对话框，设置各参数（如图114-4所示），单击“确定”按钮，为文字图层添加斜面和浮雕效果。

06 单击“图层”|“图层样式”|“内阴影”命令，在弹出的“图层样式”对话框中设置各参数(如图114-5所示)，单击“确定”按钮，为文字图层添加内阴影效果。

07 单击“图层”|“图层样式”|“图案叠加”命令，弹出“图层样式”对话框，设置各参数，如图114-6所示。

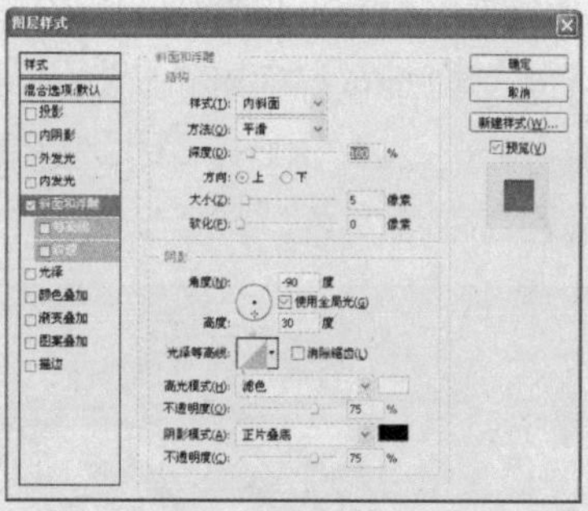

图 114-4 “图层样式”对话框

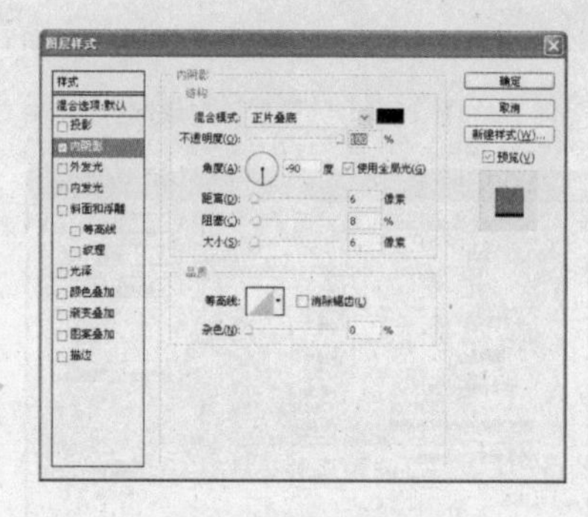

图 114-5 设置内阴影样式

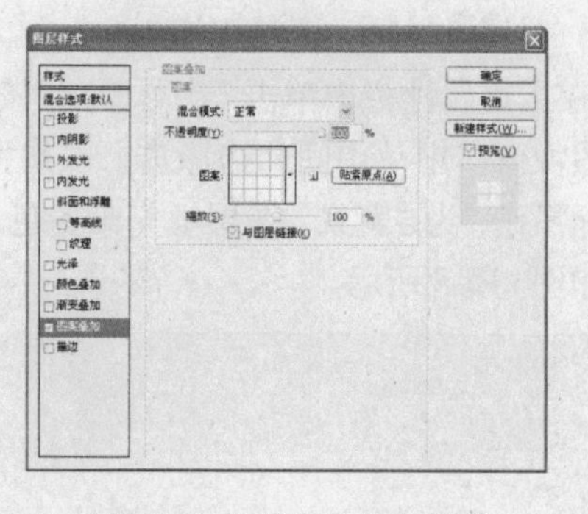

图 114-6 设置图案叠加样式

08 单击“确定”按钮，为文字图层添加图案叠加效果，图像最终效果如图114-1所示。

实例115 花冠字

本实例制作的是花冠字，效果如图115-1所示。

操作步骤

01 单击“文件”|“新建”命令，弹出“新建”对话框，设置“宽度”为10厘米、“高度”为5厘米、“分辨率”为150像素/英寸、“颜色模式”为“RGB颜色”、“背景内容”为白色（如图115-2所示），单击“确定”按钮，新建一个空白图像文件。

02 选取工具箱中的渐变工具，单击工具属性栏中的“点按可编辑渐变”色块，弹出

"渐变编辑器"窗口，设置第1个色标的颜色为白色、第2个色标的颜色为绿色（RGB值分别为156、200、100），单击"确定"按钮，设置当前渐变色。

图115-1 花冠字效果

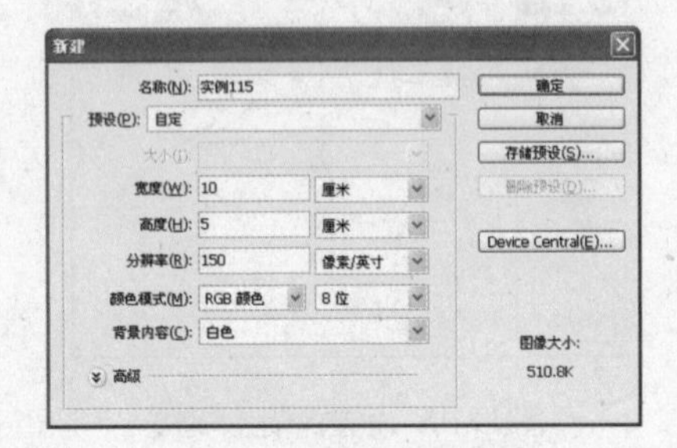

图115-2 "新建"对话框

03在工具属性栏中单击"菱形渐变"按钮，在图像窗口中从中间向边缘进行多次拖曳鼠标操作，为"背景"图层填充渐变色，效果如图115-3所示。

图115-3 渐变效果

04选取工具箱中的文字工具，在图像窗口中输入相应的文字，并选中该文字，在工具属性栏中设置"字体"为"华文行楷"，"大小"为104点、"颜色"为白色。

05在工具属性栏中单击"创建文字变形"按钮，弹出"变形文字"对话框，设置"样式"为"花冠"，在"样式"选项区中选中"水平"单选按钮，并设置"弯曲"、"水平扭曲"、"垂直扭曲"值分别为100、5、-2，单击"确定"按钮，变形文字。

06按【Ctrl+Enter】组合键确认操作，选取工具箱中的移动工具，将文字移至适当位置，如图115-4所示。

图115-4 文字变形效果

07单击"图层"|"图层样式"|"斜面和浮雕"命令，弹出"图层样式"对话框，设置各参数（如图115-5所示），单击"确定"按钮，为图层添加斜面和浮雕样式。

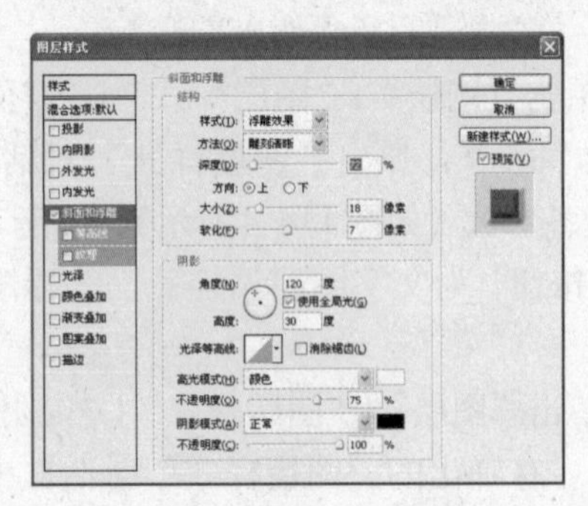

图115-5 设置斜面和浮雕

08单击"图层"|"图层样式"|"渐变叠加"命令，弹出"图层样式"对话框，设置各参数（如图115-6所示），单击"确定"按钮为图层添加渐变叠加效果。

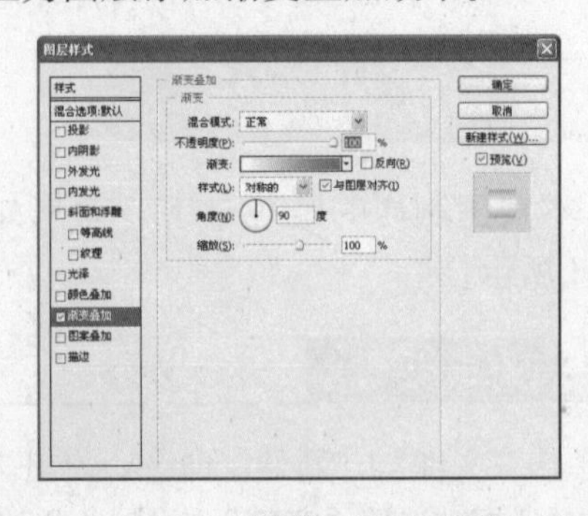

图115-6 设置渐变叠加样式

09 单击“图层”|“图层样式”|“外发光”命令，在弹出的“图层样式”对话框中设置各参数（如图115-7所示），单击“确定”按钮，为图层添加外发光效果。

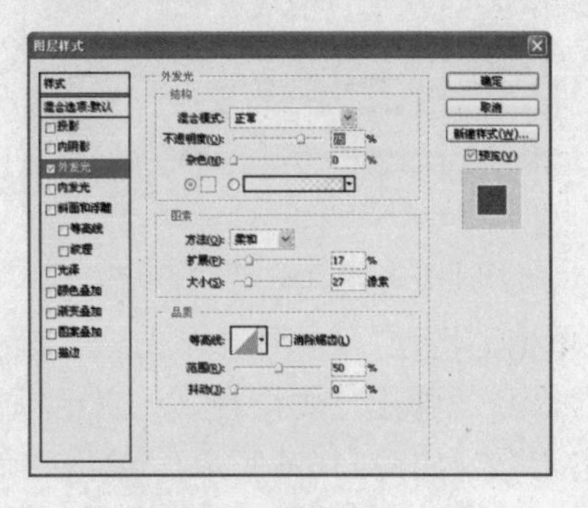

图 115-7 设置外发光样式

10 单击“图层”|“图层样式”|“图案叠加”命令，弹出“图层样式”对话框，设置各参数（如图115-8所示），单击“确定”按钮为图层添加图案叠加效果。

11 单击“图层”|“图层样式”|“描边”命令，弹出“图层样式”对话框，在该对话框中设置各参数，如图115-9所示。

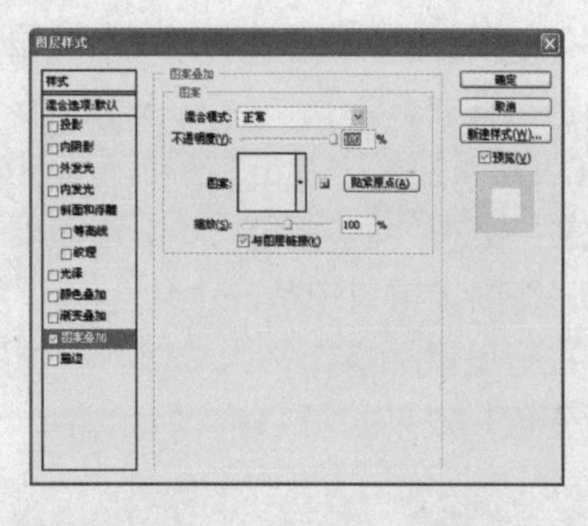

图115-8 设置图案叠加样式

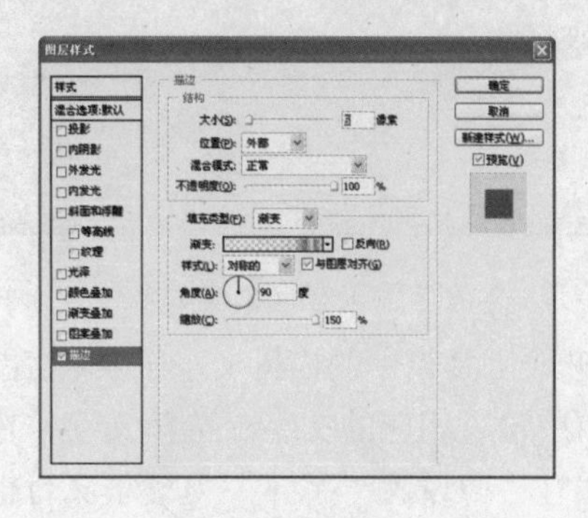

图 115-9 设置描边

12 单击“确定”按钮，为图层添加描边效果，如图115-1所示。

实例 116 拱形字

本实例制作的是拱形字，效果如图116-1所示。

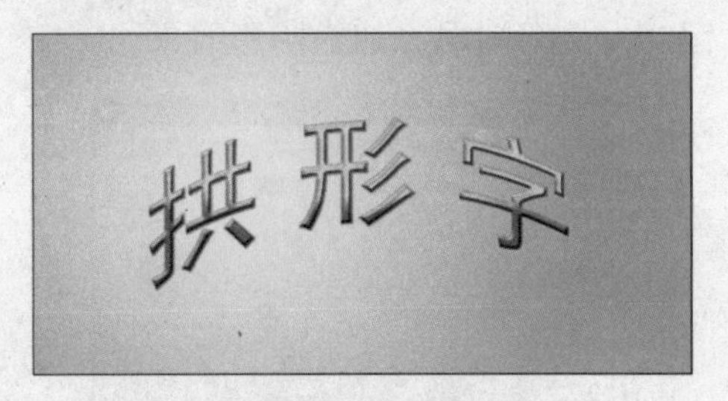

图 116-1 拱形字效果

操作步骤

01 单击“文件”|“新建”命令，弹出“新建”对话框，设置文件“宽度”为20厘米、“高度”为10厘米、“分辨率”为150像素/英寸、“颜色模式”为“RGB颜色”、“背景内容”为白色（如图116-2所示），单击“确定”按钮，新建一个空白图像文件。

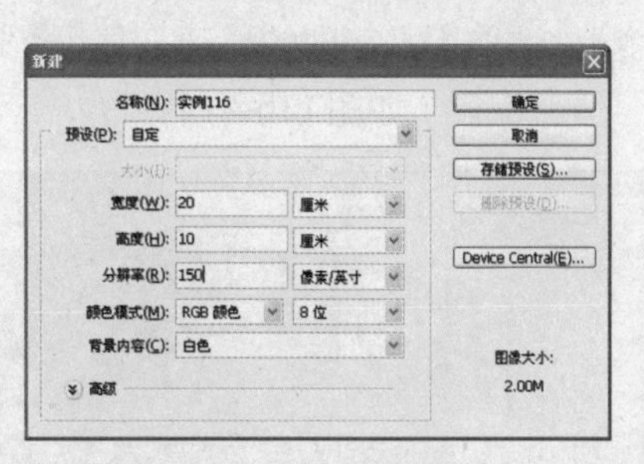

图 116-2 “新建”对话框

02 选取工具箱中的渐变工具，单击属性栏上的“点按可编辑渐变”色块，弹出“渐变编辑器”窗口，设置第1个色标的颜色为黄色（RGB值分别为249、236、154）、第2个色标的颜色为浅红色（RGB值分别为240、153、182)，单击“确定”按钮，设置当前渐变色。

03在工具属性栏中单击“径向渐变”按钮，并设置“模式”为“溶解”、“不透明度”为96%，在图像窗口中从左上角至右下角进行多次拖曳鼠标操作，为“背景”图层填充渐变色，效果如图116-3所示。

图116-3 径向渐变填充

04选取工具箱中的横排文字工具，在图像窗口中输入相应的文字。选择文字，在工具属性栏中设置“字体”为“华文行楷”、“大小”为104点、“颜色”为深绿色（RGB值分别为64、133、57)，单击工具属性栏中的“提交所有当前编辑”按钮确认操作。单击“创建文字变形”按钮，在弹出的“变形文字”对话框中设置“样式”为“拱形”，在“样式”选项区中选中“水平”单选按钮，并设置“弯曲”、“水平扭曲”、“垂直扭曲”值分别为35、0、0，单击“确定”按钮确认变形，选取工具箱中的移动工具，将文字移至适当位置，如图116-4所示。

图116-4 文字变形效果

05单击“图层”|“图层样式”|“斜面和浮雕”命令，弹出“图层样式”对话框，设置各参数（如图116-5所示)，单击“确定”按钮，为文字图层添加斜面和浮雕效果。

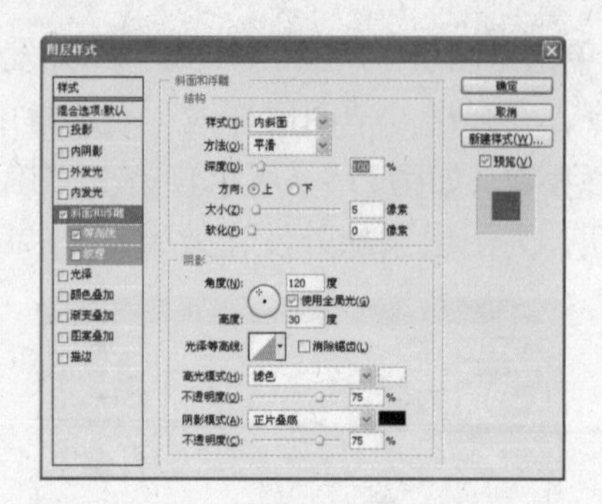

图116-5 设置斜面和浮雕样式

06单击“图层”|“图层样式”|“渐变叠加”命令，弹出“图层样式”对话框，设置各参数（如图116-6所示)，单击“确定”按钮，为文字图层添加渐变叠加效果。

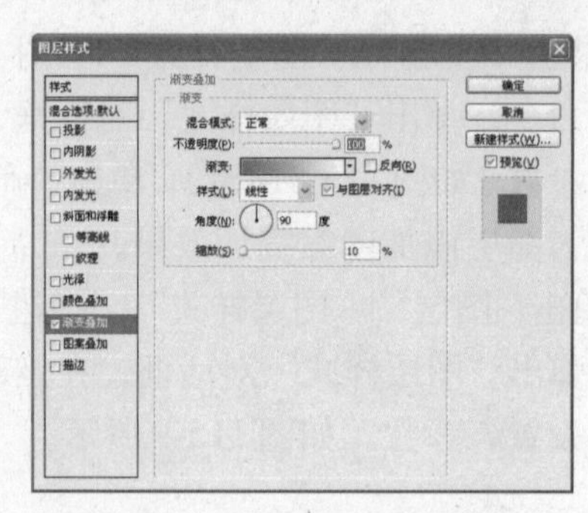

图116-6 设置渐变叠加样式

07单击“图层”|“图层样式”|“内阴影”命令，弹出“图层样式”对话框，设置各参数（如图116-7所示)，单击“确定”按钮，为文字图层添加内阴影效果。

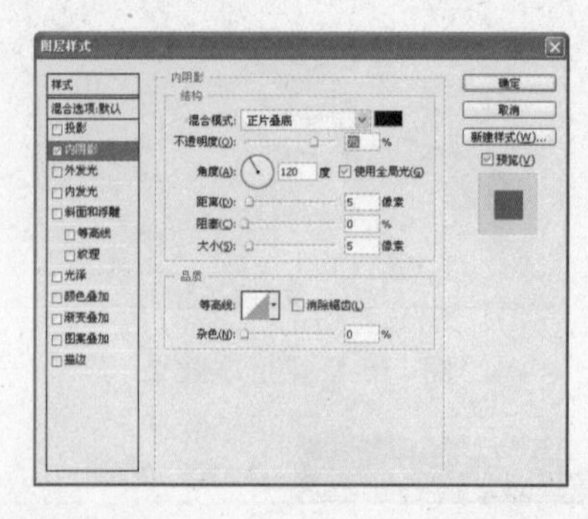

图116-7 设置内阴影样式

08单击“图层”|“图层样式”|“光泽”命令，弹出“图层样式”对话框，设置各参数（如图116-8所示)，单击“确定”按钮，

为文字图层添加光泽效果。

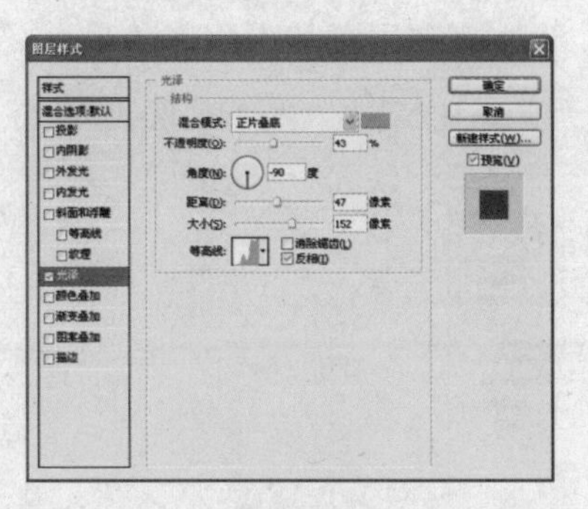

图 116-8 设置光泽样式

09 单击“图层”|“图层样式”|“描边”命令，弹出“图层样式”对话框，设置各参数，如图 116-9 所示。

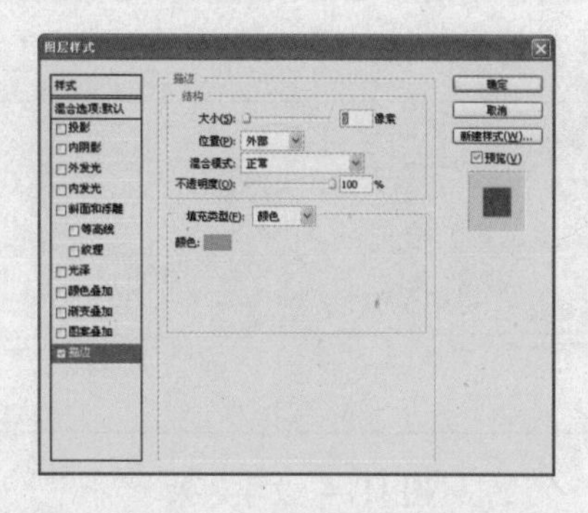

图 116-9 设置描边样式

10 单击“确定”按钮，为文字图层添加描边效果，如图 116-1 所示。

实例 117 金属字

本实例制作的是金属字，效果如图 117-1 所示。

图 117-1 金属字效果

操作步骤

01 单击“文件”|“新建”命令，弹出“新建”对话框，设置“宽度”为 20 厘米、“高度”为 10 厘米、“分辨率”为 150 像素/英寸、“颜色模式”为“RGB 颜色”、“背景内容”为白色（如图 117-2 所示），单击“确定”按钮，新建一个空白图像文件。

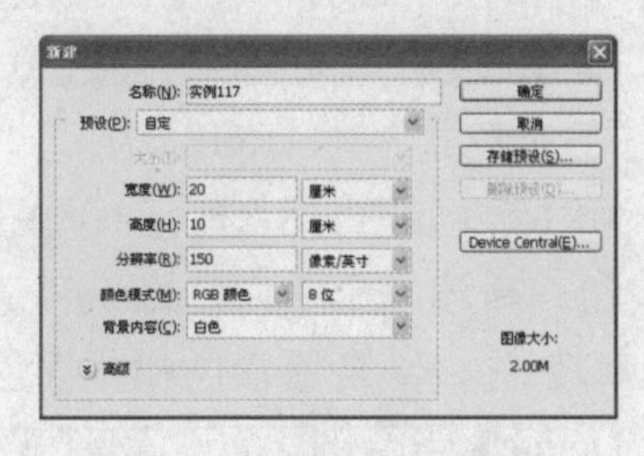

图 117-2 “新建”对话框

02 选取工具箱中的渐变工具，单击工具属性栏中的“点按可编辑渐变”色块，弹出“渐变编辑器”窗口，设置第 1 个色标的颜色为深黄色（RGB 值分别为 255、202、54）、第 2 个色标的颜色为白色，单击“确定”按钮。在工具属性栏中单击“菱形渐变”按钮，并设置“模式”为“正常”、“不透明度”为 100%。在图像窗口中从中间向边缘进行多次拖曳鼠标操作，为“背景”图层填充渐变色，效果如图 117-3 所示。

03 选取工具箱中的横排文字工具，在图像窗口中输入相应的文字。选中该文字，在工具属性栏中设置“字体”为“黑体”、“大小”为 121 点、“颜色”为深黄色（RGB 值分别为 214、163、7）。

图 117-3 菱形渐变填充

04 按【Ctrl + Enter】组合键确认操作，选取工具箱中的移动工具，将文字移至适当位置，效果如图117-4所示。

图117-4 文字效果

05 单击“图层”|“图层样式”|“斜面和浮雕”命令，弹出“图层样式”对话框，设置各参数（如图117-5所示），单击“确定”按钮，为文字图层添加斜面和浮雕效果。

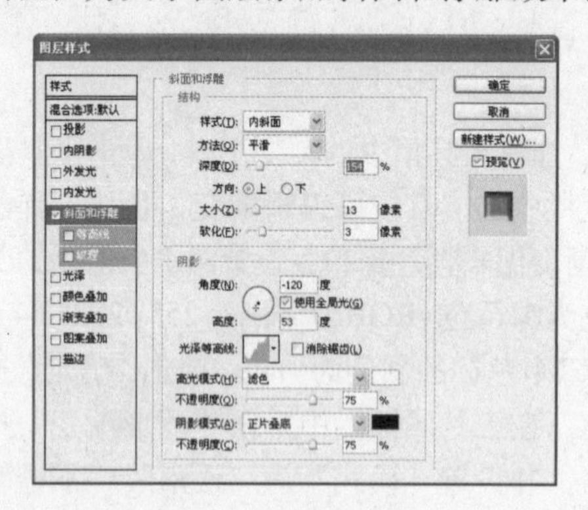

图117-5 设置斜面和浮雕样式

06 单击“图层”|“图层样式”|“内阴影”命令，弹出“图层样式”对话框，设置各参数（如图117-6所示），单击“确定”按钮，为文字图层添加内阴影效果。

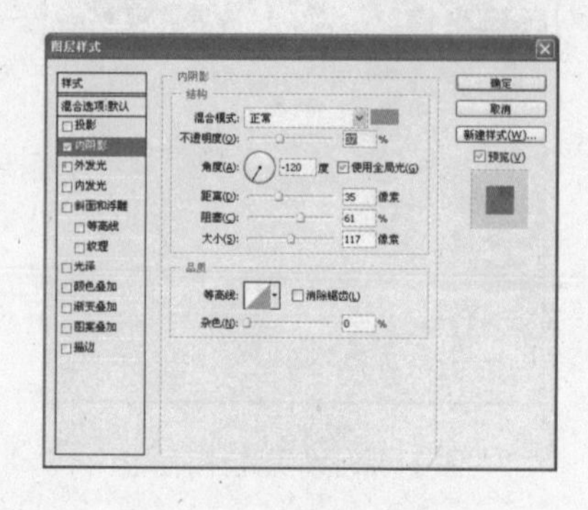

图117-6 设置内阴影效果

07 单击“图层”|“图层样式”|“光泽”命令，在弹出的“图层样式”对话框中设置各参数，如图117-7所示。

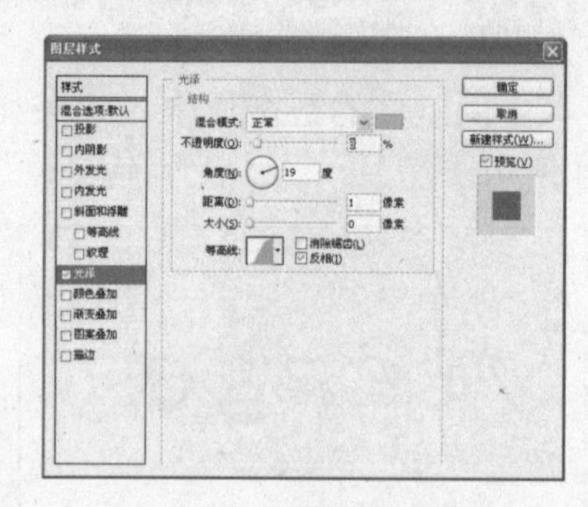

图117-7 设置光泽样式

08 单击“确定”按钮，为文字图层添加光泽效果，如图117-1所示。

实例118 旋转字

本实例制作的是旋转字，效果如图118-1所示。

图118-1 旋转字效果

操作步骤

01 单击“文件”|“新建”命令，弹出“新建”对话框，从中设置“宽度”为15厘米、“高度”为10厘米、“分辨率”为150像素/英寸、“颜色模式”为“RGB颜色”、“背景内容”为白色（如图118-2所示），单击“确定”按钮，新建一个空白图像文件。

02 按【D】键，恢复前景色和背景色，按【Alt + Delete】组合键，为“背景”图层填充前景色，如图 118-3 所示。

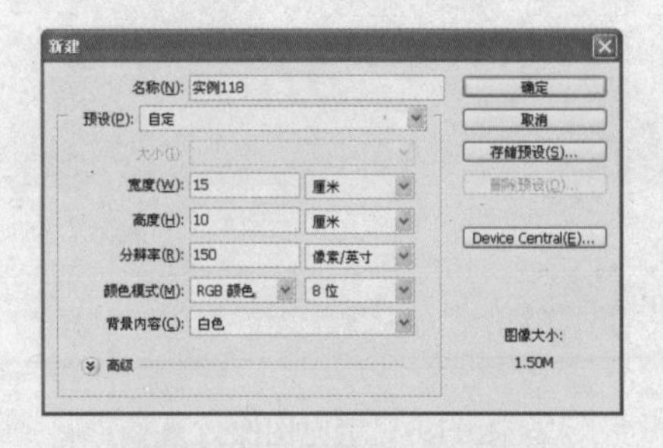

图 118-2 “新建”对话框

图 118-3 填充图像

03 选取工具箱中的文字工具，在图像窗口中输入相应的文字。选中该文字，在工具属性栏中设置其“字体”为“黑体”，“大小”为 75 点、“颜色”为白色。

04 按【Ctrl + Enter】组合键确认操作，选取工具箱中的移动工具，将文字移至适当位置，效果如图 118-4 所示。

图 118-4 文字效果

05 在文字图层上单击鼠标右键，在弹出的快捷菜单中选择“栅格化文字”选项，栅格化文字图层。

06 单击“滤镜”|“扭曲”|“极坐标”命令，弹出“极坐标”对话框，选中“极坐标到平面坐标”单选按钮，单击“确定”按钮，为文字应用极坐标滤镜。

07 单击“滤镜”|“风格化”|“内”命令，弹出“风”对话框，选中“风”单选按钮，在“方向”选项区中选中“从左”单选按钮，单击“确定”按钮，对文字添加风滤镜效果。

08 多次按【Ctrl + F】组合键，重复执行“风”命令，效果如图 118-5 所示。

图 118-5 风格化图像

09 单击“滤镜”|“扭曲”|“极坐标”命令，弹出“极坐标”对话框，选中“平面坐标到极坐标”单选按钮，单击“确定”按钮，设置文字极坐标。

10 按住【Ctrl】键的同时，在“图层”面板中单击文字图层缩略图，创建文字选区。

11 选取工具箱中的渐变工具，在工具属性栏中单击“线性渐变”按钮，并单击“点按可编辑渐变”色块，弹出“渐变编辑器”窗口，在“预设”列表框中选择“橙色、黄色、橙色”选项，单击“确定”按钮设置当前渐变色，将鼠标指针移至图像窗口的文字选区上，从左向右多次拖曳鼠标，为选区填充渐变色。

12 按【Ctrl + Delete】组合键，在文字表面填充白色，按【Ctrl + D】组合键取消选区，效果如图 118-1 所示。

实例 119 炭笔字

本实例制作的是炭笔字，效果如图 119-1 所示。

图 119-1 炭笔字效果

操作步骤

01 单击“文件”|“新建”命令，弹出“新建”对话框，从中设置“宽度”为15厘米、“高度”为10厘米、“分辨率”为150像素/英寸、“颜色模式”为“RGB颜色”、“背景内容”为白色（如图119-2所示），单击“确定”按钮，新建一个空白图像文件。

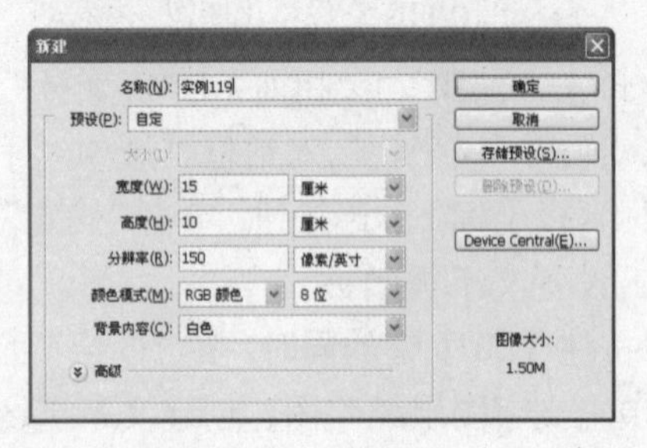

图 119-2 “新建”对话框

02 设置前景色为浅蓝色（RGB值分别为184、213、255）。选取渐变工具，在工具属性栏中单击“点按可编辑渐变”色块，弹出“渐变编辑器”窗口，在“预设”列表框中选择“前景到透明”选项，单击“确定”按钮，设置当前渐变色。

03 将鼠标指针移至图像窗口中，从上向下拖曳鼠标，为“背景”图层填充渐变色。

04 在工具属性栏中设置“模式”为“溶解”、“不透明度”为60%，效果如图119-3所示。

图 119-3 填充图像效果

05 选取工具箱中的横排文字工具，在图像窗口中的适当位置输入相应的文字。选中输入的文字，在工具属性栏中设置“字体”为“汉仪菱心体简”、“大小”为92点、“颜色”为蓝色（RGB值分别为133、184、255），按【Ctrl + Enter】组合键确认操作。

06 选取工具箱中的移动工具，将文字移至适当位置，效果如图119-4所示。

图 119-4 文字效果

07 在文字图层上单击鼠标右键，在弹出的快捷菜单中选择“栅格化文字”选项，栅格化文字图层。

08 单击“窗口”|“样式”命令，弹出“样式”面板，选择“木刻”选项。

09 单击“滤镜”|“像素化”|“铜版雕刻”命令，弹出“铜版雕刻”对话框，在“类型”下拉列表框中选择“中长描边”选项，单击“确定”按钮，应用铜版雕刻滤镜效果。多次按【Ctrl + F】组合键，重复执行“铜版雕刻”命令，效果如图119-1所示。

实例 120 火焰字

本实例制作的是火焰字，效果如图120-1所示。

图 120-1 火焰字效果

操作步骤

01 单击“文件”|“新建”命令，弹出“新建”对话框，设置“宽度”为20厘米、“高度”为15厘米、“分辨率”为150像素/英寸、“颜色模式”为“RGB颜色”、“背景内容”为白色（如图120-2所示），单击“确定”按钮，新建一个空白图像文件。

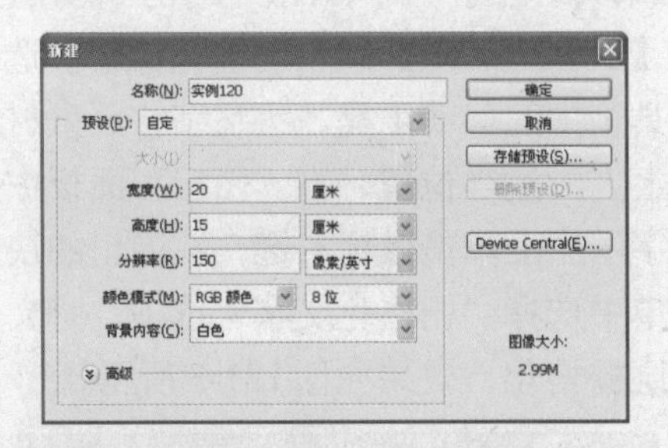

图 120-2 “新建”对话框

02 按【D】键，设置前景色和背景色颜色分别为默认的黑色、白色，按【Alt + Delete】组合键，为“背景”图层填充前景色。

03 在“图层”面板下方，单击“新建图层”按钮，创建新图层。选取工具箱中的横排文字蒙版工具，在图像窗口中的适当位置输入相应的文字，在工具属性栏中设置其“字体”为“黑体”、“大小”为140点，

04 按【Ctrl + Enter】组合键确认操作，按键盘上的【→】键或【↑】键，对文字的位置进行适当调整，按【Ctrl + Delete】组合键，在文字选区中填充白色。

05 单击“选择”|“存储选区”命令，弹出“存储选区”对话框，设置“名称”为“文字”，单击“确定”按钮存储选区。

06 单击“图像”|“旋转画布”|“90度（顺时针）”命令，将画布旋转90度；单击“滤镜”|“风格化”|“风”命令，弹出“风”对话框，在“方法”选项区中选中“风”单选按钮，在“方向”选项区中选中“从左”单选按钮，单击“确定”按钮，为图像添加风滤镜效果。多次按【Ctrl + F】组合键，重复执行“风”命令。

07 单击“图像”|“旋转画布”|“90度（逆时针）”命令，旋转画布方向，效果如图120-3所示。

图 120-3 应用风滤镜后的效果

08 单击“滤镜”|“扭曲”|“波纹”命令，弹出“波纹”对话框，设置“数量”为100%、“大小”为“中”，单击“确定”按钮，添加波纹滤镜效果。

09 单击“滤镜”|“模糊”|“高斯模糊”命令，在弹出的“高斯模糊”对话框中设置“半径”值为1.5，单击“确定”按钮，高斯模糊图像。

10 单击“选择”|“载入选区”命令，弹出“载入选区”对话框，在“源”选项区的“通道”下拉列表框中选择“文字”选项，单击“确定”按钮，载入选区。

11 单击“选择”|“修改”|“收缩”命令，弹出“收缩选区”对话框，在该对话框中设置“收缩量”值为5像素，单击“确定”按钮，收缩选区。

12 单击“选择”|“修改”|“羽化”命令，弹出“羽化选区”对话框，在该对话框中

设置“羽化半径”值为5像素，单击“确定”按钮，羽化选区，按【Alt + Delete】组合键，为选区填充前景色，效果如图120-4所示。

13 单击“图像”|“模式”|“索引颜色”命令，在弹出的提示信息框中单击“确定”按钮，弹出“索引颜色”对话框，单击“确定”按钮，设置索引颜色。

14 单击“图像”|“模式”|“颜色表”命令，弹出“颜色表”对话框，在“颜色表”下拉列表框中选择“黑体”选项，单击“确定”按钮退出，按【Ctrl + D】组合键，取消选区，效果如图120-1所示。

图120-4 填充选区

实例121 雪花字

本实例制作的是雪花字，效果如图121-1所示。

图121-1 雪花字效果

操作步骤

01 单击“文件”|“打开”命令，打开一幅素材图像，如图121-2所示。

图121-2 素材图像

02 选取工具箱中的横排文字工具，在图像窗口中的适当位置输入相应的文字。选中该文字，在工具属性栏中设置“字体”为“隶书”、“大小”为85点、“颜色”为白色，按【Ctrl + Enter】组合键确认操作。选取工具箱中的移动工具，将文字移至素材图像上方的适当位置，在“图层”面板中的文字图层上单击鼠标右键，在弹出的快捷菜单中选择“栅格化文字”选项，将文字图层栅格化，效果如图121-3所示。

图121-3 文字效果

03 单击“滤镜”|“扭曲”|“波纹”命令，弹出“波纹”对话框，在对话框中设置“数量”值为150%，在“大小”选项区中选择“中”选项，单击“确定”按钮，添加波纹滤镜效果。

04 单击“图像”|“旋转画布”|“90度（顺时针）”命令，旋转画布方向。单击“滤

镜”|“风格化”|“风”命令，弹出“风”对话框，在“方法”选项区中选中“风”单选按钮，并在“方向”选项区中选中“从右”单选按钮，单击“确定”按钮，添加风滤镜效果，多次按【Ctrl + F】组合键，重复执行“风”命令，

05 单击“图像”|“旋转画布”|“90度（逆时针）”命令，旋转画布方向。单击“滤镜”|“风格化”|“扩散”命令，在弹出的“扩散”对话框中，选中“模式”选项区中的“正常”单选按钮，单击“确定”按钮，设置扩散效果。多次按【Ctrl + F】组合键，重复执行“扩散”命令，效果如图121-4所示。

06 单击“图层”|“图层样式”|“外发光”命令，弹出“图层样式”对话框，设置各参数，如图121-5所示。

07 单击“确定”按钮，为文字添加外发光效果，如图121-1所示。

图 121-4 扩散效果

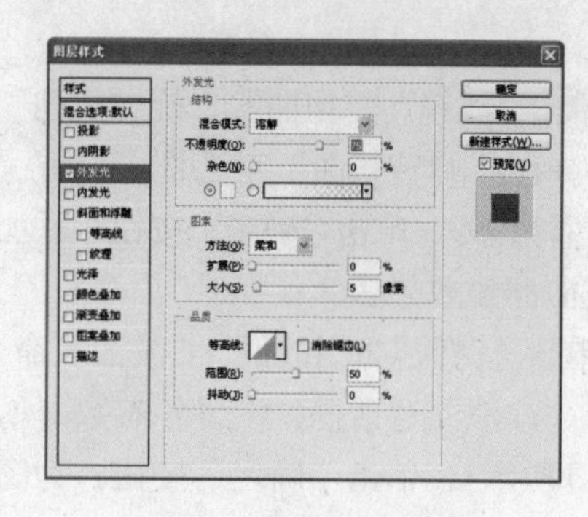
图 121-5 设置外发光样式

实例 122 彩线字

本实例制作的是彩线字，效果如图122-1所示。

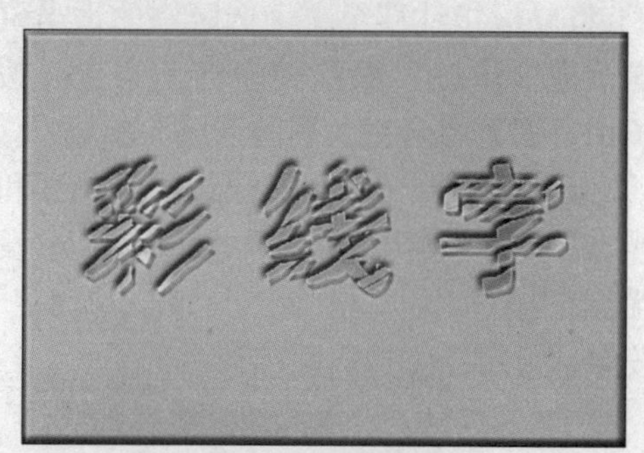

图 122-1 彩线字效果

操作步骤

01 单击“文件”|“新建”命令，在弹出的“新建”对话框中设置文件“宽度”为15厘米、“高度”为10厘米、“分辨率”为150像素/英寸、“颜色模式”为“RGB颜色”、“背景内容”为白色，单击“确定”按钮，新建一个空白图像文件。

02 在工具箱中选取渐变工具，在工具属性栏中单击“点按可编辑渐变”色块，弹出“渐变编辑器”窗口，单击“预设”选项区右侧的三角按钮，在弹出的下拉菜单中选择“色谱”选项。

03 此时将弹出提示信息框，单击“追加”按钮即可。在“渐变编辑器”窗口的“预设”列表框中选择“中等色谱”选项，单击“确定”按钮，设置当前渐变色。

04 在工具属性栏中单击“线性渐变”按钮，在图像窗口中从左上角向右下角拖曳鼠标，为“背景”图层填充渐变色。单击“滤镜”|“扭曲”|“波纹”命令，弹出“波纹”对话框，设置“数量”为999，并在“大小”选项区中选择“中”选项，单击“确定”按

钮，为图像添加波纹滤镜效果，得到的图像效果如图122-2所示。

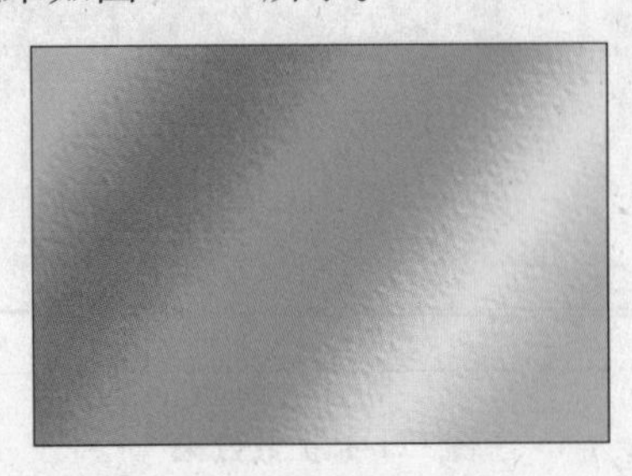

图122-2 波纹效果

05单击“滤镜”|“扭曲”|“旋转扭曲”命令，弹出“旋转扭曲”对话框，设置“角度”值为999，单击“确定”按钮，添加旋转扭曲滤镜效果。

06单击“滤镜”|“扭曲”|“波浪”命令，弹出“波浪”对话框，设置各参数（如图122-3所示），单击“确定”按钮，为图像应用波浪滤镜。

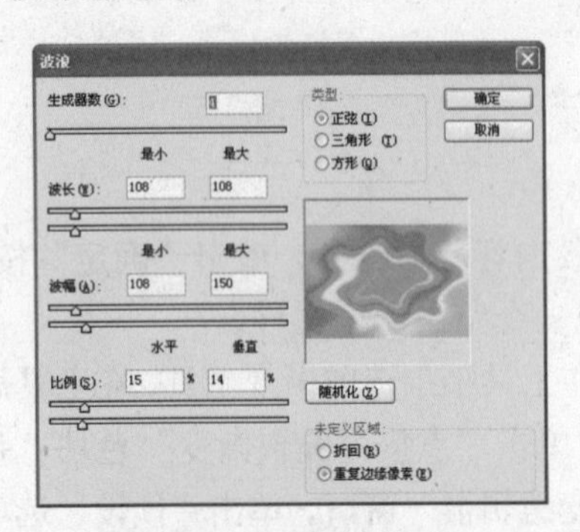

图122-3 “波浪”对话框

07单击“滤镜”|“模糊”|“高斯模糊”命令，在弹出的“高斯模糊”对话框中设置“半径”值为1.5，单击“确定”按钮，高斯模糊图像，如图效果122-4所示。

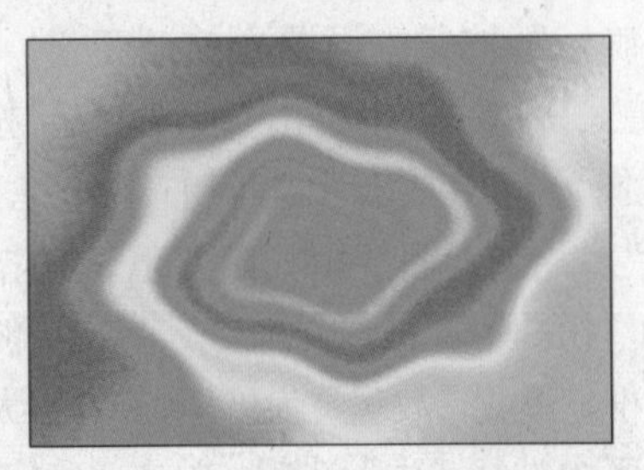

图122-4 高斯模糊图像

08设置前景色为蓝色（RGB值分别为195、196、255），单击“图层”面板底部的“创建新图层”按钮，创建新图层，按【Alt + Delete】组合键，为新图层填充前景色。

09选取工具箱中的横排文字蒙版工具，在图像窗口中的适当位置输入相应的文字。选中输入的文字，在工具属性栏中设置“字体”为“黑体”、“大小”为100点，按【Ctrl + Enter】组合键确认操作；按键盘上的【→】键或【↑】键，对文字的位置进行适当的调整，如图122-5所示。

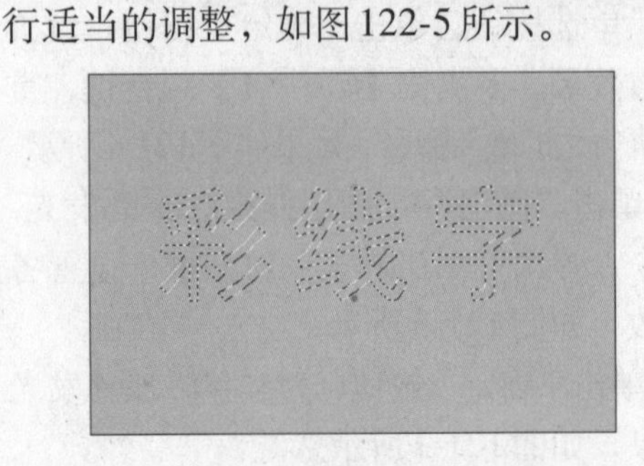

图122-5 创建文字蒙版

10选取工具箱中的橡皮擦工具，在工具属性栏中单击“画笔”选项右侧的下拉按钮，在弹出的面板中设置“主直径”、“硬度”值分别为19、100%。

11 将鼠标指针移至文字选区中的适当位置，拖曳鼠标以擦除相应的前景色。按【Ctrl + D】组合键，取消选区。

12单击“图层”|“图层样式”|“斜面和浮雕”命令，弹出“图层样式”对话框，设置各参数（如图122-6所示），单击“确定”按钮，为图层添加斜面和浮雕效果。

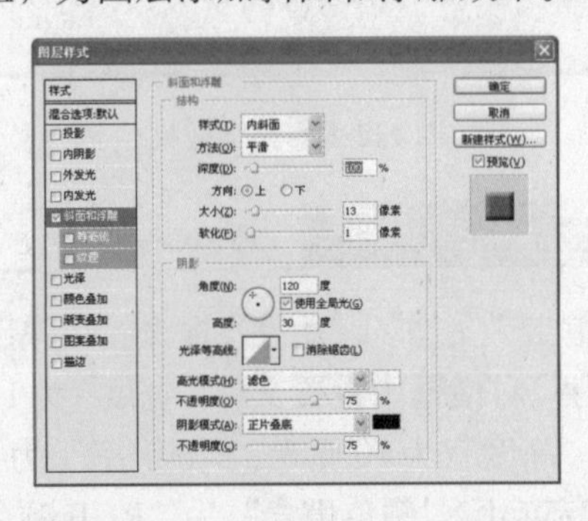

图122-6 设置斜面和浮雕样式

13 单击“图层”|“图层样式”|“外发光”命令，弹出“图层样式”对话框，设置各参数（如图122-7所示），单击“确定”按钮，为图层添加外发光效果。

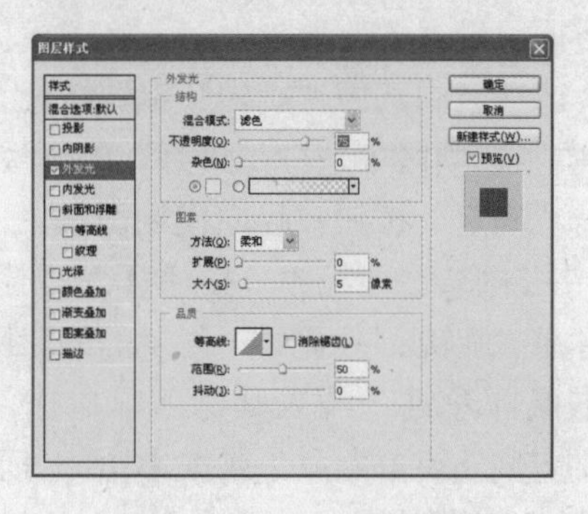

图122-7 设置外发光样式

14 单击“图层”|“图层样式”|“内阴影”命令，弹出“图层样式”对话框，设置各参数，如图122-8所示。

15 单击“确定”按钮，为图层添加内阴影效果，如图122-1所示。

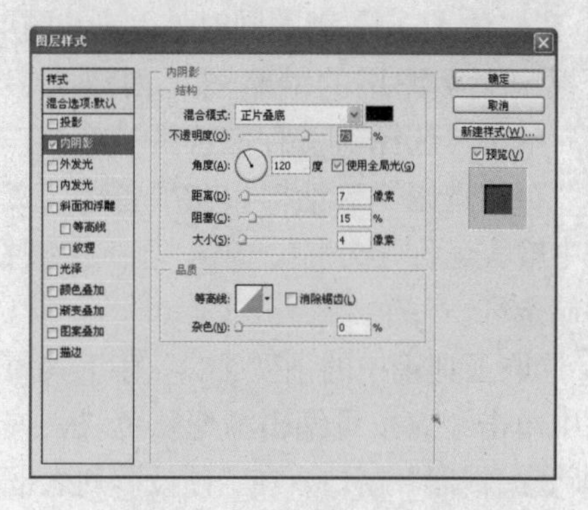

图122-8 设置内阴影样式

实例123 旋转字

本实例制作的是旋转字，效果如图123-1所示。

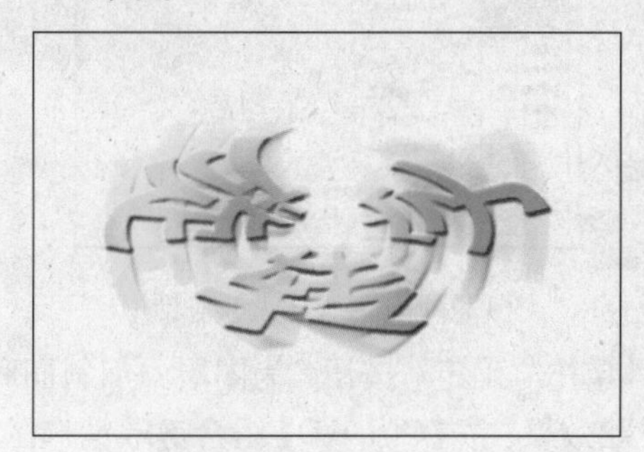

图123-1 旋转字效果

操作步骤

01 单击“文件”|“新建”命令，在弹出的“新建”对话框中设置“宽度”为15厘米、“高度”为10厘米、“分辨率”为150像素/英寸、“颜色模式”为“RGB颜色”、“背景内容”为白色，单击“确定”按钮，新建一个空白图像文件。

02 选取工具箱中的横排文字工具，在图像窗口中的适当位置输入文字。选中输入的文字，在工具属性栏中设置其“字体”为“黑体”、“大小”为100点、“颜色”为黑色。

03 在文字图层上单击鼠标右键，在弹出的快捷菜单中选择“栅格化文字”选项，将文字图层栅格化。

04 选取工具箱中的移动工具，对文字的位置进行适当调整，按【Ctrl+T】组合键，此时文字周围将显示8个控制点，按住【Shift+Alt】组合键的同时，将鼠标指针移至4个角的任意控制点上，拖曳鼠标，调整文字大小，按【Enter】组合键确认操作。选取工具箱中的矩形选框工具，在图像窗口中的适当位置绘制矩形选区，效果如图123-2所示。

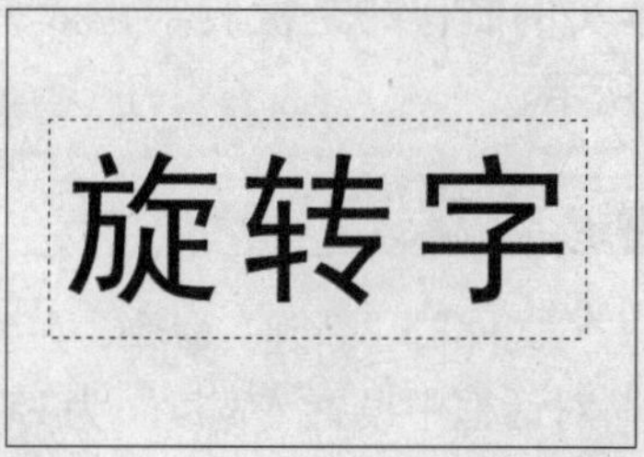

旋转字

图123-2 创建选区

05 单击“滤镜”|“扭曲”|“极坐标”命令，弹出“极坐标”对话框，选中“平面坐标到极坐标”单选按钮，单击“确定”按钮，然后按【Ctrl + D】组合键，取消选区。

06 在按住【Ctrl】键的同时，单击“图层”面板中文字图层的缩略图，创建文字选区。单击“选择”|“存储选区”命令，弹出“存储选区”对话框，在“名称”文本框中输入名称“文字”，单击“确定”按钮，存储选区。

07 选取工具箱中的渐变工具，在工具属性栏中单击“点按可编辑渐变”色块，弹出“渐变编辑器”窗口，在“预设”列表框中选择“橙色、黄色、橙色”渐变样式，单击“确定”按钮，设置当前渐变色。

08 在工具属性栏中单击“径向渐变”按钮，在文字选区上从左向右拖曳鼠标，渐变填充选区，效果如图123-3所示。

图123-3 渐变填充选区

09 按【Ctrl + D】组合键取消选区，在“图层”面板中将文字图层拖曳至面板底部的“创建新图层”按钮上，复制该图层。

10 选择“旋转字”图层，单击“滤镜”|“模糊”|“径向模糊”命令，弹出“径向模糊”对话框，设置“数量”为35，在“模糊方法”选项区中选中“旋转”单选按钮，在“品质”选项区中选中“最好”单选按钮，单击“确定”按钮，径向模糊图像，

11 在“图层”面板中，按住【Ctrl】键的同时在“旋转文字 副本”图层的缩略图上单击鼠标左键，载入其选区；单击“图层”|“向下合并”命令或按【Ctrl + E】组合键，合并图层。

12 单击“图层”|“图层样式”|“斜面和浮雕”命令，弹出“图层样式”对话框，设置各参数，如图123-4所示。

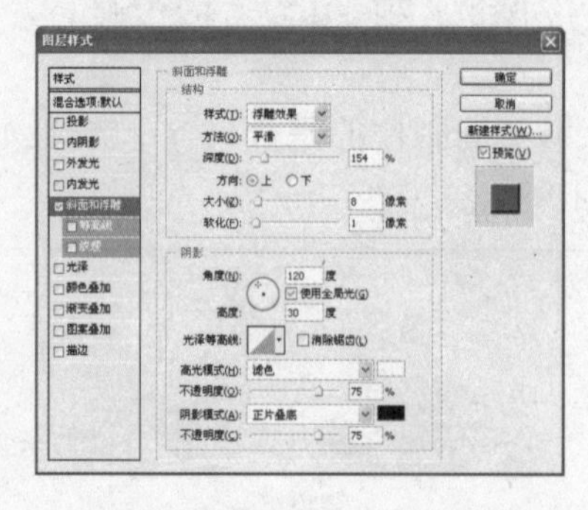

图123-4 “图层样式”对话框

13 单击“确定”按钮，为图层添加斜面和浮雕效果，按【Ctrl + D】组合键取消选区，效果如图123-1所示。

实例124 橡胶字

本实例制作的是橡胶字，效果如图124-1所示。

操作步骤

01 单击“文件”|“新建”命令，在弹出的“新建”对话框中设置“宽度”为15厘米、“高度”为10厘米、“分辨率”为150像素/英寸、“颜色模式”为“RGB颜色”、“背景内容”为白色，单击“确定”按钮，新建一个空白图像文件。

02 按【D】键，设置前景色和背景色为默认的黑色和白色，按【Alt + Delete】组合键，为“背景”图层填充前景色。

03 选取工具箱中的横排蒙版文字工具，在图像窗口的适当位置输入相应的文字。选中该文字并在工具属性栏中设置“字

体”为“黑体”、“大小”为150点，单击鼠标左键并按【Ctrl + Enter】组合键确认操作，创建文字选区，按【Ctrl + Delete】组合键，为文字选区填充背景色，效果如图124-2所示。

图124-1 橡胶字效果

图124-2 填充文字选区

04 单击“滤镜”|“素描”|“铬黄”命令，弹出“铬黄渐变”对话框，设置“细节”、“平滑度”值分别为7、2，单击“确定”按钮，应用铬黄滤镜，效果如图124-3所示。

图124-3 应用铬黄滤镜

05 单击“图像”|“调整”|“色相/饱和度”命令，弹出“色相/饱和度”对话框，设置各参数，如图124-4所示。

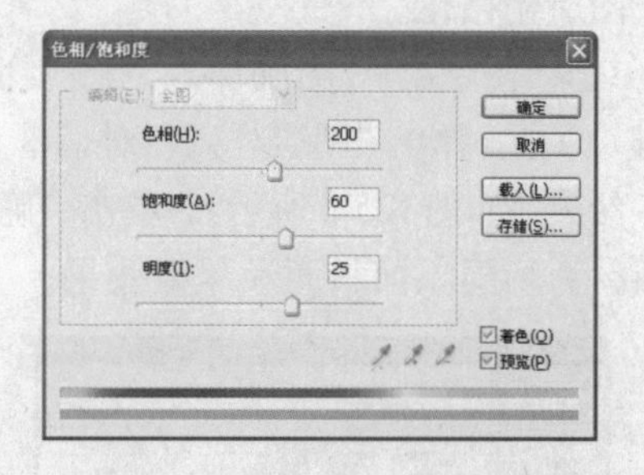

图124-4 “色相/饱和度”对话框

06 单击“确定”按钮，调整色相/饱和度后的图像效果如图124-1所示。

实例125 镏金字

本实例制作的是镏金字，效果如图125-1所示。

图125-1 镏金字效果

操作步骤

01 单击“文件”|“新建”命令，在弹出的“新建”对话框中设置“宽度”为15厘米、“高度”为10厘米、“分辨率”为150像素/英寸、“颜色模式”为“RGB颜色”、“背景内容”为白色，单击“确定”按钮，按【D】键，设置前景色和背景色为默认的黑色和白色，按【Alt + Delete】组合键，为“背景”图层填充前景色。

02 选取工具箱中的横排文字工具，在图像窗口适当位置输入相应的文字。选中该文字，并在工具属性栏中设置“字体”为“黑体”、“大小”为166点、“颜色”为白色，按【Ctrl + Enter】组合键确认操作，效果如图125-2所示。

图 125-2 输入文字

03在文字图层上单击鼠标右键，在弹出的快捷菜单中选择“栅格化文字”选项，将文字图层栅格化。

04 单击“图层”|“图层样式”|“斜面和浮雕”命令，弹出“图层样式”对话框，设置各参数（如图125-3所示），单击“确定”按钮，为图层添加斜面和浮雕效果。

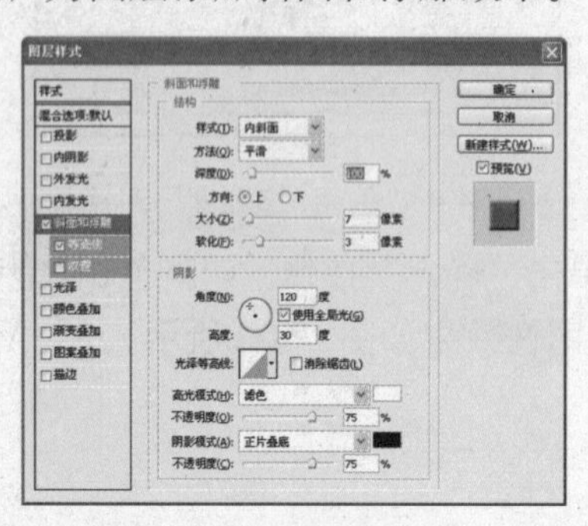

图 125-3 设置斜面和浮雕样式

05单击“图层”|“图层样式”|“渐变叠加”命令，弹出“图层样式”对话框，设置所需的参数（如图125-4所示），单击“确定”按钮，为图层添加渐变叠加效果。

06单击“图层”|“图层样式”|“光泽”命令，弹出“图层样式”对话框，设置各参数（如图125-5所示），单击“确定”按钮，为图层添加光泽效果。

07单击“图层”|“图层样式”|“描边”命令，弹出“图层样式”对话框，设置各参数（如图125-6所示），单击“确定”按钮，为图层添加描边效果。

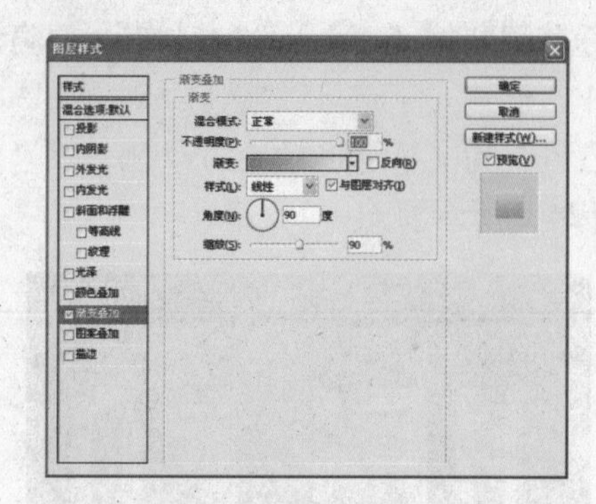

图 125-4 设置渐变叠加样式

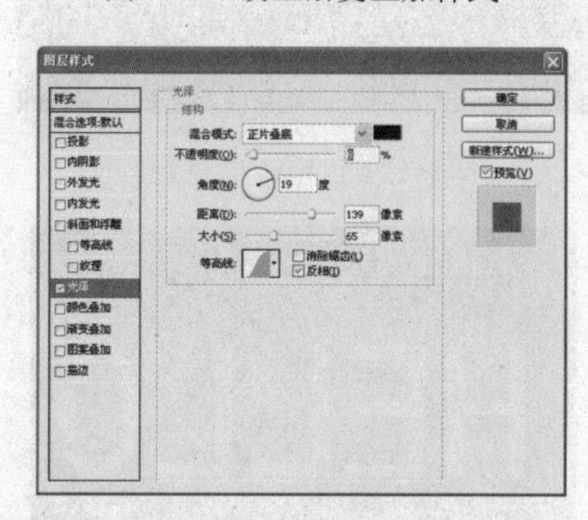

图 125-5 设置光泽样式

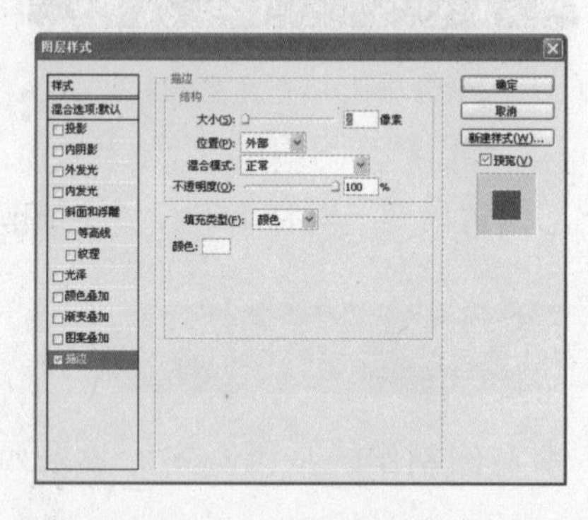

图 125-6 设置描边样式

08单击“图层”|“图层样式”|“内发光”命令，弹出“图层样式”对话框，设置各参数（如图125-7所示），单击“确定”按钮，为图层添加内发光效果。

09单击“图层”|“图层样式”|“内阴影”命令，弹出“图层样式”对话框，设置各参数，如图125-8所示。

10单击“确定”按钮，得到的图像效果如图125-1所示。

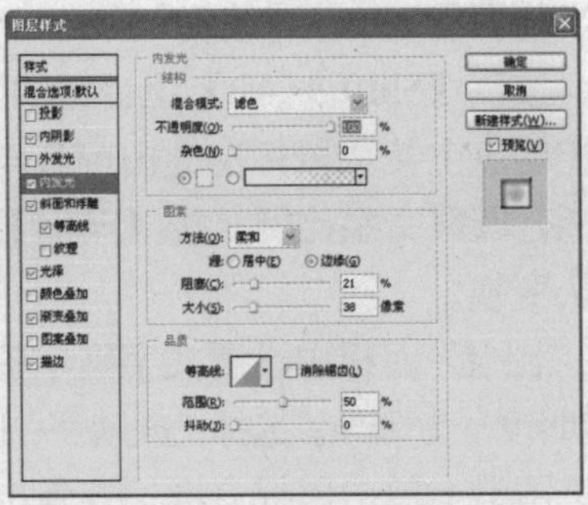

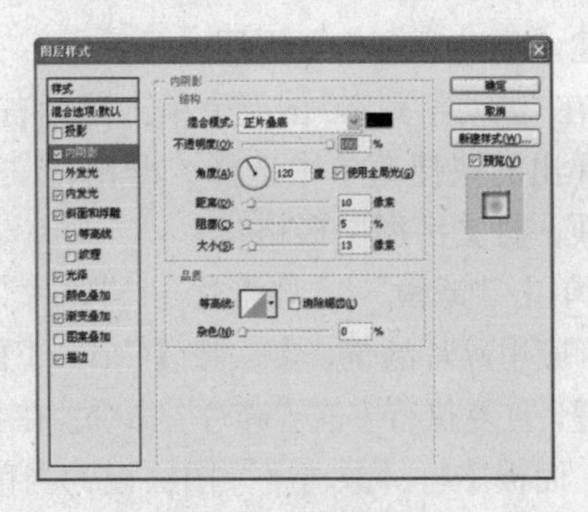

图 125-7 设置内发光样式

图 125-8 设置内阴影样式

实例126 颤动字

本实例制作的是颤动字，效果如图126-1所示。

图 126-1 颤动字效果

操作步骤

01 单击“文件”|“新建”命令，弹出“新建”对话框，设置“宽度”为10厘米、“高度”为5厘米、“分辨率”为150像素/英寸、“颜色模式”为“RGB颜色”、“背景内容”为白色（如图126-2所示），单击“确定”按钮新建一个空白图像文件。

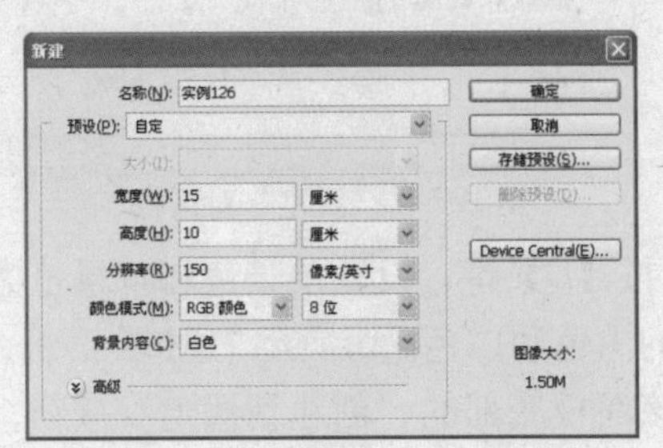

图 126-2 “新建”对话框

02 选取工具箱中的渐变工具，单击工具属性栏中的“点按可编辑渐变”色块，弹出“渐变编辑器”窗口，设置第1个色标的颜色为白色、第2个色标的颜色为绿色（RGB值分别为156、200、98），单击“确定”按钮，设置当前渐变色。

03 在工具属性栏中单击“水平渐变”按钮，在图像窗口中从上向下多次拖曳鼠标，效果如图126-3所示。

图 126-3 渐变填充

04 选取工具箱中的横排文字工具，在图像窗口中的适当位置输入相应的文字。选择输入的文字，在工具属性栏中设置其“字体”为“黑体”、“大小”为130点、“颜色”为紫色（RGB值分别为179、161、239），按【Ctrl+Enter】组合键确认操作。

05 选取工具箱中的移动工具，将文字移至适当位置。在“图层”面板中将文字图层拖曳至面板底部的“创建新图层”按钮上，创建“颤动字副本”图层。

06在“颤动字副本”图层上单击鼠标右键，在弹出的快捷菜单中选择“栅格化文字”选项，将文字图层栅格化。

07单击“滤镜”|“像素化”|“碎片”命令，应用碎片滤镜，多次按【Ctrl+F】组合键，重复执行多次“碎片”命令。在“图层”面板中将“颤动字”图层设为当前图层，单击“颤动字”前面的“指示图层可见性”图标，隐藏该图层，效果如图126-4所示。

图126-4 文字图像效果

08在“图层”面板中将“颤动字副本”设置为当前图层，单击“编辑”|“自由变换”命令，按住【Shift+Alt】组合键的同时，在角控制点上按住鼠标左键由中心向外拖动鼠标，调整文字比例，按【Enter】组合键确认变换。

09在“图层”面板中设置文字副本图层的“不透明度”为65%。选择“颤动字”图层，并在该图层上单击鼠标右键，在弹出的快捷菜单中选择“栅格化文字”选项，将该文字图层栅格化。

10单击“滤镜”|“像素化”|“碎片”命令，对文字添加碎片滤镜效果；选择“颤动字”和“颤动字副本”图层，按【Ctrl+E】组合键，向下合并图层。

11单击“图像”|“调整”|“色相/饱和度”命令，弹出“色相/饱和度”对话框，选中“着色”复选框，并设置“色相”、“饱和度”、“明度”值分别为254、25、0，单击“确定”按钮，调整图像的色相/饱和度，效果如图126-1所示。

实例127 印章字

本实例制作的是印章字，效果如图127-1所示。

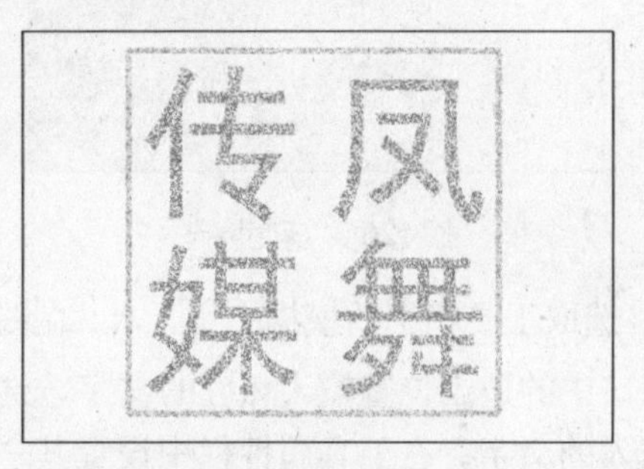

图127-1 印章字效果

操作步骤

01单击“文件”|“新建”命令，弹出“新建”对话框，设置“宽度”为15厘米、“高度”为10厘米、“分辨率”为150像素/英寸、“颜色模式”为“RGB颜色”、“背景内容”为白色（如图127-2所示），单击“确定”按钮，新建一个空白文件。

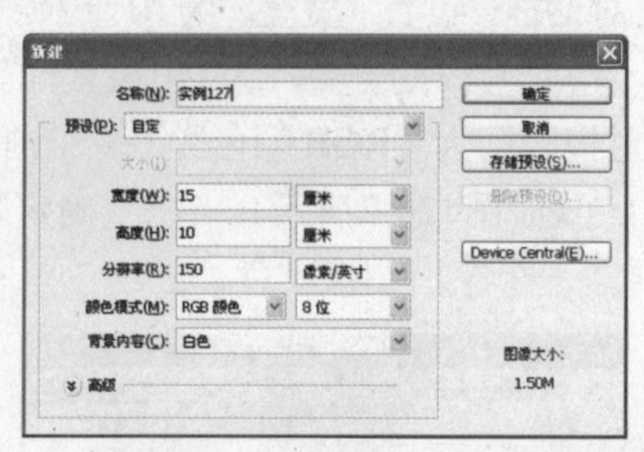

图127-2 “新建”对话框

02按【D】键，设置前景色和背景色为默认的黑色和白色。切换至“通道”面板，单击该面板底部的“创建新通道”按钮，新建Alpha1通道。选取工具箱中的直排文字工具，在图像窗口中的适当位置输入相应的文字，按【Ctrl + T】组合键，弹出“字符”面板，设置所需参数，如图127-3所示。按【Ctrl + Enter】组合键确认，选取工具箱中的移动工具，将文字移至适当位置。

图127-3 “字符”面板

03在工具箱中选择矩形选框工具，在图像窗口中的适当位置绘制矩形选区，单击“编辑”|“描边”命令，弹出“描边”对话框，设置“宽度”为10px、“颜色”为黑色，单击“确定”按钮，设置描边效果。

04在“通道”面板中按住【Ctrl】键的同时，在Alpha1通道上单击鼠标左键，载入选区。

05单击“滤镜”|“杂色”|“添加杂色”命令，弹出“添加杂色”对话框，设置“数量”为300，在“分布”选项区中选中“高斯分布”单选按钮，单击“确定”按钮，为图像添加杂色。

06单击“滤镜”|“风格化”|“扩散”命令，弹出“扩散”对话框，在“模式”选项区中选中“正常”单选按钮，单击“确定”按钮，为图像添加扩散效果。

07单击“图像”|“调整”|“阈值”命令，弹出“阈值”对话框，设置“阈值”为120，单击“确定”按钮，得到的图像效果如图127-4所示。

图127-4 调整阈值

08按【Ctrl + Shift + N】组合键，创建新图层。

09单击“选择”|“载入选区”命令，弹出“载入选区”对话框，在“源”选项区中单击“通道”下拉列表框右侧的下拉按钮，在弹出的列表框中选择Alpha1选项，单击“确定”按钮。

10设置前景色为浅红色（RGB值分别为209、143、143），按【Alt + Delete】组合键填充选区，按【Ctrl + D】组合键取消选区，效果如图127-1所示。

实例128 水晶字

本实例制作的是水晶字，效果如图128-1所示。

图128-1 水晶字效果

操作步骤

01单击“文件”|“新建”命令，弹出“新建”对话框，设置文件“宽度”为20厘米、“高度”为10厘米、“分辨率”为150像素/英寸、“颜色模式”为“RGB颜色”、“背景内容”为白色（如图128-2所示），单击“确定”按钮，新建一个空白图像文件。

02选取工具箱中的横排文字蒙版工具，输入文字“传奇色彩”，在工具属性栏中设置

"字体"为"黑体"、"大小"为136点。

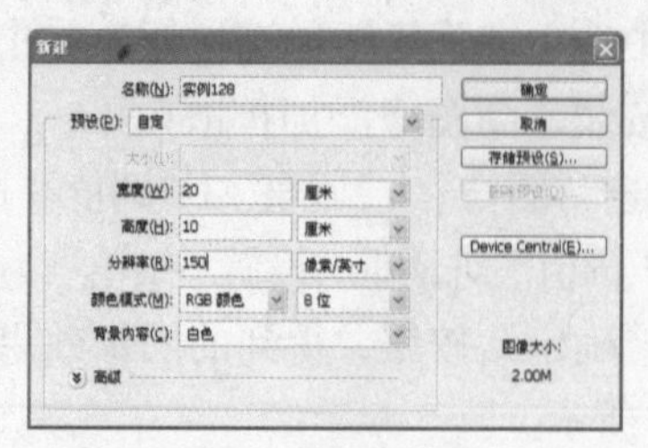

图128-2 "新建"对话框

03 按【D】键，设置前景色和背景色为默认的黑色和白色，按【Ctrl + Enter】组合键确认，创建文字选区，然后按键盘上的方向键，将文字选区移至适当位置，按【Alt + Delete】组合键，用前景色填充文字选区，效果如图128-3所示。

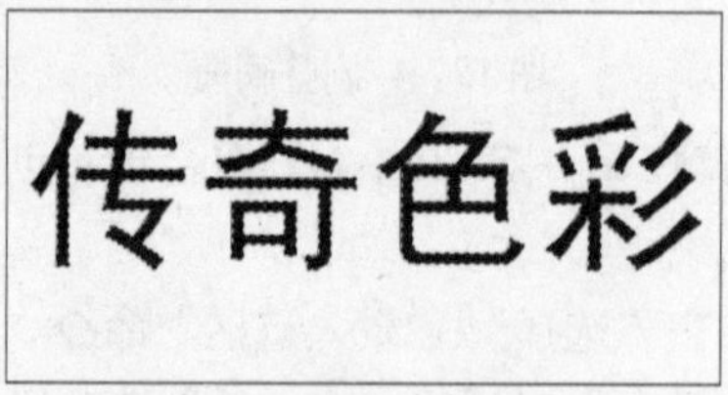

传奇色彩

图128-3 填充文字图像

04 按【Ctrl + D】组合键，取消选区。单击"滤镜"|"模糊"|"动感模糊"命令，弹出"动感模糊"对话框，设置"角度"、"距离"值分别为-45、15，单击"确定"按钮，设置动感模糊效果。

05 单击"滤镜"|"风格化"|"查找边缘"命令，查找边缘。选取工具箱中的魔棒工具，在工具属性栏中设置"容差"值为0，在图像窗口中的相应位置单击鼠标左键，按【Alt + Delete】组合键，将"背景"图层填充为黑色，按【Ctrl + Shift + I】组合键反选选区，效果如图128-4所示。

图128-4 文字效果

06 按【Ctrl + L】组合键，弹出"色阶"对话框，在"输入色阶"选项区中设置的值分别为0、1.00、206，在"输出色阶"选项区中设置的值分别为200、255，单击"确定"按钮，设置色阶效果。

07 按【Ctrl + D】组合键，取消选区。选取工具箱中的画笔工具，按【F5】键，弹出"画笔"面板，单击面板右上角的▶按钮，在弹出的快捷菜单中选择"混合画笔"选项，弹出提示信息框，单击"追加"按钮追加画笔样式，然后在"画笔"面板的列表框中选择"交叉排线4"画笔样式。

08 设置前景色为白色，在图像窗口中的适当位置单击鼠标左键，添加光线效果。

09 选取工具箱中的渐变工具，在工具属性栏中单击"点按可编辑渐变"色块右侧的下拉按钮，在弹出的面板中选择"亮色谱"渐变样式，然后在工具属性栏中单击"线性渐变"按钮，设置"模式"为"颜色"，在文字上从上向下拖曳鼠标，填充渐变色，效果如图128-1所示。

实例129 喷漆字

本实例制作的是喷漆字，效果如图129-1所示。

操作步骤

01 单击"文件"|"新建"命令，在"新建"对话框中设置文件"宽度"为20厘米、"高度"为15厘米、"分辨率"为150像素/英寸、"颜色模式"为"RGB颜色"、"背景内容"为白色，单击"确定"按钮，新建一个空白图像文件。选取工具箱中的渐变

工具，在工具属性栏中单击“点按可编辑渐变”色块，弹出“渐变编辑器”窗口，设置第1个色标的颜色为白色、第2个色标的颜色为浅红色（RGB值分别为236、151、181），单击“确定”按钮，设置当前渐变色。

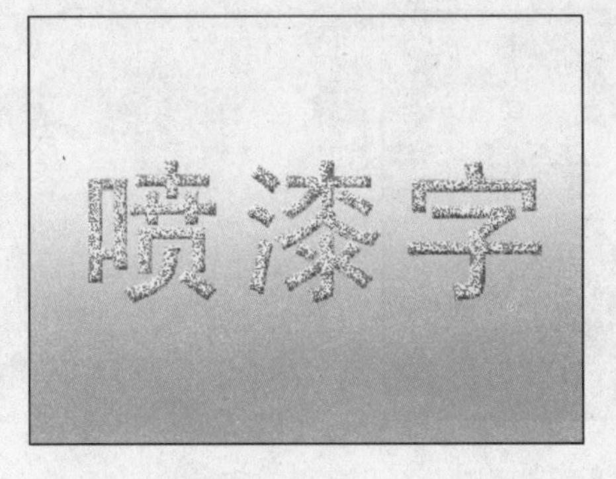

图129-1 喷漆字效果

02 在工具属性栏中单击“线性渐变”按钮，设置“模式”为“正常”、“不透明度”为100%。在图像窗口中按住鼠标左键从上向下拖动鼠标，为“背景”图层填充渐变色，效果如图129-2所示。

03 选取工具箱中的横排文字工具，在图像窗口中输入相应的文字，并选中该文字，在工具属性栏中设置“字体”为“黑体”、“大小”为151点、“颜色”为红色（RGB值分别为255、18、18），按【Ctrl + Enter】组合键确认操作。选取工具箱中的移动工具，对文字的位置进行适当调整。

图129-2 渐变填充

04 选取工具箱中的油漆桶工具，单击“窗口”|“样式”命令，弹出“样式”面板，单击面板右侧的▶按钮，在弹出的下拉菜单中选择“文字效果”选项，弹出提示信息框，单击“追加”按钮追加样式，并在该“样式”面板中选择“超范围喷漆（文字）”选项，设置喷漆效果，效果如图129-1所示。

实例130 铬金字

本实例制作的是铬金字，效果如图130-1所示。

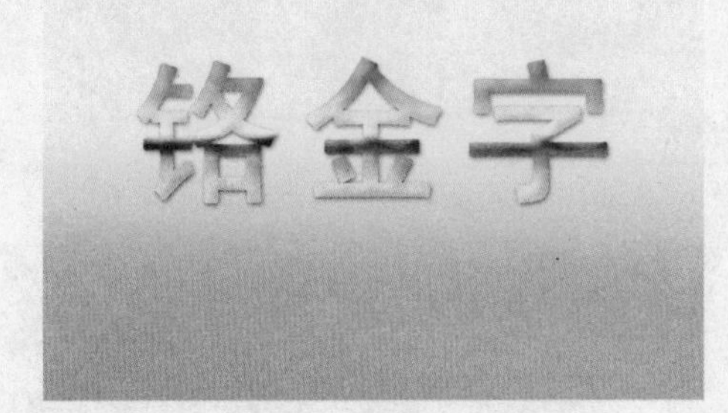

图130-1 铬金字效果

操作步骤

01 单击“文件”|“新建”命令，在“新建”对话框中设置文件“宽度”为20厘米、“高度”为15厘米、“分辨率”为150像素/英寸、“颜色模式”为“RGB颜色”、“背景内容”为白色，单击“确定”按钮，新建一个空白图像文件。

02 选取工具箱中的渐变工具，在工具属性栏中单击“点按可编辑渐变”色块，弹出“渐变编辑器”窗口，设置第1个色标的颜色为浅黄色（RGB值分别为246、242、

199)，设置第2个色标的颜色为土黄色（RGB值分别为176、143、77)，单击“确定”按钮，设置当前渐变色。

03 在工具属性栏中单击“线性渐变”按钮，设置“模式”为“正常”、“不透明度”为100%。在图像窗口中按住鼠标左键并从上向下拖动鼠标，为“背景”图层填充渐变色，效果如图130-2所示。

图130-2 渐变填充

04 选取工具箱中的横排文字工具，在图像窗口中输入相应的文字。选中该文字，在工具属性栏中设置“字体”为“黑体”、“大小”为129点、“颜色”为紫色（RGB值为192、2、255)，按【Ctrl + Enter】组合键确认操作，选取工具箱中的移动工具，对文字的位置进行适当的调整。

05 选取工具箱中的油漆桶工具，单击“窗口”|“样式”命令，弹出“样式”面板，单击该面板右上侧的▶按钮，在弹出的下拉菜单中，选择“文字效果”选项，弹出提示信息框，单击“追加”按钮追加样式。在追加图案中选择“铬金光泽（文字)”选项，设置铬金光泽效果，如图130-1所示。

第 6 章 数码暗房——相片处理

本章主要介绍用 Photoshop CS3 处理相片的知识，其中主要包括选取数码相片中的部分图像、修改数码相片的尺寸范围和调整数码相片的颜色等，同时对相片处理的基本技巧进行了详细的介绍，从而最大限度地弥补拍摄失误。另外，还介绍了为相片添加适当的自然效果的方法，利用这些方法可以对相片进行美化。通过本章的学习，读者轻松掌握相片处理的各种方法。

实例 131 完美无瑕

本实例介绍如何清除照片中的多余部分，最终的图像效果如图 131-1 所示。

图 131-1 清除照片多余部分后的效果

操作步骤

01 单击“文件”|“打开”命令，打开一幅素材图像，如图 131-2 所示。

02 选取工具箱中的仿制图章工具，在工具属性栏中单击“画笔”选项右侧的下拉按钮，在弹出的面板中设置画笔的“主直径”、“硬度”值分别为 25px、33%。按住【Alt】键的同时，在需要复制的区域单击鼠标左键，进行取样，如图 131-3 所示。

03 取样完成后，在图像上需要修复的位置单击鼠标左键，即可修复图像。用相同的方法，执行多次取样和修复操作，最终的图像效果如图 131-1 所示。

图 131-2 素材图像

图 131-3 对图像取样

实例 132 柔情风采

本实例介绍如何设置图像的柔光效果，图像最终效果如图 132-1 所示。

图 132-1 柔光效果

操作步骤

01 单击“文件”|“打开”命令，打开一幅素材图像，如图 132-2 所示。

02 单击“滤镜”|“扭曲”|“扩散亮光”命令，弹出“扩散亮光”对话框，设置“粒度”、“发光量”和“清除数量”值分别为 4、10 和 20，如图 132-3 所示。

03 单击“确定”按钮，对图像应用扩散亮光滤镜，效果如图 132-1 所示。

图 132-2 素材图像

图 132-3 “扩散亮光”对话框

实例 133 甜蜜日子

本实例介绍如何制作黑白照片，图像最终效果如图 133-1 所示。

图 133-1 黑白照片效果

操作步骤

01 单击“文件”|“打开”命令，打开一幅素材图像，如图 133-2 所示。

02 单击“图像”|“模式”|“灰度”命令，将弹出相应的提示信息框，如图 133-3 所示。

图 133-2 素材图像

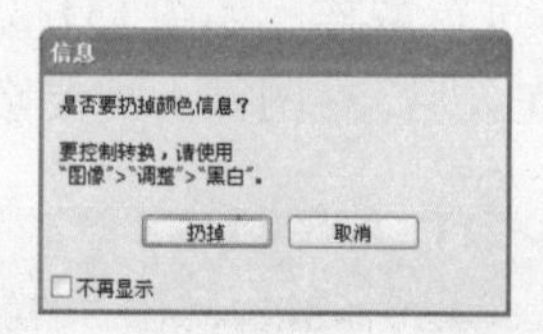

图 133-3 提示信息框

03 单击“扔掉”按钮，将图像模式调整为灰色，效果如图133-1所示。

实例134 古装古韵

本实例介绍如何制作笔刷边框，图像最终效果如图134-1所示。

图134-1 笔刷边框效果

操作步骤

01 单击“文件”|“打开”命令，打开一幅素材图像，如图134-2所示。

图134-2 素材图像

02 单击“图像”|“画布大小”命令，弹出“画布大小”对话框，在该对话框的“新建大小”选项区中设置“宽度”为22厘米、“高度”为30.12厘米，扩展图像边缘，单击“确定”按钮，效果如图134-3所示。

03 选取工具箱中的矩形选框工具，在图像上绘制矩形选区，单击“选择”|“修改”|“收缩”命令，弹出“收缩选区”对话框，设置“收缩量”为55，单击“确定”按钮，对选区进行收缩处理。按【Ctrl + Shift + I】组合键反选选区，并将选区填充为白色。

图134-3 调整画布大小

04 单击“滤镜”|“画笔描边”|“喷色描边”命令，弹出“喷色描边”对话框，从中设置“描边长度”为20、“喷色半径”为25、“描边方向”为“右对角线”，单击“确定”按钮，应用喷色描边滤镜。按【Ctrl + F】组合键，重复执行多次“喷色描边”命令，效果如图134-1所示。

实例135 光彩照人

本实例介绍如何为人物嘴唇上颜色，图像最终效果如图135-1所示。

图 135-1 嘴唇上色后的效果

操作步骤

01 单击“文件”|“打开”命令，打开一幅素材图像，如图 135-2 所示。

02 选取工具箱中的钢笔工具，沿人物嘴唇的外轮廓绘制路径，并转换为选区。单击“选择”|“修改”|“羽化”命令，弹出“羽化选区”对话框，设置“羽化半径”为5像素，单击“确定”按钮，羽化选区。

03 单击“图像”|“调整”|“色相/饱和度”命令，弹出“色相/饱和度”对话框，选中“着色”复选框，并设置“色相”为360、“饱和度”为85、“明度”为-6，如图135-3所示。

图 135-2 素材图像

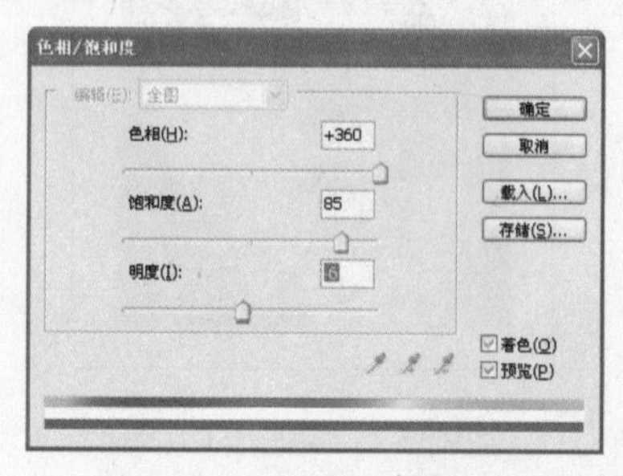

图 135-3 “色相/饱和度”对话框

04 单击“确定”按钮，调整选区内图像的色相/饱和度，效果如135-1所示。

实例 136 双胞美女

本实例介绍如何制作双胞美女图像，效果如图 136-1 所示。

图 136-1 图像效果

操作步骤

01 单击“文件”|“打开”命令，打开一幅素材图像，如图 136-2 所示。

图 136-2 素材图像

02 选取工具箱中的快速选择工具，在工具属性栏中单击“添加到选区”按钮，单击“画笔”选项右侧的下拉按钮，在弹出的面板中设置“主直径”为35px、“硬度”为

100%，然后在人物图像上多次单击鼠标左键，创建选区，效果如图136-3所示。

03 按【Ctrl + C】组合键复制选区中的图像，按【Ctrl + V】组合键进行粘贴，系统将自动创建新图层，按【Ctrl + T】组合键，复制图像的四周将显示变换控制框，在按住【Shift】键的同时，将鼠标指针移至左边框的中点，向右拖曳鼠标复制出对称的图像，按【Enter】键确认变换，将图像移至适当位置，效果如图136-1所示。

图136-3 创建选区

实例137 90度转身

本实例介绍如何旋转并调整照片，图像最终效果如图137-1所示。

图137-1 旋转并调整图像后的效果

操作步骤

01 单击“文件”|“打开”命令，打开一幅素材图像，如图137-2所示。

02 单击“图像”|“旋转画布”|“‘90度’顺时针”命令，旋转画布，效果如图137-3所示。

03 单击“图像”|“调整”|“曲线”命令，弹出“曲线”对话框，从中编辑曲线以调整图像，单击“确定”按钮，效果如图137-1所示。

图137-2 素材图像

图137-3 旋转照片

实例138 古居一游

本实例介绍调整照片光度的方法，图像最终效果如图138-1所示。

图 138-1 调整照片光度后的效果

图 138-2 素材图像

操作步骤

01 单击“文件”|“打开”命令，打开一幅素材图像，如图 138-2 所示。

02 单击“图像”|“调整”|“曲线”命令，弹出“曲线”对话框，设置各参数，如图 138-3 所示。

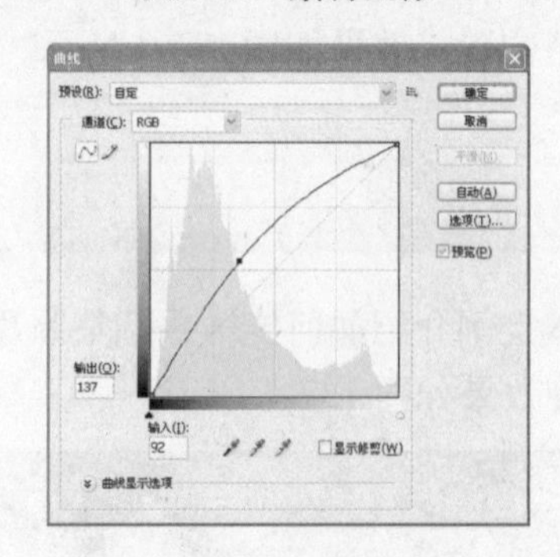

图 138-3 “曲线”对话框

03 单击“确定”按钮，调整图像光度，效果如图 138-1 所示。

实例 139 故宫一游

本实例介绍如何调整曝光过度的照片，图像最终效果如图 139-1 所示。

图 139-1 调整后的图像效果

操作步骤

01 单击“文件”|“打开”命令，打开一幅素材图像，如图 139-2 所示。

02 单击“图像”|“调整”|“色阶”命令，弹出“色阶”对话框，设置各参数，如图 139-3 所示。

图 139-2 素材图像

03 单击“确定”按钮，完成调整图像色阶操作，效果如图 139-1 所示。

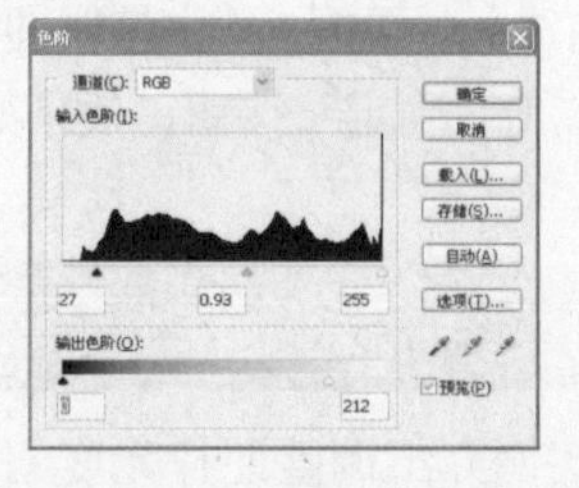

图 139-3 “色阶”对话框

实例140 光彩照人

本实例介绍如何调整图像的色彩平衡，图像最终效果如图140-1所示。

图140-1 调整色彩平衡后的图像效果

操作步骤

01 单击“文件”|“打开”命令，打开一幅素材图像，如图140-2所示。

02 按【F7】键，弹出“图层”面板，单击“创建新的填充或调整图层”按钮，在弹出的下拉菜单中选择“色彩平衡”选项，弹出“色彩平衡”对话框，设置各参数，如图140-3所示。

图140-2 素材图像

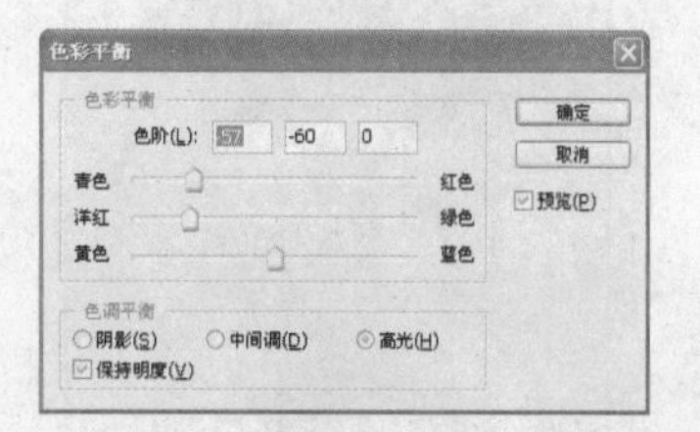

图140-3 “色彩平衡”对话框

03 单击“确定”按钮，完成调整图像的色彩平衡操作，效果如图140-1所示。

实例141 青春永驻

本实例介绍如何去除人物图像脸部皱纹，图像最终效果如图141-1所示。

图141-1 去除脸部皱纹后的效果

操作步骤

01 单击“文件”|“打开”命令，打开一幅素材图像，如图141-2所示。

图141-2 素材图像

02 选取工具箱中的修复画笔工具，单击工具栏中的“画笔”选项右侧的下拉按钮，在弹出的面板中设置“直径”为50、“硬度”为100%、“间距”为25%，其他选项设置保持默认。在人物脸部按住【Alt】键的同时单击鼠标左键进行取样，然后在需要进行修复的位置单击鼠标左键，进行修复，如图141-3所示。

03 执行多次取样和修复操作后，效果如图141-1所示。

图141-3 取样图像

实例142 混血精灵

本实例介绍如何制作变脸图像，图像最终效果如图142-1所示。

图142-1 变脸后的图像效果

操作步骤

01 单击“文件”|“打开”命令，打开两幅素材图像，如图142-2所示。

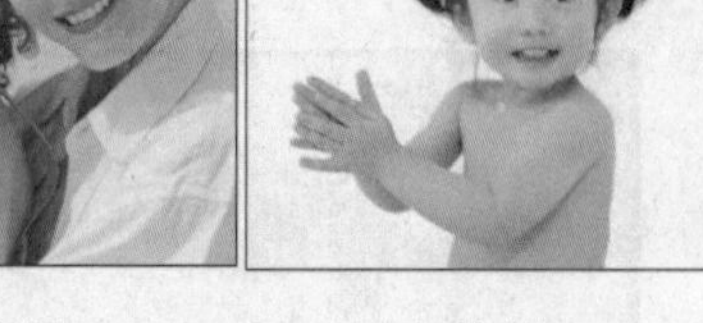

素材1　　素材2

图142-2 素材图像

02 选择工具箱中的套索工具，在素材2图像中的人物脸部绘制选区。单击“选择”|“修改”|“羽化”命令，弹出“羽化选区”对话框，设置“羽化半径”为5像素，单击“确定”按钮，羽化选区。

03 按【Ctrl + C】组合键，复制选区中的图像，按【Ctrl + V】组合键进行粘贴，选择工具箱中的移动工具，将复制的图像拖曳至素材1图像窗口中，按【Ctrl + T】组合键，此时复制图像的周围将出现变换控制框，在按住【Shift + Alt】组合键的同时，将鼠标指针移至变换控制框右下角的控制点上，按住鼠标左键并拖动鼠标，调整图像大小。将鼠标指针移至变换控制框的左上角，当鼠标指针呈↗形状时，旋转图像，直至与素材1中相应的人物脸部轮廓完全重合，效果如图142-3所示。

图142-3 自由变换图像

04 按【Enter】键确认变换，效果如图142-1所示。

实例143 蓝天白云

本实例介绍如何进行背景置换，图像最终效果如图143-1所示。

图143-1 图像最终效果

操作步骤

01 单击“文件”|“打开”命令，打开两幅素材图像，如图143-2所示。

02 选取工具箱中的套索工具，在素材2图像窗口上绘制一个合适的选区，按【Ctrl + C】组合键复制选区图像，按【Ctrl + V】组合键进行粘贴，选择移动工具，将复制所得的图像移至素材1图像窗口中，按【Ctrl + T】组合键，在图像四周将显示8个控制点，按住【Shift + Alt】组合键的同时，将鼠标指针移至右下角的控制点上，调整图像大小，按【Enter】键确认操作；按【Ctrl + M】组合键，弹出“曲线”对话框，调整图像曲线，效果如图143-3所示。

03 设置“图层1”的“不透明度”值为25%，效果如图143-1所示。

素材1

素材2

图143-2 素材图像

图143-3 调整图像曲线后的效果

实例144 明眸善睐

本实例制作的是相片中人物明眸善睐的效果，如图144-1所示。

操作步骤

01 单击“文件”|“打开”命令，打开一幅素材图像，如图144-2所示。

02 设置前景色为白色(RGB值均为194)，选取工具箱中的画笔工具，在工具属性栏中单击“画笔”选项右侧的下拉按钮，在弹出的面板中设置画笔“主直径”和“硬度”值分别为10px、15%，如图144-3所示。

03在人物图像某一只眼睛的适当位置，单击鼠标左键，绘制一个灰色画笔笔触。用相同的方法，调整画笔“大小”为5px，在另一只眼睛的适当位置单击鼠标左键，绘制一个画笔笔触，效果如图144-1所示。

图144-1 神采飞扬效果

图144-2 素材图像

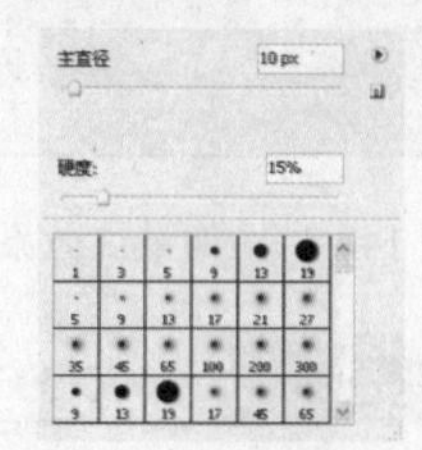

图144-3 “画笔”面板

实例145 大步若飞

本实例制作的是运动极限效果，如图145-1所示。

图145-1 运动极限效果

操作步骤

01单击“文件”|“打开”命令，打开一幅素材图像，如图145-2所示。

02选取工具箱中的椭圆工具，在人物图像的右脚上绘制一个椭圆，单击“滤镜”|“风格化”|“风”命令，弹出“风”对话框，在“方法”选项区中选中“风”单选按钮，在“方向”选项区中选中“从左”单选按钮，单击“确定”按钮，应用风滤镜。多次按【Ctrl + F】组合键，重复执行“风”命令；按【Ctrl + D】组合键，取消选区，效果如图145-3所示。

图145-2 素材图像

图145-3 执行“风”命令后的图像效果

03 运用椭圆工具，在人物图像的左上角绘制一个椭圆图形，单击“滤镜”|“风格化”|“风”命令，弹出“风”对话框，在“方法”选项区中选中“风”单选按钮，在“方向”选项区中选中“从右”单选按钮，单击“确定”按钮应用风滤镜。按【Ctrl + F】组合键，重复执行多次“风”命令；按【Ctrl + D】组合键取消选区，效果如图145-1所示。

实例146 快乐家庭

本实例介绍如何制作发黄的老照片，效果如图146-1所示。

图146-1 发黄的老照片效果

操作步骤

01 单击“文件”|“打开”命令，打开一幅素材图像，如图146-2所示。

图146-2 素材图像

02 选取工具箱中的椭圆选框工具，在图像窗口中的适当位置创建选区，如图146-3所示。

03 单击工具箱中的“以快速蒙版模式编辑”按钮，单击“滤镜”|“模糊”|“高斯模糊”命令，弹出“高斯模糊”对话框，设置“半径”为25，单击“确定”按钮。

图146-3 创建椭圆形选区

04 单击工具箱中的“以标准模式编辑”按钮，按【Ctrl + Alt + D】组合键，弹出“羽化选区”对话框，从中设置“羽化半径”为10，单击“确定”按钮。按【Ctrl + J】组合键，复制选区图像并创建新图层；将“背景”图层设为当前图层，并填充“背景”图层为白色，效果如图146-4所示。

图146-4 填充背景图像

05 选择新图层，单击“图像”|“调整”|“色相/饱和度”命令，弹出“色相/饱和度”对话框，选中“着色”复选框，并设置“色相”和“饱和度”值分别为50、37，单击“确定”按钮，调整图像色相/饱和度，效果如图146-1所示。

实例 147 美化皮肤

本实例介绍如何去除人物图像脸上的瑕疵，图像最终效果如图 147-1 所示。

图 147-1 去除脸上瑕疵

操作步骤

01 单击“文件”|“打开”命令，打开一幅素材图像，如图 147-2 所示。

图 147-2 素材图像

02 选取工具箱中的修复画笔工具，在工具属性栏中单击“画笔”选项右侧的下拉按钮，在弹出的面板中设置画笔各参数值，如图 147-3 所示。

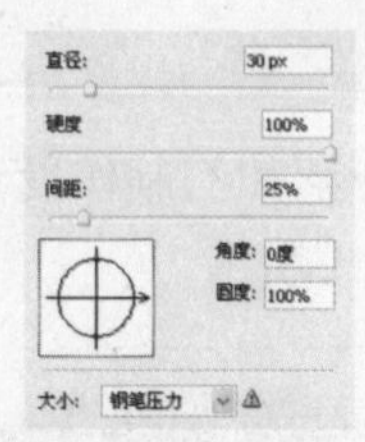

图 147-3 画笔面板

03 按住【Alt】键的同时，在合适的位置单击鼠标左键，进行取样（如图 147-4 所示），在需要修复的区域按住鼠标左键并拖动鼠标，进行涂抹操作，对图片进行修复处理。

图 147-4 修复图像

04 用同样的方法，执行多次取样和涂抹操作，最终效果如图 147-1 所示。

实例 148 天安门广场

本实例制作的是移人换景效果，如图 148-1 所示。

图 148-1 移人换景效果

操作步骤

01 单击“文件”|“打开”命令，打开两幅素材图像，如图 148-2 所示。

02 选取工具箱中的钢笔工具，沿素材 1 中人物的外轮廓绘制选区。单击“选择”|“修改”|“羽化”命令，弹出“羽化选区”对话框，设置“羽化半径”为2像素（如图148-3 所示），单击“确定”按钮羽化选区。

素材 1

素材 2

图 148-2 素材图像

03 按【Ctrl+C】组合键复制图像，按【Ctrl+V】组合键粘贴图像，系统将自动创建新图层。将复制的人物图像拖曳至素材2图像中，按【Ctrl + T】组合键，此时人物图像四周将出现变换控制框，按住【Shift + Alt】组合键的同时，将鼠标指针移至变换控制框右下角的控制点上，按住鼠标左键并拖动鼠标，等比例调整图像大小，按【Enter】键确认变换，并将图像移动至适当位置，效果如图 148-1 所示。

图 148-3 “羽化选区”对话框

实例 149 魅力女人

本实例介绍如何为人物图像添加眼影，效果如图 149-1 所示。

图 149-1 添加眼影后的图像效果

操作步骤

01 单击“文件”|“打开”命令，打开一幅素材图像，如图 149-2 所示。

02 设置前景色为浅红色（RGB 值分别为 228、160、160），选取工具箱中的钢笔工具，在人物的右眼睛外部轮廓上部绘制选区。

03 按【Ctrl + Shift + N】组合键，创建新图层。单击“选择”|“修改”|“羽化”命令，弹出“羽化选区”对话框，设置“羽化半径”为 10 像素（如图 149-3 所示），单击“确定”按钮羽化选区。

图 149-2 素材图像

图 149-3 “羽化选区”对话框

04 按【Alt + Delete】组合键，在选区中填充前景色，在“图层”面板中设置该图层的“不透明度”为 61%，按【Ctrl + D】组合键取消选区。

05 用与上述相同的方法，创建新图层，在另一只眼睛处绘制选区，为选区填充前景色，设置该图层的“不透明度”为 51%，效果如图 149-1 所示。

实例150 亮丽发丝

本实例介绍如何变换发色，图像最终效果如图150-1所示。

图150-1 亮丽发丝效果

操作步骤

01 单击“文件”|“打开”命令，打开一幅素材图像，如图150-2所示。

02 选取工具箱中的套索工具，在人物头发的任意位置绘制选区，按【Ctrl + Alt + D】组合键，弹出“羽化选区”对话框，设置“羽化半径”为5像素，单击“确定”按钮羽化选区，效果如图150-3所示。

03 单击“图像”|“调整”|“色相/饱和度”命令，弹出“色相/饱和度”对话框，选中“着色”复选框，并设置“色相”为49、“饱和度”为48、“明度”为3，单击“确定”按钮，调整图像色相/饱和度。

图150-2 素材图像

图150-3 创建并羽化选区

04 用与上述相同的方法，在人物图像头发上创建多个选区，在“色相/饱和度”对话框中，根据需要设置“色相”、“饱和度”和“明度”值，最终效果如图150-1所示。

实例151 爆炸效果

本实例介绍如何制作焦点放射效果，如图151-1所示。

操作步骤

01 单击“文件”|“打开”命令，打开一幅素材图像，如图151-2所示。

02 选取工具箱中的钢笔工具，沿人物脸部创建路径，按【Ctrl + Enter】组合键将路径转换为选区。单击“选择”|“修改”|“羽化”命令，弹出“羽化选区”对话框，设置“羽化半径”为10像素，单击“确定”按钮，羽化选区。

03 按【Ctrl + J】组合键复制图层，在“图层”面板中选择“背景”图层，单击“滤镜”|“模糊”|“径向模糊”命令，弹出“径向模糊”对话框，设置各参数，如图151-

3所示。设置完成后，单击“确定”按钮即可。

04 连续按【Ctrl + F】组合键，多次执行“径向模糊”命令，效果如图151-1所示。

图151-1 焦点放射

图151-2 素材图像

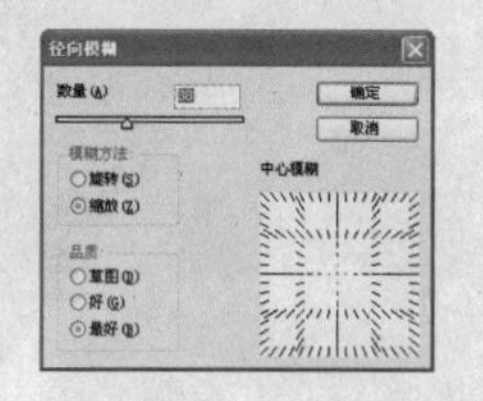

图151-3 “径向模糊”对话框

实例152 栩栩如生

本实例制作铅笔素描效果，如图152-1所示。

图152-1 铅笔素描

操作步骤

01 单击“文件”|“打开”命令，打开一幅素材图像，如图152-2所示。

02 按【Ctrl + J】组合键，创建“图层1”，单击“图像”|“调整”|“去色”命令，对图像进行去色处理。

03 按【Ctrl + J】组合键，复制出“图层1副本”，单击“图像”|“调整”|“反相”命令，在“图层”面板上方设置副本图层的“混合模式”为“颜色减淡”，此时图像编辑窗口将显示为白色。

图152-2 素材图像

04 单击“滤镜”|“模糊”|“高斯模糊”命令，弹出“高斯模糊”对话框，设置“半径”为4.5像素，如图152-3所示。

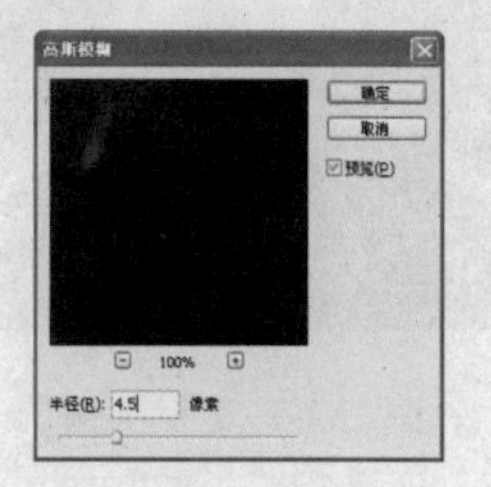

图152-3 “高斯模糊”对话框

05 单击“确定”按钮，设置图像的模糊效果，如图152-1所示。

实例153 艺术效果

本实例制作朦胧图像，效果如图153-1所示。

图153-1 朦胧图像

操作步骤

01 单击“文件”|“打开”命令，打开一幅素材图像，如图153-2所示。

02 选取工具箱中的画笔工具，在画笔属性栏中单击“画笔”选项右侧的下拉按钮，在打开的面板中设置“主直径”和“硬度”值分别为125px、15%，其他选项设置保持默认。单击工具箱下方的“以快速蒙版模式编辑”按钮，在人物图像上进行涂抹操作。

图153-2 素材图像

03 单击工具箱中的“以标准模式编辑”按钮，未涂抹过的区域将成为选区。

04 单击“选择”|“修改”|“羽化”命令，弹出“羽化选区”对话框，设置“羽化半径”为25像素，单击“确定”按钮，羽化选区。

05 单击“图像”|“调整”|“色阶”命令，弹出“色阶”对话框，进行所需的设置（如图153-3所示），单击“确定”按钮，调整图像色调。

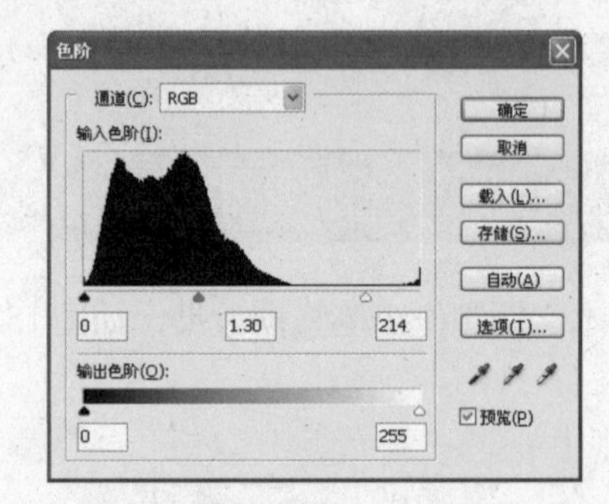

图153-3 “色阶”对话框

06 按【Ctrl + Shift + I】组合键，执行“反向”命令，按【Ctrl + J】组合键，创建“图层1”。

07 单击“滤镜”|“模糊”|“高斯模糊”命令，弹出“高斯模糊”对话框，设置“半径”为15像素，单击“确定”按钮，对图像进行模糊处理。

08 选择“图层1”为当前图层，在“图层”面板中设置该图层的“混合模式”为“变暗”，然后按【Ctrl + J】组合键，创建“图层1 副本”。

09 运用相同的方法，设置“图层1副本”的“混合模式”为“变亮”、“不透明度”为75%，按【Ctrl + E】组合键合并图层，并在“图层”面板中设置“不透明度”为65%，设置图像的不透明度，效果如图153-1所示。

实例154 红色女郎

本实例制作负冲胶片，效果如图154-1所示。

图154-1 负冲胶片

操作步骤

01 单击"文件"|"打开"命令，打开一幅素材图像，如图154-2所示。

图154-2 素材图像

02 按【Ctrl＋J】组合键，复制背景图层。切换至"通道"面板，从中选择"蓝"通道为当前通道。单击"图像"|"应用图像"命令，弹出"应用图像"对话框，对各参数进行设置（如图154-3所示），单击"确定"按钮。

03 按【Ctrl＋L】组合键，弹出"色阶"对话框，设置"输入色阶"值分别为25、1.00、200，单击"确定"按钮，应用图像色阶设置。

04 选择"绿"通道为当前通道，单击"图像"|"应用图像"命令，弹出"应用图像"对话框，对各参数进行设置（如图154-4所示），单击"确定"按钮。

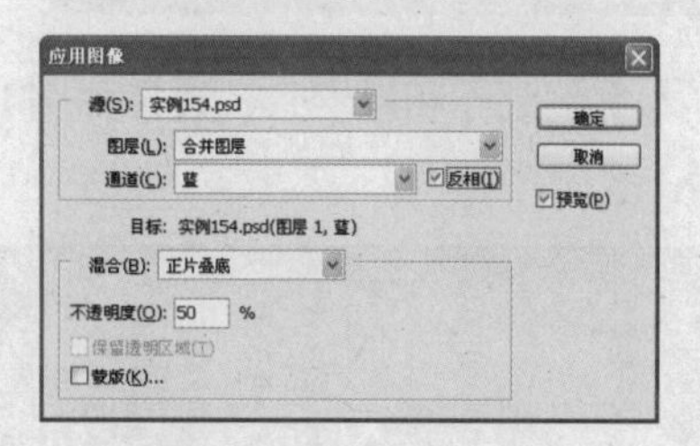

图154-3 "应用图像"对话框

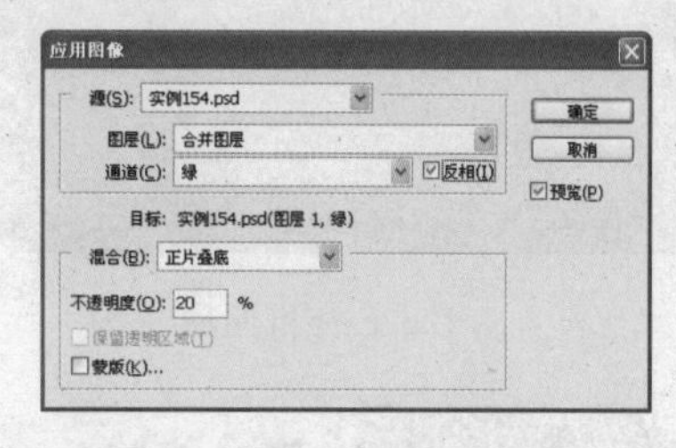

图154-4 "应用图像"对话框

05 按【Ctrl＋L】组合键，弹出"色阶"对话框，设置"输入色阶"值分别为40、1.50、250，单击"确定"按钮，应用设置的图像色阶效果。

06 选择"红"通道为当前通道，单击"图像"|"应用图像"命令，弹出"应用图像"对话框，设置各参数（如图154-5所示），单击"确定"按钮。

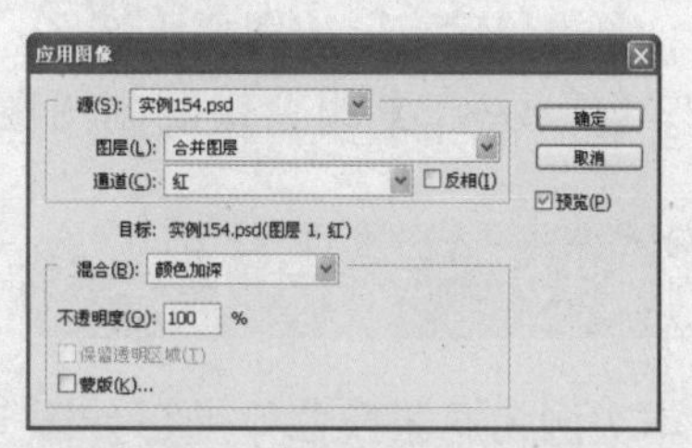

图154-5 "应用图像"对话框

07 按【Ctrl＋L】组合键，弹出"色阶"对话框，设置"输入色阶"值分别为55、2.00、255，单击"确定"按钮，应用图像色阶设置。

08 在“通道”面板中选择RGB通道，单击“图像”|“调整”|“亮度/对比度”命令，弹出“亮度/对比度”对话框，设置“亮度”、“对比度”值分别为-15、35，单击“确定”按钮调整图像亮度，效果如图154-1所示。

实例155 幸福佳人

本实例制作相框照片，效果如图155-1所示。

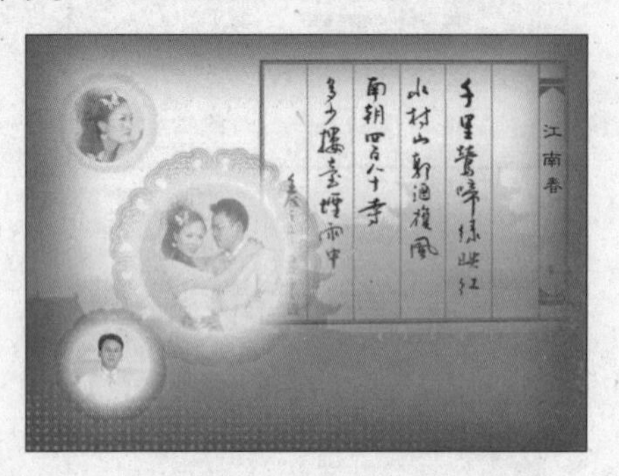

图155-1 相框照片

操作步骤

01 单击“文件”|“打开”命令，打开4幅素材图像155-2a、155-2b、155-2c和155-2d。

02 选取工具箱中的椭圆选框工具，在素材图像155-2a中，按住【Shift】键的同时在人物图像头部位置创建正圆形选区。

03 按【Ctrl + Alt + D】组合键，弹出“羽化选区”对话框，设置“羽化半径”为10像素，单击“确定”按钮羽化选区。

04 按【Ctrl + C】组合键复制图像，按【Ctrl+V】组合键粘贴，将复制的图像拖曳至素材图像155-2d中，按【Ctrl + T】组合键，调出变换控制框，按住【Shift + Alt】组合键的同时，将鼠标指针移至变换控制框右下角的控制点上并进行拖曳，等比例缩放人物图像，按【Enter】键确认操作，并将图像移动至适当位置。

05 在“图层”面板中设置人物图层的“不透明度”为61%，效果如图155-2所示。

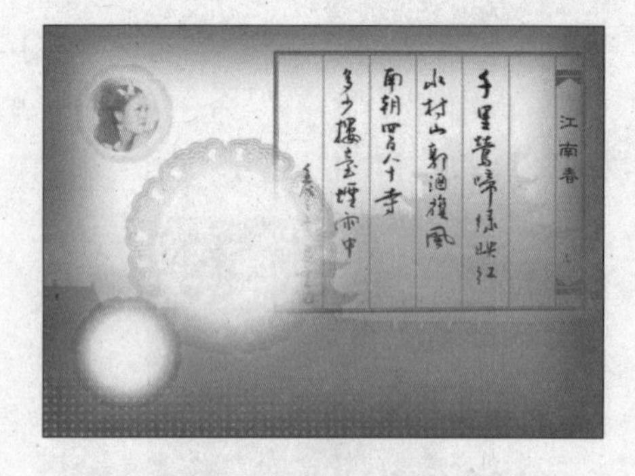

图155-2 设置图像的不透明度

06 参照步骤（2）~（4）的方法，分别将素材图像155-2b、155-2c拖曳至素材图像155-2d中，并设置素材图像155-2b和155-2c的“不透明度”值分别为88%、48%，效果如图155-1所示。

实例156 幸福时刻

本实例为衣服换色效果，如图156-1所示。

操作步骤

01 单击“文件”|“打开”命令，打开一幅素材图像，如图156-2所示。

02 选取魔棒工具，在工具属性栏中设置“容差”为50，然后在图像编辑窗口中的绿色衣服上单击鼠标左键，创建选区，按住【Shift】键，分别在所需部位单击鼠标左键，添加选区，效果如图156-3所示。

03 单击“图像”|“调整”|“色相/饱和度”

命令，弹出“色相/饱和度”对话框，选中“着色”复选框，并设置“色相”、“饱和度”值分别为360、99，单击“确定”按钮确认，按【Ctrl + D】组合键，取消选区，效果如图156-1所示。

图156-1 衣服换色

图156-2 素材图像

图156-3 创建选区

实例157 一帘幽梦

本实例制作胶带相片，效果如图157-1所示。

图157-1 胶带相片

操作步骤

01 单击“文件”|“打开”命令，打开5幅素材图像157-2a、157-2b、157-2c、157-2d和157-2e。

02 将素材图像157-2b拖曳至素材图像157-2a中，按【Ctrl + T】组合键，调出变换控制框，按住【Shift + Alt】组合键的同时，将鼠标指针移至变换控制框右下角的控制点，按住鼠标左键并拖动鼠标，等比例缩放人物图像，按【Enter】键确认操作，并将图像移动至适当位置，如图157-2所示。

图157-2 素材图像

03 运用相同的方法，将其他素材图像也拖曳至素材图像157-2a中，选取工具箱中的裁剪工具，裁剪多余部分，效果如图157-1所示。

实例158 不同景象

本实例制作色调分离效果，如图158-1所示。

图158-1 色调分离

操作步骤

01 单击“文件”|“打开”命令，打开一幅素材图像，如图158-2所示。

02 选取工具箱中的矩形选框工具，在图像左侧创建矩形选区，单击“图层”面板下方的“创建新的填充或调整图层”按钮，在弹出的列表中选择“渐变映射”选项。

03 弹出“渐变映射”对话框，单击“点按可编辑渐变”色块，弹出“渐变编辑器”窗口，并设置第1个色标的颜色为白色、第2个色标的颜色为粉红色（RGB值分别为236、152、181），连续单击“确定”按钮，效果如图158-3所示。

04 重复执行步骤（2）～（3）的操作，设置第2个矩形选区的渐变映射，其中第1个色标的颜色为白色、第2个色标的颜色为青紫红色（RGB值分别为172、97、161），单击“确定”按钮。

图158-2 素材图像

图158-3 渐变映射图像

05 重复执行步骤（2）～（3）的操作，设置第3个矩形选区的渐变映射，其中第1个色标的颜色为白色、第2个色标的颜色为浅青色（RGB值分别为80、174、193），单击“确定”按钮，效果如图158-1所示。

实例159 亮丽青春

本实例为照片中的人物消除眼袋，效果如图159-1所示。

操作步骤

01 单击“文件”|“打开”命令，打开一幅素材图像，如图159-2所示。

02 选取工具箱中的修复画笔工具，并设置“主直径”和“硬度”值分别为10px、100%，将鼠标指针移至人物眼睛下部，按住【Alt】键的同时单击鼠标左键进行取样，然后在取样点上方的眼袋上单击鼠标左键，如图159-3所示。

图 159-1 消除眼袋

图 159-2 素材图像

图 159-3 修复图像

03 运用相同的方法，执行多次修复操作，效果如图159-4所示。

图 159-4 消除眼袋

实例160 童年一幕

本实例制作旧式电影照片，效果如图160-1所示。

图 160-1 旧式电影照片

操作步骤

01 单击“文件”|“打开”命令，打开一幅素材图像，单击“图像”|“调整”|“去色”命令，对图像进行去色处理，效果如图160-2所示。

02 设置前景色为白色，按【Ctrl + Shift + N】组合键，创建新图层，按【Alt + Delete】组合键，填充前景色。

03 单击“滤镜”|“杂色”|“添加杂色”命令，弹出“添加杂色”对话框，设置“数量”为50%，并在“分布”选项区中选中“高斯分布”单选按钮，然后选中“单色”

复选框，单击“确定”按钮，为图像添加杂色效果。

图 160-2 去色处理

04 单击“滤镜”|“纹理”|“颗粒”命令，弹出“颗粒”对话框，设置“强度”、“对比度”、“颗粒类型”值分别为60、25、“垂直”，单击“确定”按钮，为图像添加颗粒效果，如图160-3所示。

05 单击“滤镜”|“素描”|“水彩画纸”命令，弹出“水彩画纸”对话框，设置“纤维长度”为50、“亮度”为58、“对比度”为80，单击“确定”按钮，为图像添加水彩画纸滤镜效果。

图 160-3 设置图像颗粒效果

06 单击“图像”|“调整”|“色阶”命令，弹出“色阶”对话框，设置“输入色阶”值分别为0、0.25、255，单击“确定”按钮，以调整图像色调。

07 单击“选择”|“色彩范围”命令，弹出“色彩范围”对话框，在“选择”选项的下拉列表框中选择“高光”选项，单击“确定”按钮，创建选区。

08 按【Delete】键，删除选区内的白色背景，按【Ctrl + D】组合键，取消选区，效果如图160-1所示。

实例161 如梦似幻

本实例制作点状虚化效果，如图161-1所示。

图 161-1 点状虚化

操作步骤

01 单击“文件”|“打开”命令，打开一幅素材图像，如图161-2所示。

02 选取工具箱中的钢笔工具，沿人物图像外轮廓创建路径，切换至“路径”面板，单击该面板下方的“将路径作为选区载入”按钮，创建选区。

03 切换至“通道”面板，单击“将选区存储为通道”按钮，将选区保存为通道Alpha1。双击Alpha1通道，弹出“通道选项”对话框，从中选中“所选区域”单选按钮，单击“确定”按钮。

图 161-2 素材图像

04 按【Ctrl + D】组合键，取消选区。单击“滤镜”|“模糊”|“高斯模糊”命令，弹出“高斯模糊”对话框，设置“半径”为10像素，单击“确定”按钮，为图像添加高斯模糊效果，如图161-3所示。

05 在“通道”面板中选择Alpha1通道，将Alpha1通道拖曳至面板下方的“创建新通道”按钮上，创建“Alpha1副本”通道。

06 按【D】键，恢复系统默认的前景色和背景色。单击“滤镜”|“像素化”|“点状化”命令，弹出“点状化”对话框，设置“单元格大小”为10，单击“确定”按钮，为图像添加点状化效果。

07 按住【Ctrl】键的同时，单击Alpha1通道，载入选区，单击“选择”|“修改”|“收缩”命令，弹出“收缩选区”对话框，并设置“收缩量”为10像素，单击“确定”按钮，收缩选区。

图 161-3 设置图像高斯模糊

08 按【Alt + Delete】组合键，在选区中填充前景色，然后按【Ctrl + D】组合键，取消选区。

09 单击“图像”|“调整”|“反相”命令，在按住【Ctrl】键的同时，单击“Alpha1副本”通道，载入选区。

10 选择“通道”面板中的RGB通道，按【X】键，切换前景色和背景色，按【Alt + Delete】组合键，在选区中填充前景色，按【Ctrl + D】组合键取消选区，效果如图161-1所示。

实例162 亲密无间

本实例制作放射效果，如图162-1所示。

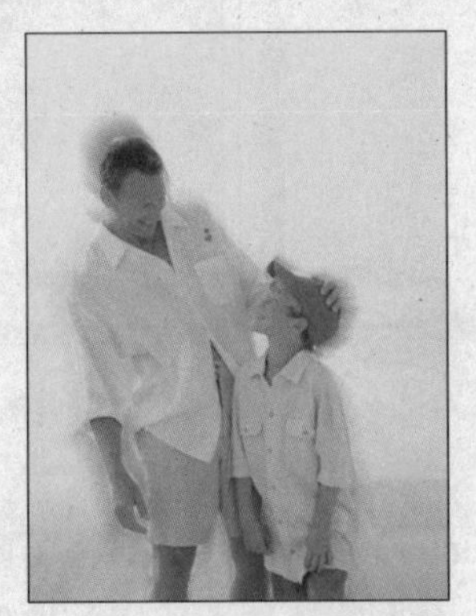

图 162-1 放射效果

操作步骤

01 单击“文件”|“打开”命令，打开一幅素材图像，如图162-2所示。

02 选取工具箱中的魔棒工具，在工具属性栏中设置“容差”为35。在图像编辑窗口中单击鼠标左键，创建选区，按住【Shift】键的同时，单击鼠标左键，添加选区，效果如图162-3所示。

03 单击“滤镜”|“模糊”|“径向模糊”命令，弹出“径向模糊”对话框，设置各参

数，如图 162-4 所示。

04 单击“确定”按钮，连续按【Ctrl + F】组合键，执行多次“径向模糊”命令，按【Ctrl + D】组合键，取消选区，效果如图 162-1 所示。

图 162-2 素材图像

图 162-3 创建选区

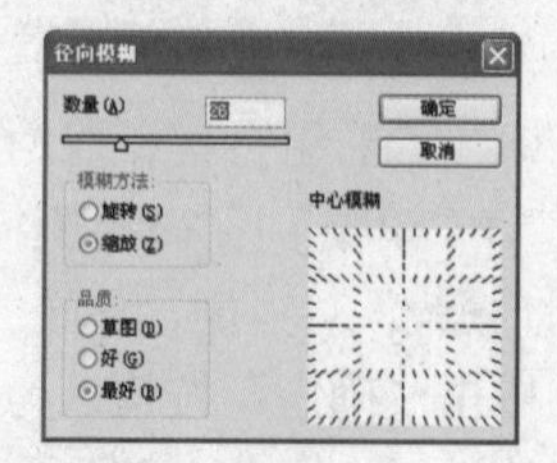

图 162-4 “径向模糊”对话框

实例 163 携手相伴

本实例制作幸福框架，效果如图 163-1 所示。

图 163-1 幸福框架效果

操作步骤

01 单击“文件”|“打开”命令，打开两幅素材图像，如图 163-2 所示。

02 选取工具箱中的移动工具，将素材图像 2 拖曳至素材图像 1 中，按【Ctrl + T】组合键，在人物图像周围将显示控制点，按住【Shift + Alt】组合键的同时，将鼠标指针移至变换控制框右下角的控制点上，按住鼠标左键并拖动鼠标，等比例缩放人物图像，如图 163-3 所示。

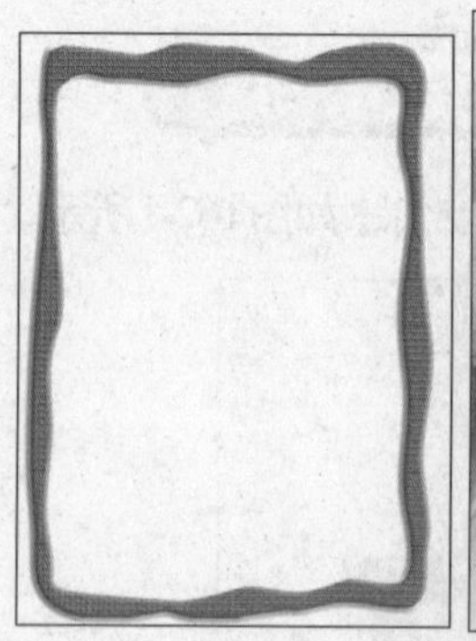

素材 1

素材 2

图 163-2 素材图像

03 按【Enter】键确认操作，将图像移至适当位置，并调整图层的顺序，最终效果如图 163-4 所示。

图 163-3 等比例缩放图像

图 163-4 幸福框架

实例 164 幸福旅途

本实例制作壁式相框，效果如图 164-1 所示。

图 164-1 壁式相框

操作步骤

01 单击“文件”|“打开”命令，打开两幅素材图像，如图 164-2 所示。

素材 1

素材 2

图 164-2 素材图像

02 选取工具箱中的移动工具，将素材图像 2 拖曳至素材图像 1 中，自动生成新图层。按【Ctrl + T】组合键，在人物图像周围将显示控制点，按住【Shift + Alt】组合键的同时，将鼠标指针移至变换控制框右下角的控制点上，按住鼠标左键并拖动鼠标，等比例缩放图像，按【Enter】键确认操作，并将图像移动至适当位置，效果如图 164-3 所示。

图 164-3 等比例缩放图像

03 单击“图层”|“图层样式”|“斜面和浮雕”命令，弹出“图层样式”对话框，对各参数进行设置，如图 164-4 所示。

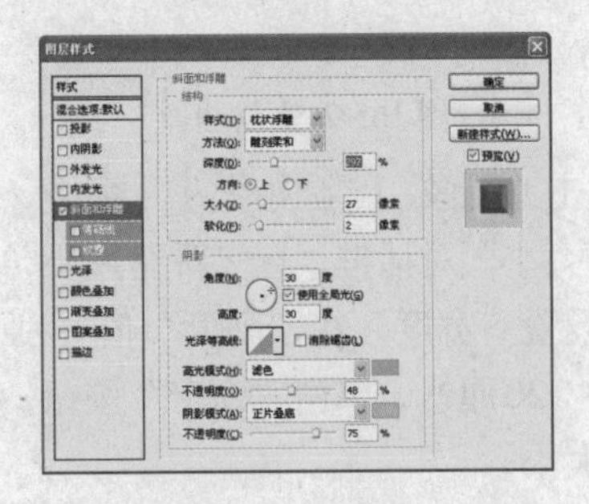

图 164-4 设置斜面和浮雕

04 单击“确定”按钮，添加图层样式，效果如图164-1所示。

实例165 真爱永存

本实例制作木质相框，效果如图165-1所示。

图165-1 木质相框

操作步骤

01 单击“文件”|“打开”命令，打开一幅素材图像，如图165-2所示。

图165-2 素材图像

02 单击“图像”|“画布大小”命令，弹出“画布大小”对话框，在“新建大小”选项区中设置“宽度”和“高度”值分别为90厘米、120厘米，单击“确定”按钮，调整画布大小。

03 选取自定形状工具，在工具属性栏中单击“形状”选项右侧的下拉按钮，在弹出的面板中单击右侧的小三角按钮，在弹出的下拉菜单中选择“全部”选项，弹出提示信息框，单击“追加”按钮，然后在追加图案中选择“窄边方框”样式图案。

04 在人物图像上绘制相应的图形后，按【Ctrl＋Enter】组合键将路径转换为选区，然后按【Ctrl＋Shift＋N】组合键，创建新图层，效果如图165-3所示。

图165-3 创建图像选区

05 设置前景色为橘黄色（RGB值分别为208、139、60），按【Alt＋Delete】组合键，为选区填充前景色。

06 单击“滤镜”|“纹理”|“纹理化”命令，弹出“纹理化”对话框，设置各参数（如图165-4所示），单击“确定”按钮。

07 单击“图层”|“图层样式”|“斜面和浮雕”命令，弹出“图层样式”对话框，设置各参数（如图165-5所示），单击“确定”按钮。

08 按【Ctrl＋D】组合键，取消选区，然后在图像上输入文字“真爱永存 相伴久久”，并设置文字的“字体”为“华文行楷”、“大小”为182点、“颜色”为橘黄色（RGB值分别为236、150、103），按【Ctrl＋Enter】

组合键确认，将文字移动至适当位置，效果如图165-1所示。

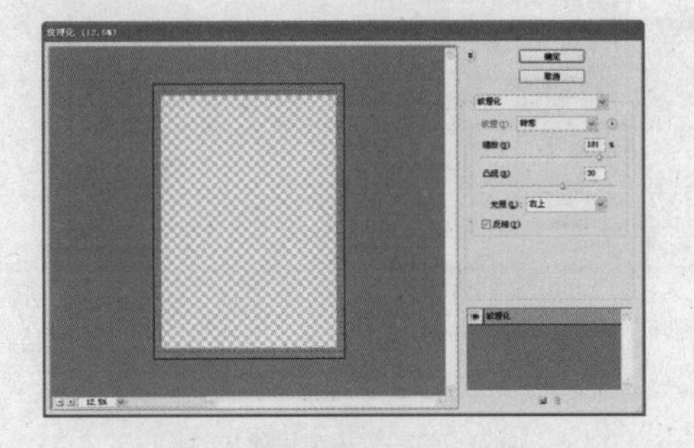

图165-4 “纹理化”对话框

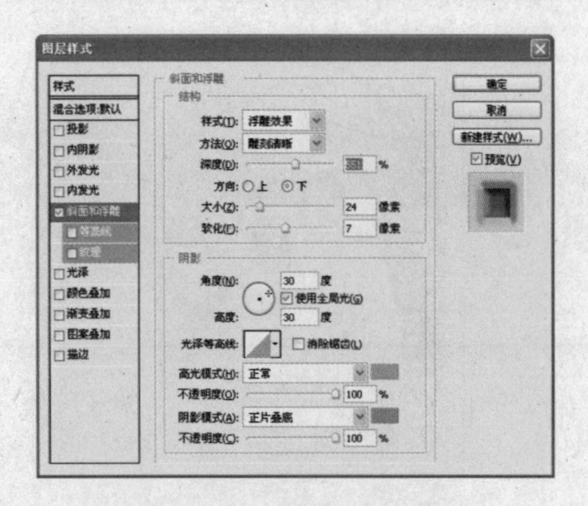

图165-5 设置斜面和浮雕

实例166 七彩奇缘

本实例制作花样相框，效果如图166-1所示。

图166-1 花样相框

操作步骤

01 单击“文件”|“打开”命令，打开一幅素材图像，如图166-2所示。

02 单击“图像”|“画布大小”命令，弹出“画布大小”对话框，在“新建大小”选项区中设置“宽度”和“高度”值分别为90厘米、120厘米，单击“确定”按钮，调整画布大小。

03 选取工具箱中的自定形状工具，在工具属性栏中单击“形状”选项右侧的下拉按钮，在弹出的面板中单击右侧的小三角按钮，并在弹出下拉菜单中选择“全部”选项，弹出提示信息框，单击“追加”按钮，然后在追加的图案中选择“画框8”样式图案。

图166-2 素材图像

04 在人物图像窗口中绘制相应图形后，按【Ctrl + Enter】组合键将路径转换为选区，然后按【Ctrl + Shift + N】组合键，创建新图层，效果如图166-3所示。

05 选取工具箱中的渐变工具，在工具属性栏中单击“点按可编辑渐变”色块，弹出“渐变编辑器”窗口，设置第1个色标的颜色为浅绿色（RGB值分别为183、215、113）、第2个色标的颜色为土黄色（RGB值分别为220、191、104）、第3个色标的颜色为浅红色（RGB值分别为239、146、94），单击“确定”按钮。

图 166-3 创建图像选区

06在工具属性栏中单击“线性渐变”按钮，设置“模式”为“溶解”；在选区图像中按住鼠标左键并从上向下拖动鼠标，在选区中填充渐变颜色，并继续执行多次渐变效果，如图 166-4 所示。

图 166-4 图像渐变

07 按【Ctrl + D】组合键，取消选区。单击“图层”|“图层样式”|“斜面和浮雕”命令，弹出“图层样式”对话框，在该对话框中设置各参数（如图 166-5 所示），单击“确定”按钮。

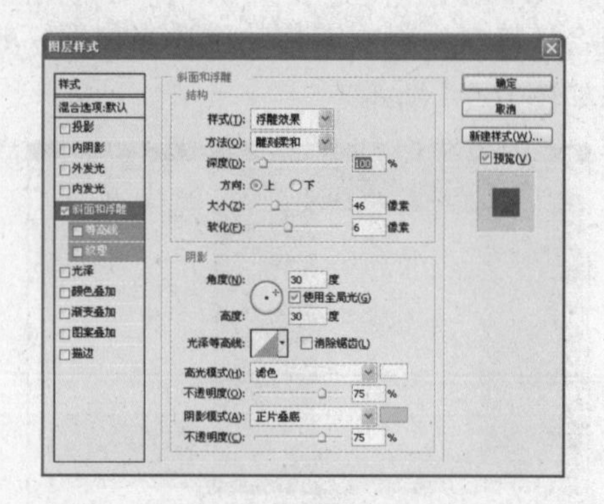

图 166-5 设置斜面和浮雕

08 单击“图层”|“图层样式”|“内阴影”命令，弹出“图层样式”对话框，设置各参数（如图 166-6 所示），单击“确定”按钮，添加图层样式。

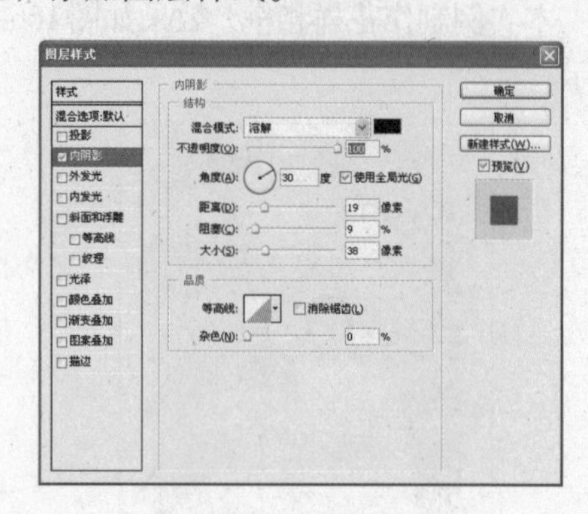

图 166-6 设置内阴影

09 按【Ctrl + T】组合键，在人物图像上将显示控制点，按住【Shift + Alt】组合键的同时，将鼠标指针移至变换控制框右下角的控制点上，按住鼠标左键并拖曳鼠标，等比例缩放人物图像，按【Enter】键确认操作，再将图像移动至适当位置，效果如图 166-1 所示。

实例 167 阳光男孩

本实例制作虚边相框，效果如图 167-1 所示。

操作步骤

01 单击“文件”|“打开”命令，打开一幅素材图像，如图 167-2 所示。

02 选取工具箱中的椭圆选框工具，在人物图像编辑窗口中的相应位置，创建椭圆选区，如图 167-3 所示。

03 按【Ctrl + Shift + I】组合键，执行“反

向”命令，单击“选择”|“修改”|“羽化”命令，弹出“羽化选区”对话框，设置“羽化半径”为10像素，单击“确定”按钮羽化选区，按【Delete】键删除选区中的图像，效果如图167-4所示。

图167-1 虚边相框

图167-2 素材图像　图167-3 创建椭圆选区

实例168 开心一笑

本实例制作波纹相框，效果如图168-1所示。

图168-1 波纹相框

图167-4 删除选区中的图像

04 单击“编辑”|“描边”命令，弹出“描边”对话框，在该对话框中设置各参数，如图167-5所示。

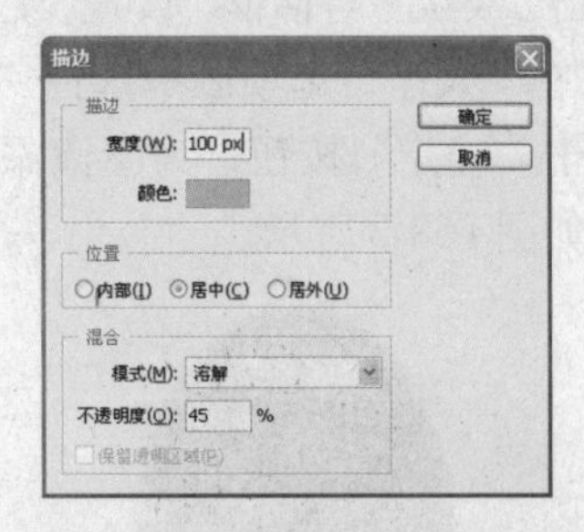

图167-5 “描边”对话框

05 单击“确定”按钮，为图像添加描边效果。按【Ctrl + D】组合键，取消选区，效果如图167-1所示。

操作步骤

01 单击“文件”|“打开”命令，打开一幅素材图像，如图168-2所示。

02 选取工具箱中的椭圆选框工具，在人物图像编辑窗口中的相应位置，创建椭圆形选区。单击“选择”|“修改”|“羽化”命令，弹出“羽化选区”对话框，设置“羽化半径”为15像素，单击“确定”按钮，羽化选区。

03 单击“选择”|“存储选区”命令，弹出“存储选区”对话框，设置“名称”为“拥

抱”，单击“确定”按钮存储选区。

图 168-2 素材图像

04 切换至“通道”面板，从中选择“拥抱”通道，单击“滤镜”|“扭曲”|“波纹”命令，弹出“波纹”对话框，设置“数量”为999%，在“大小”选项区中选择“大”选项，单击“确定”按钮，为图像添加波纹效果，如图168-3所示。

图 168-3 波纹效果

05 在“通道”面板中选择RGB通道，单击“选择”|“载入选区”命令，弹出“载入选区”对话框，保持各参数为默认值，单击“确定”按钮，载入选区。

06 按【Ctrl + Shift + I】组合键，执行“反向”命令，单击“滤镜”|“风格化”|“曝光过度”命令，调整图像的曝光度。

07 单击“滤镜”|“渲染”|“分层云彩”命令，为图像添加云彩效果，连续按【Ctrl + F】组合键，多次执行“分层云彩”命令，效果如图168-4所示。

图 168-4 分层云彩效果

08 单击“滤镜”|“扭曲”|“玻璃”命令，弹出“玻璃”对话框，根据需要设置各参数（如图168-5所示），单击“确定”按钮，为图像添加玻璃效果。

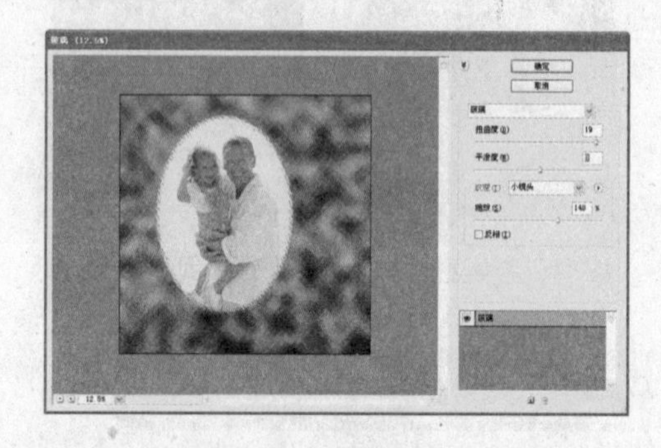

图 168-5 “玻璃”对话框

09 连续按【Ctrl + F】组合键，多次执行“玻璃”命令，按【Ctrl + D】组合键，取消选区，效果如图168-1所示。

实例169 可爱宝宝

本实例制作卡通相框，效果如图169-1所示。

操作步骤

01 单击“文件”|“打开”命令，打开两幅素材图像，如图169-2所示。

02 选取工具箱中的矩形选框工具，按住【Shift】键的同时，在人物图像上创建正方形选区，单击“选择”|“修改”|“羽化”命令，弹出“羽化选区”对话框，并设置

"羽化半径"为10像素，单击"确定"按钮，羽化选区。

03 按【Ctrl + C】组合键，复制图像，按【Ctrl + V】组合键粘贴图像。选取工具箱中的移动工具，将复制的图像拖曳至素材1中。

图 169-1 卡通相框

素材 1

素材 2

图 169-2 素材图像

04 按【Ctrl + T】组合键，在人物图像周围将显示控制点，按住【Shift + Alt】组合键，将鼠标指针移至变换控制框右下角的控制点上，按住鼠标左键并拖动鼠标，等比例调整人物图像大小；将鼠标指针移至变换控制框左上角，当鼠标指针↰呈形状时，调整图像的角度，如图 169-3 所示。

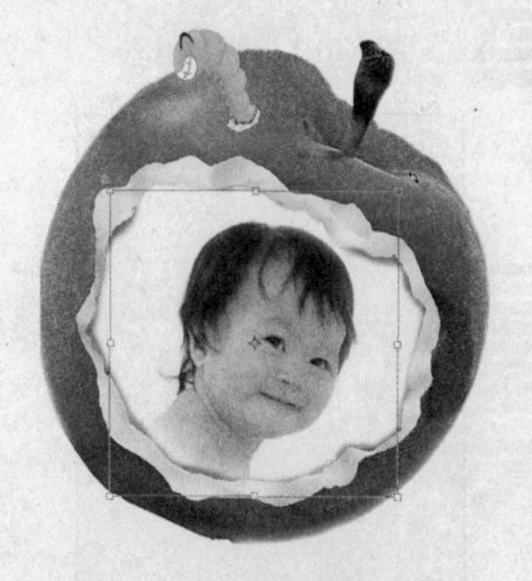

图 169-3 自由变换选框效果

05 按【Enter】键确认操作，并将图像移至适当位置，效果如图 169-1 所示。

实例 170 幸福伴侣

本实例制作特色相框，效果如图 170-1 所示。

操作步骤

01 单击"文件"|"打开"命令，打开两幅素材图像，如图 170-2 所示。

02 选取工具箱中的椭圆选框工具，按住【Shift】键的同时，在人物图像上创建正圆形选区。

03 单击"选择"|"修改"|"羽化"命令，弹出"羽化选区"对话框，并设置"羽化半径"为10像素，单击"确定"按钮，羽化选区。

04 按【Ctrl + C】组合键复制图像，并按【Ctrl + V】组合键粘贴图像。选取工具箱中的移动工具，将复制的图像拖曳至素材

1中。按【Ctrl + T】组合键，在人物图像上将显示控制点，按住【Shift + Alt】组合键的同时，用鼠标拖曳控制框角上的控制柄以等比例缩放人物图像，并将其移至素材1中的合适位置，按【Enter】键确认，效果如图170-3所示。

图170-1 特色相框

素材1

素材2

图170-2 素材图像

图170-3 自由变换选框效果

05 在“图层”面板中设置“不透明度”为45%，效果如图170-1所示。

第7章 精美大方——标识设计

标识是一种特殊语言，是一种人类社会活动和生产活动中不可缺少的符号，它具有独特的传播功能。本章通过30个经典的标识设计实例，介绍标识的设计与制作方法，以供大家学习与借鉴。

实例171 Windows徽标

本实例制作Windows徽标，效果如图171-1所示。

图171-1 “Windows徽标”标识

操作步骤

01 单击“文件”|“新建”命令，弹出“新建”对话框，新建一个名称为“实例171”的RGB模式的图像文件，并设置其“宽度”和“高度”值均为10厘米、“分辨率”为150像素/英寸，如图171-2所示。单击“确定”按钮，完成文件的创建。

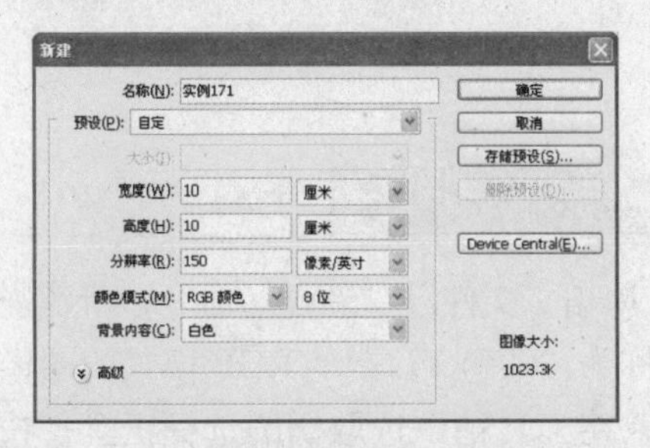

图171-2 “新建”对话框

图像文件的大小设置应根据实际需要而设定，在今后章节中，如不作特殊说明，均与此设置相同。

02 按【Ctrl + R】组合键显示标尺，然后分别将鼠标指针置于垂直标尺和水平标尺上，按住鼠标左键并拖动鼠标，绘制垂直参考线和水平参考线，如图171-3所示。

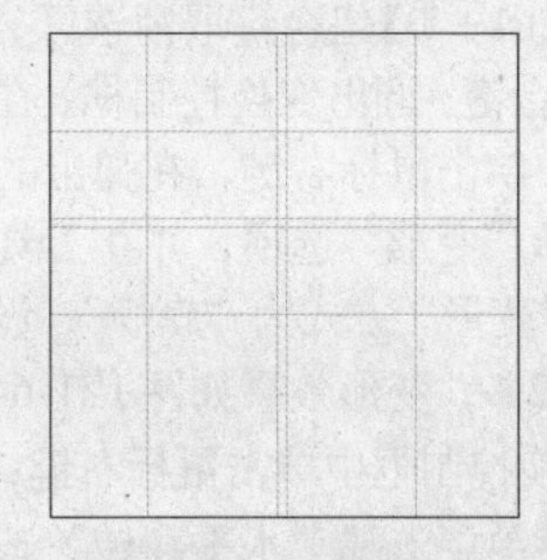

图171-3 构建参考线

03 新建“图层1”，在工具箱中选取矩形工具，依照参考线创建4个矩形，如图171-4所示。

图171-4 创建矩形

04 在工具箱中选取路径选择工具或按【A】键，选择左上角矩形，设置前景色为浅绿色（RGB值分别为167、210、79），在“路径”面板底部单击“用前景色填充路径”按钮，填充路径为浅绿色；用同样的方法填充其他路径，其中右上角矩形的填充颜色为橙红色（RGB值分别为243、80、50）；左下角矩形的填充颜色为橘黄色（RGB值分别为255、170、46）；右下角矩形的填充颜色为天蓝色（RGB值分别为38、153、198），效果如图171-5所示。

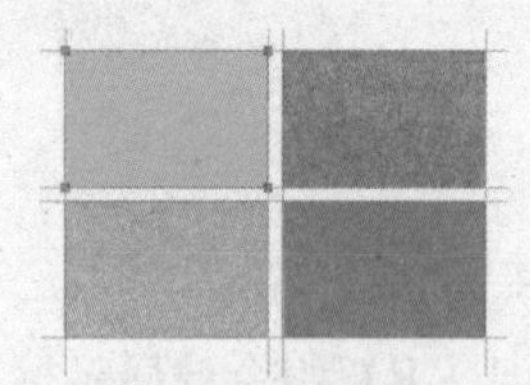

图171-5 填充路径

05 切换至“图层”面板，选择“图层1”，按【Ctrl + Enter】组合键将路径转换为选区，按【Ctrl + D】组合键取消选区。按【Ctrl + T】组合键，调出变换控制框，在该变换控制框中单击鼠标右键，在弹出的快捷菜单中选择“变形”选项，并在工具属性栏中设置“变形”方式为“旗帜”，设置“弯曲”为22%，变形效果如图171-6所示。

06 在变换控制框中单击鼠标右键，在弹出的快捷菜单中选择“水平翻转”选项，效果如图171-7所示。

07 在变换控制框中单击鼠标右键，在弹出的快捷菜单中选择“透视”选项，然后通过移动控制线的中心，即可实现斜切效果，如图171-8所示。

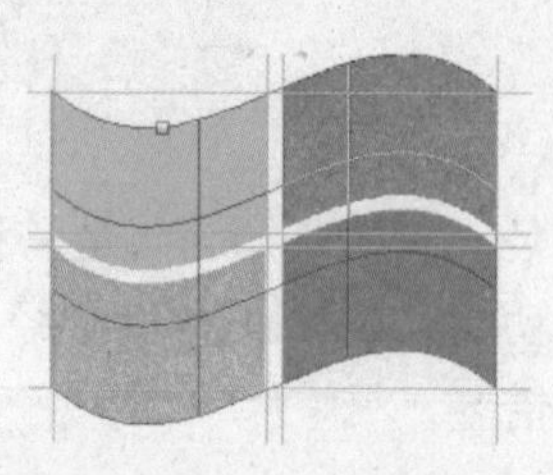

图171-6 旗帜变形

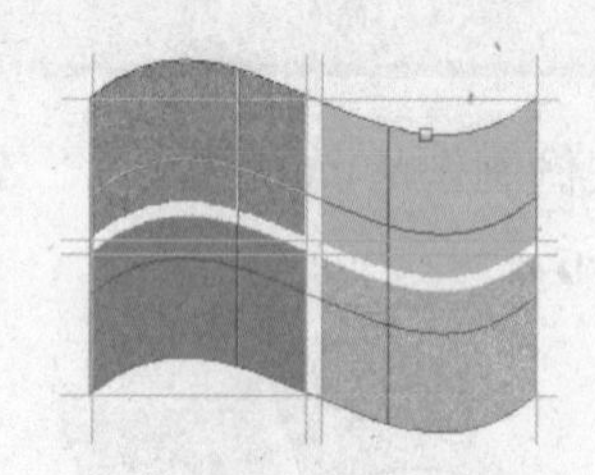

图171-7 水平翻转

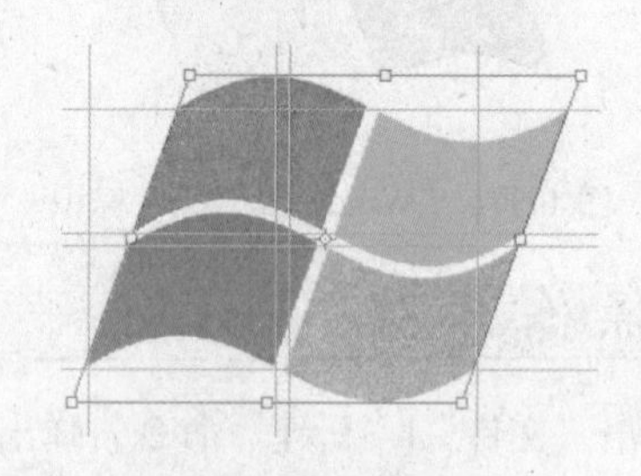

图171-8 透视变形

08 按【Enter】键确认变换，然后为图层添加“斜面和浮雕”图层样式，适当调整图像的位置，效果如图171-1所示。

实例172 摩托罗拉

本实例制作摩托罗拉标识，效果如图172-1所示。

图172-1 “摩托罗拉”标识

操作步骤

01 单击“文件”|“新建”命令，新建一个名称为“实例172”的RGB模式的图像文件。在工具箱中选取椭圆选框工具，按住【Shift】键的同时，在图像编辑窗口中按住鼠标左键并拖动鼠标，创建正圆形选区，如图172-2所示。

02 新建图层，设置前景色为深蓝色（RGB值分别为43、92、170），单击“编辑”|

"描边"命令，弹出"描边"对话框，在该对话框的"描边"选项区中设置"宽度"为4px，在"位置"选项区中选中"居外"单选按钮，单击"确定"按钮。按【Ctrl + D】组合键取消选区，效果如图172-3所示。

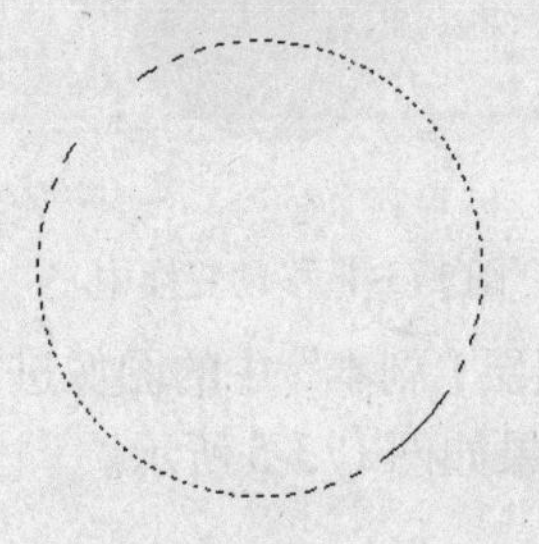

图172-2 创建正圆形选区

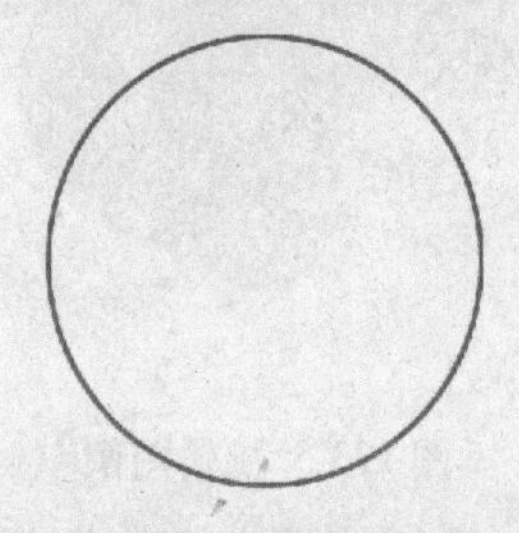

图172-3 描边后的效果

03 新建图层，选取工具箱中的钢笔工具，在图像编辑窗口中创建一个闭合路径，如图172-4所示。

图172-4 创建闭合路径

04 选取工具箱中的转换点工具，在图像编辑窗口中，按住【Alt】键并调整右下角控制点的位置，如图172-5所示。

05 按【Ctrl + Enter】组合键，将路径转换为选区，并使用前景色填充选区，然后按【Ctrl + D】组合键取消选区，效果如图172-6所示。

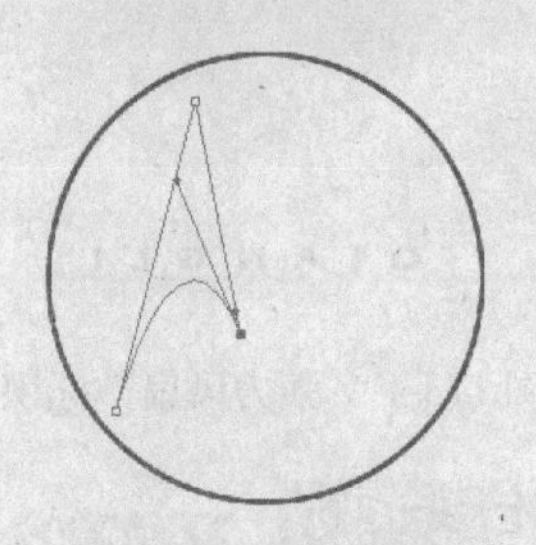

图172-5 调整控制点

图172-6 填充选区

06 按【Ctrl + J】组合键，复制图层2。单击"编辑"|"变换"|"水平翻转"命令，将副本中的图像水平翻转，然后在工具箱中选取移动工具，在图像编辑窗口中将各对象移动至合适位置，效果如图172-7所示。

图172-7 移动图像

07 在工具箱中选取橡皮擦工具，在图像编辑窗口中擦除图像交叉位置的多余部分，并添加相应的文字，效果如图172-1所示。

实例173 强力风扇

本实例制作强力风扇标识，效果如图173-1所示。

图 173-1 “强力风扇”标识

操作步骤

01 单击“文件”|“新建”命令，新建一个名称为“实例173”的RGB模式的图像文件。选取工具箱中的椭圆选框工具，在图像编辑窗口中按住【Shift】键的同时拖曳鼠标，创建正圆形选区，如图173-2所示。

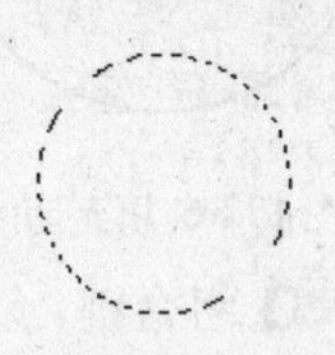

图 173-2 创建正圆形选区

02 新建图层，设置前景色为深蓝色（RGB值分别为68、138、187），选取工具箱中的画笔工具，并进行适当的调整，然后在正圆形选区中进行涂抹，效果如图173-3所示。

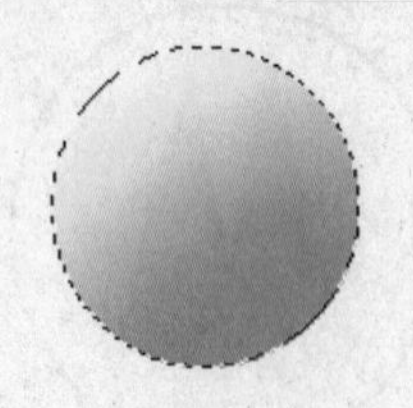

图 173-3 涂抹选区

03 按【Ctrl + D】组合键，取消选区，并设置该图层的“不透明度”为80%，按【Ctrl+J】组合键，复制图层1，按【Ctrl+T】组合键，调出变换控制框，在图像编辑窗口中将变换中心移动至合适位置，如图173-4所示。

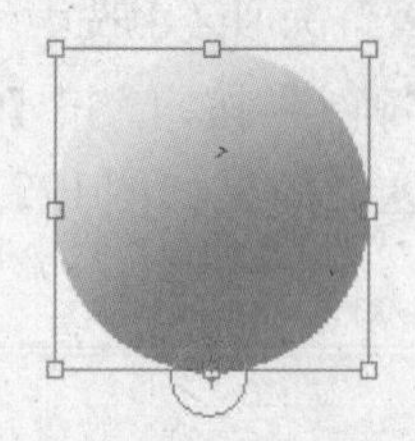

图 173-4 移动变换中心

04 将“图层1 副本”中的图像进行适当的旋转，效果如图173-5所示。

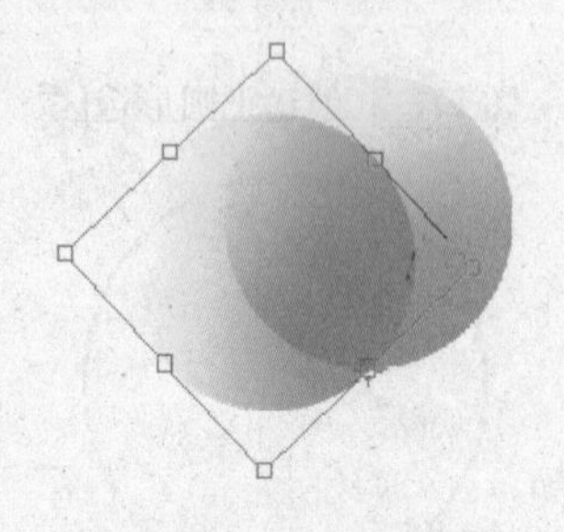

图 173-5 旋转图像

05 按【Enter】键确认变换，连续按【Ctrl + Shift + Alt + T】组合键6次，进行多次复制与变换，效果如图173-6所示。

图 173-6 多次变换

06 按住【Shift】键，选择除“背景”图层以外的所有图层，按【Ctrl + T】组合键，适当调整其大小，并将其移动至合适位置。选取横排文字工具，在图像编辑窗口中输入相应的字母，效果如图173-1所示。

实例174 双龙画室

本实例制作双龙画室标识，效果如图174-1所示。

图 174-1 “双龙画室”标识

操作步骤

01 单击“文件”|“新建”命令，新建一个名称为“实例 174”的 RGB 模式的图像文件。选取工具箱中的矩形选框工具，在图像编辑窗口中按住【Shift】键，创建正方形选区，如图 174-2 所示。

图 174-2 创建正方形选区

02 按住【Alt】键的同时，继续创建选区，得到相减以后的选区，效果如图 174-3 所示。

03 新建图层，设置前景色为深蓝色（RGB 值分别为 3、66、115），按【Alt + Delete】组合键在创建的选区中填充前景色，并按【Ctrl + D】组合键取消选区，效果如图 174-4 所示。

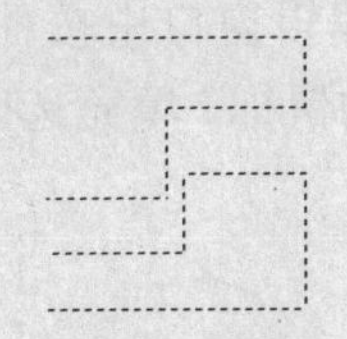

图 174-3 相减选区

图 174-4 填充选区

04 单击“滤镜”|“素描”|“绘图笔”命令，弹出“绘图笔”对话框，设置“描边长度”为 3，单击“确定”按钮，效果如图 174-5 所示。

图 174-5 “绘图笔”效果

05 在图像编辑窗口中添加相应文字，效果如图 174-1 所示。

实例 175 飞龙服饰

本实例制作飞龙服饰标识，效果如图 175-1 所示。

图 175-1 “飞龙服饰”标识

操作步骤

01 单击“文件”|“新建”命令，新建一个名称为“实例175”的RGB模式的图像文件，设置其“分辨率”为 300 像素/英寸。在工具箱中选取椭圆形选框工具，在图像编辑窗口中创建椭圆选区，如图 175-2 所示。

02 新建图层，选取工具箱中的渐变工具，单击属性栏中的“点按可编辑渐变”按钮，在弹出的“渐变编辑器”窗口中设置第1个色标的颜色为褐色（RGB值分别为152、8、8）、第2个色标的颜色为白色，然后在图像编辑窗口中按住鼠标左键并从上至下拖动鼠标，填充选区，效果如图175-3所示。

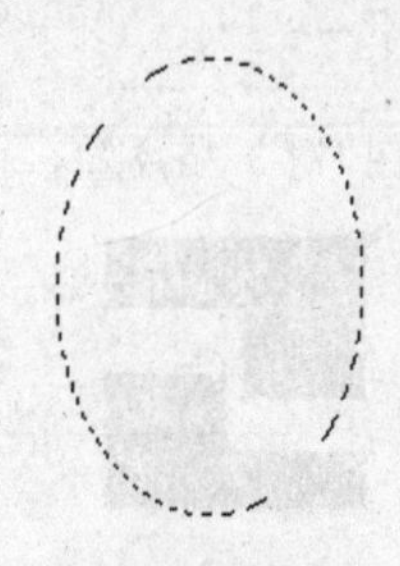

图 175-2 创建椭圆形选区

图 175-3 渐变填充选区

03 按【Ctrl + D】组合键，取消选区。单击"文件"|"打开"命令，打开一幅素材图像，选取工具箱中的移动工具，将打开的素材图像移动至图像编辑窗口中，按【Ctrl + T】组合键，调出变换控制框，调整图像的大小，按【Enter】键确认变换。将图像移动到合适位置，并设置图层"混合模式"为"颜色加深"，效果如图175-4所示。

图 175-4 添加素材图像

04 在工具箱中选取横排文字工具，在图像编辑窗口中分别输入文字"飞"和"龙"，并设置文本"颜色"为白色、"字体"为"方正硬笔行书"，然后调整文本的字号大小，效果如图175-5所示。

图 175-5 输入文本后的效果

05 在图像编辑窗口中输入其他文本，效果如图175-1所示。

实例 176 卓青竹艺

本实例制作卓青竹艺标识，效果如图176-1所示。

操作步骤

01 单击"文件"|"新建"命令，新建一个名称为"实例176"的RGB模式的图像文件，并设置其"分辨率"为300像素/英寸。在工具箱中选取矩形选框工具，按住【Shift】键，在图像编辑窗口中创建正方形选区，如图176-2所示。

02 新建图层，在该对话框中设置前景色为草绿色（RGB值分别为27、124、27），按【Alt + Delete】组合键填充选区，效果如图176-3所示。

03 按【Ctrl + D】组合键，取消选区；按【Ctrl + T】组合键，调出变换控制框，在属性栏中设置“旋转”角度为45度，旋转图像并按【Enter】键确认变换，效果如图176-4所示。

04 选取工具箱中的矩形工具，在图像编辑窗口中创建矩形路径，如图176-5所示。

图176-1 “卓青竹艺”标识

图176-2 创建正方形选区

图176-3 填充选区

图176-4 旋转图像

图176-5 创建矩形路径

05 按【Ctrl + Enter】组合键，将路径转换为选区，按【Delete】键删除选区中的图像，并按【Ctrl + D】组合键取消选区，效果如图176-6所示。

图176-6 删除图像

06 使用文字工具输入文本，效果如图176-1所示。

实例177 蝴蝶山庄

本实例制作蝴蝶山庄标识，效果如图177-1所示。

操作步骤

01 单击“文件”|“新建”命令，新建一个名称为“实例177”的RGB模式的图像文件。选取工具箱中的圆角矩形工具，在属性栏中设置“半径”为10px，按住【Shift】键，在图像编辑窗口中创建圆角正方形路径，效果如图177-2所示。

02 按【Ctrl + Enter】组合键，将路径转换为选区。新建图层，设置前景色为深绿色

(RGB值分别为24、128、124),按【Alt+Delete】组合键填充选区;按【Ctrl + D】组合键取消选区,效果如图177-3所示。

图 177-1 "蝴蝶山庄"标识

图 177-2 创建圆角正方形路径

图 177-3 填充选区

03按【Ctrl + T】组合键调出变换控制框,在属性栏中设置"旋转"角度为45度,旋转图像并按【Enter】键确认变换,效果如图177-4所示。

04选取工具箱中的自定形状工具,在属性栏中单击"形状"选项右侧的下拉按钮,在弹出的面板中选择"蝴蝶"图形,按住【Shift】键,在图像编辑窗口中的合适位置创建蝴蝶路径,效果如图177-5所示。

图 177-4 旋转变换图像

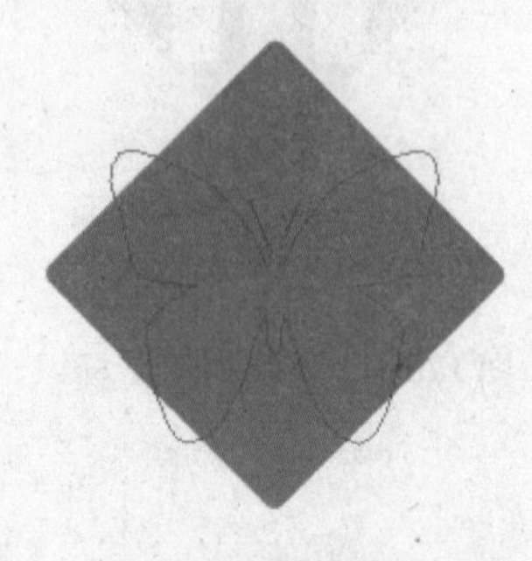

图 177-5 创建蝴蝶路径

05按【Ctrl + Enter】组合键,将路径转换为选区;按【Delete】键删除选区中的图形,按【Ctrl + D】组合键取消选区,效果如图177-6所示。

图 177-6 删除选区图形

06使用文字工具输入相应的文本,效果如图177-1所示。

实例 178 蓝羽集团

本实例制作蓝羽集团标识,效果如图178-1所示。

图 178-1 “蓝羽集团”标识

操作步骤

01 单击“文件”|“新建”命令，新建一个名称为“实例178”的RGB模式的图像文件。在工具箱中选取椭圆选框工具，然后在图像编辑窗口中创建椭圆形选区，效果如图178-2所示。

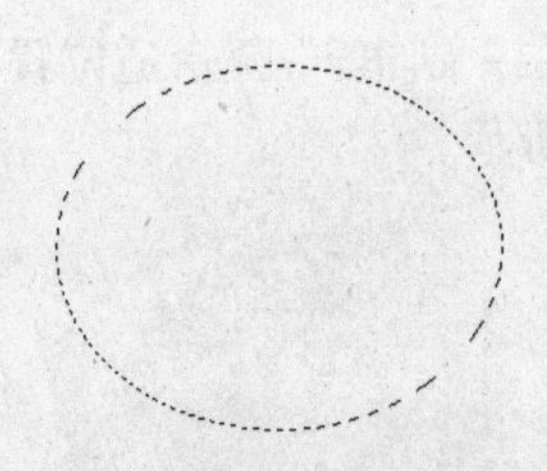

图 178-2 绘制椭圆形选区

02 按住【Alt】键的同时再次创建一个椭圆形选区，得到相减以后的选区，效果如图178-3所示。

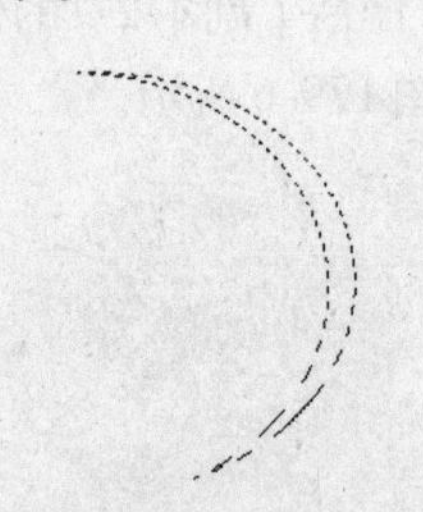

图 178-3 相减选区

03 新建图层，设置前景色为天蓝色（RGB值分别为2、122、222），按【Alt + Delete】组合键填充选区，按【Ctrl + D】组合键取消选区，效果如图178-4所示。

图 178-4 填充前景色

04 按【Ctrl + J】组合键，复制图形所在的图层，按【Ctrl + T】组合键，调出变换控制框，在属性栏中设置水平缩放比例为90%，设置垂直缩放比例为90%，并适当旋转图像，然后移动变换中心的位置，如图178-5所示。

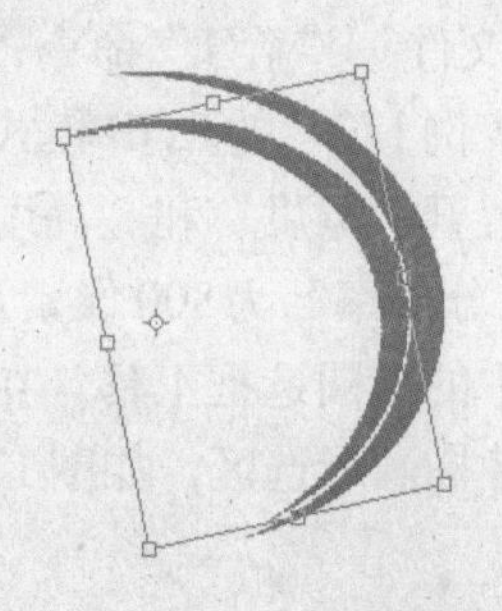

图 178-5 变换图像

05 按【Enter】键确认变换操作，连续按9次【Ctrl + Alt + Shift + T】组合键，进行9次复制和变换操作，效果如图178-6所示。

图 178-6 复制和变换后的效果

06 按住【Shift】键，选择除“背景”图层以外的所有图层，将图像移动至合适位置，并在图像编辑窗口中输入文本，效果如图178-1所示。

实例179 苹果酒店

本实例制作苹果酒店标识，效果如图179-1所示。

图179-1 “苹果酒店”标识

操作步骤

01 单击“文件”|“新建”命令，新建一个名称为“实例179”的RGB模式的图像文件，并设置其“宽度”和“高度”值均为10厘米、“分辨率”为300像素/英寸。选取工具箱中的椭圆选框工具，在图像编辑窗口中创建椭圆形选区，如图179-2所示。

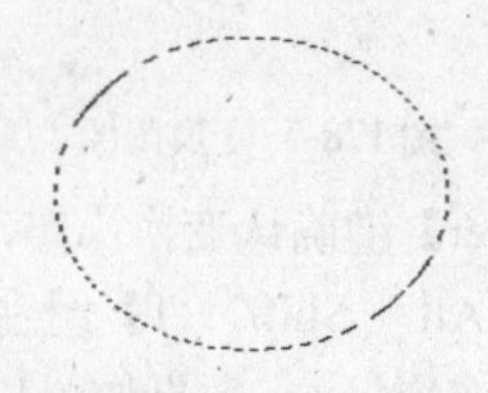

图179-2 创建椭圆形选区

02 新建图层，设置前景色为粉红色（RGB值分别为220、152、216），按【Alt＋Delete】组合键为选区填充前景色，效果如图179-3所示。

图179-3 填充前景色

03 按【Ctrl+D】组合键取消选区，按【Ctrl＋J】组合键复制椭圆所在图层，在工具箱中选取移动工具，将“图层1副本”移动至合适位置。按住【Ctrl】键，然后单击“图层1副本”的缩略图，载入“图层1副本”选区，设置前景色为白色，按【Alt＋Delete】组合键填充前景色，按【Ctrl＋D】组合键取消选区，效果如图179-4所示。

图179-4 填充白色

04 用同样的方法，复制“图层1副本”，设置前景色为灰色（RGB值分别为208、207、208），并使用前景色填充“图层1副本2”。移动“图层1副本2”至合适位置，效果如图179-5所示。

图179-5 复制并移动图层

05 在“图层”面板中对“图层1”、“图层1副本”和“图层1副本2”的位置进行调换，效果如图179-6所示。

图179-6 调整图层位置

06 使用文字工具在图形中央输入A，并设置其“字体”为Palace Script MT、“颜色”为白色、“大小”为128点，在图形下面输入酒店的中英文名称，效果如图179-1所示。

实例180 一箭音乐

本实例制作一箭音乐工作室标识，效果如图 180-1 所示。

图 180-1 “一箭音乐”标识

操作步骤

01 单击“文件”|“新建”命令，新建一个名称为“实例 180”的RGB模式的图像文件。在工具箱中选取自定形状工具，在属性栏中单击“形状”选项右侧的下拉按钮，并在弹出的面板中选择“八分音符”图形，按住【Shift】键的同时，在图像编辑窗口中创建所选图形路径，效果如图 180-2 所示。

图 180-2 创建路径

02 按【Ctrl + Enter】组合键，将路径转换为选区。新建图层，设置前景色为深红色(RGB值分别为152、1、1)，按【Alt + Delete】组合键填充前景色，按【Ctrl + D】组合键取消选区，效果如图 180-3 所示。

03 按【Ctrl+J】组合键复制图层，按【Ctrl + T】组合键，调出变换控制框，在图像上单击鼠标右键，在弹出的快捷菜单中选择“垂直翻转”选项，按【Enter】键确认变换，然后选取工具箱中的移动工具，调整两个图像的位置，效果如图 180-4 所示。

图 180-3 填充前景色

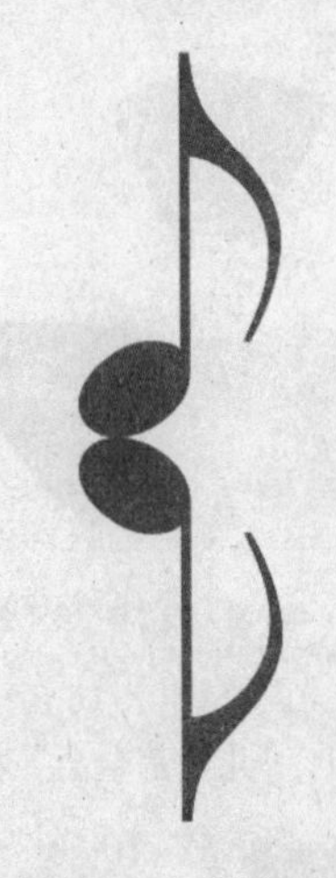

图 180-4 复制变换图像

04 参照步骤（1）~（2）的操作，选取自定形状工具，创建“箭头”图形。新建图层，将路径转换为选区并填充同样的颜色，效果如图 180-5 所示。

05 同时选择“图层 1”、“图层 1 副本”和“图层 2”，按【Ctrl + T】组合键，调出变换控制框，在属性栏中设置“旋转”角度为-135 度，旋转图像并按【Enter】键确认，效果如图 180-6 所示。

06 为图像添加“投影”图层样式，并调整图像的大小，然后输入相应的文本，效果如图 180-1 所示。

图 180-5 创建箭状图形

图 180-6 旋转变换图像

实例181 儿童基金会

本实例制作儿童基金会标识，效果如图 181-1 所示。

图 181-1 “儿童基金会”标识

操作步骤

01 单击“文件”|“新建”命令，新建一个名称为“实例 181”的RGB模式的图像文件。在工具箱中选取自定形状工具，在属性栏中单击“形状”选项右侧的下拉按钮，在弹出的面板中选择所需的形状，按住【Shift】键的同时，在图像编辑窗口中创建图形路径，如图 181-2 所示。

02 按【Ctrl + Enter】组合键，将路径转换为选区，并新建图层。选取工具箱中的画笔工具，将各选区绘制为不同的颜色，并设置上方选区中的颜色为绿色（RGB 值分别为2、201、67）、左下方选区中的颜色为黄色（RGB 值分别为242、245、0）、右下方选区中的颜色为湖蓝色（RGB 值分别为3、98、255），按【Ctrl + D】组合键取消选区，效果如图 181-3 所示。

图 181-2 创建路径

图 181-3 绘制颜色

03 选取工具箱中的矩形选框工具，在图像的正中央创建正方形选区。新建图层，设置前景色为红色（RGB 值分别为 237、0、0），使用前景色填充选区并输入文本，效果如图 181-1 所示。

实例182 艺术中心

本实例制作三元色艺术中心标识，效果如图182-1所示。

图182-1 “三元色”艺术中心标识

操作步骤

01 单击“文件”|“新建”命令，新建一个名称为“实例182”的RGB模式的图像文件。选取工具箱中的矩形选框工具，在图像编辑窗口中按住【Shift】键创建正方形选区。新建图层，设置前景色为红色（RGB值分别为255、0、0），按住【Alt+Delete】组合键，在选区中填充前景色，按【Ctrl+D】组合键取消选区，效果如图182-2所示。

图182-2 创建正方形

02 单击“滤镜”|“液化”命令，弹出“液化”对话框，使用向前变形工具在图像边缘进行涂抹，以产生不规则边缘，单击“确定”按钮，效果如图182-3所示。

图182-3 液化后的效果

03 连续按两次【Ctrl + J】组合键，复制两个图层，并适当调整各图像的大小；分别为两图像填充黄色（RGB参考值分别为255、255、0）和蓝色（RGB参考值分别为0、0、255），效果如图182-4所示。

图182-4 复制图层

04 在红色图像与黄色图像的相交区域填充橙色（RGB值分别为255、125、0），在蓝色与黄色图像相交区域填充绿色（RGB值分别为0、255、0），然后在图像编辑窗口中输入相应的文字，效果如图182-1所示。

实例183 路路通物流

本实例制作路路通物流标识，效果如图183-1所示。

操作步骤

01 单击“文件”|“新建”命令，新建一个名称为“实例183”的RGB模式的图像文件。新建图层，在工具箱中选取矩形选框工具，在图像编辑窗口中创建矩形选区；设置前景色为深红色（RGB值分别为183、30、10），按【Alt+Delete】组合键填充选区，按【Ctrl+D】组合键取消选区，效果如图183-2所示。

02 选取工具箱中的钢笔工具，在图像编辑窗口中创建所需路径，如图183-3所示。

图 183-1 “路路通物流”标识

图 183-2 填充矩形选区

图 183-3 创建路径

03 新建图层，设置前景色为白色，选择9号圆形画笔，在“路径”面板中按住【Alt】键的同时，单击“用画笔描边路径”按钮，弹出“描边路径”对话框，选中“模拟压力”复选框，单击“确定”按钮，效果如图 183-4 所示。

图 183-4 画笔描边

04 在按住【Ctrl】键的同时，单击“图层2”的缩略图；然后按住【Ctrl + Alt】组合键，单击“图层1”的缩略图，得到“图层2”和“图层1”相减后的选区，在该选区中填充红色（RGB值分别为183、30、10），按【Delete】键清除路径，效果如图 183-5 所示。

图 183-5 填充选区

05 选取文字工具，在图像编辑窗口中输入相应的文本，效果如图 183-1 所示。

实例 184 保护动物

本实例制作野生动物保护协会标识，效果如图 184-1 所示。

操作步骤

01 单击“文件”|“新建”命令，新建一个名称为“实例 184”的RGB模式的图像文件。选取工具箱中的自定形状工具，在属性栏中单击“形状”选项右侧的下拉按钮，并在弹出的面板中选择“熊掌”形状，按住【Shift】键的同时，创建所选图形形状路径，效果如图 184-2 所示。

02 新建图层，按【Ctrl + Enter】组合键将路径转换为选区；设置前景色为绿色（RGB值分别为0、172、49），按【Alt + Delete】组合键为选区填充前景色，按【Ctrl+D】组合键取消选区，效果如图 184-3 所示。

03 在工具箱中选取橡皮擦工具，擦除多余部分图像，并创建新路径，效果如图 184-4

所示。

图 184-1 “野生动物保护协会”标识

图 184-2 创建路径

图 184-3 填充选区

图 184-4 创建新路径

04 新建图层，按【Ctrl + Enter】组合键将路径转换为选区；设置前景色为红色(RGB值分别为255、0、0)，按【Alt + Delete】组合键为选区填充前景色，按【Ctrl + D】组合键取消选区，效果如图 184-5 所示。

图 184-5 填充选区

05 使用文字工具输入相应的文本，并适当调整各图像的大小和位置，效果如图 184-1 所示。

实例 185 皇冠酒店

本实例制作皇冠酒店标识，效果如图 185-1 所示。

图 185-1 皇冠酒店标识

操作步骤

01 单击“文件”|“新建”命令，新建一个名称为“实例185”的RGB模式的图像文件。选取工具箱中的横排文字工具，在图像编辑窗口中输入H，并设置其“大小”为150点、“字体”为“方正粗倩简体”；设置“颜色”为深红色（RGB值分别为169、19、4），单击✔按钮确认，效果如图 185-2 所示。

图 185-2 输入 H 文本

02 新建图层，选取工具箱中的自定形状工具，在属性栏中单击“形状”选项右侧的下拉按钮，在弹出的面板中选择“皇冠”图形，并在图像编辑窗口中创建图形路径，效果如图185-3所示。

图185-3 创建“王冠”图形

03 按【Ctrl + Enter】组合键，将路径转换为选区，并设置前景色为金黄色（RGB值分别为234、193、2）。新建图层，按【Alt+Delete】组合键填充前景色，并按【Ctrl + D】组合键取消选区，效果如图185-4所示。

图185-4 填充前景色

04 选取文字工具并输入相应的文本，效果如图185-1所示。

实例186 枫林湖畔

本实例制作枫林湖畔房产标识，效果如图186-1所示。

图186-1 “枫林湖畔”标识

操作步骤

01 单击“文件”|“新建”命令，新建一个名称为“实例186”的RGB模式的图像文件，并设置其“分辨率”为300像素/英寸。在工具箱中选取横排文字工具，在图像编辑窗口中输入“枫林湖畔”文本，并设置“字体颜色”为黑色、“字体”为“方正粗倩简体”、“大小”为50点、“字形”为“倾斜”，并在属性栏中设置“消除锯齿”为“锐利”，效果如图186-2所示。

02 单击“图层”|“栅格化”|“文字”命令，将文字图层栅格化。选取工具箱中的橡皮擦工具，擦除“枫”字中的部分图像，效果如图186-3所示。

图186-2 创建文本

图186-3 擦除部分图像

03 选取工具箱中的自定形状工具，在属性栏中单击“形状”选项右侧的下拉按钮，并在弹出的面板中选择“枫叶”图形；按住【Shift】键的同时，创建枫叶路径，按【Ctrl + Enter】组合键将路径转换为选区，设置前景色为深红色（RGB值分别为186、72、3）；新建图层，按【Alt + Delete】组合键填充前景色，按【Ctrl + D】组合键取消选区，效果如图186-4所示。

04 按【Ctrl + T】组合键，调出变换控制框，在属性栏中设置“旋转”角度为-135度，设置前景色为白色。单击“编辑”|“描

边”命令，弹出“描边”对话框，在“描边”选项区中设置“宽度”为2px、“颜色”为白色，在“位置”选项区中选中“居外”单选按钮，单击“确定”按钮，效果如图186-5所示。

05 在图像编辑窗口中输入其他文本，效果如图186-1所示。

实例187 第三制药厂

本实例制作第三制药厂标识，效果如图187-1所示。

图187-1 “第三制药厂”标识

操作步骤

01 单击“文件”|“新建”命令，新建一个名称为“实例187”的RGB模式的图像文件。在工具箱中选取矩形选框工具，按住【Shift】键，在图像编辑窗口中创建正方形选区；设置前景色为湖蓝色（RGB值分别为18、67、205），新建图层，按【Alt＋Delete】组合键为选区填充前景色，并按【Ctrl＋D】组合键取消选区，效果如图187-2所示。

02 选取工具箱中的椭圆选框工具，按住【Shift】键，分别创建3个正圆形选区，按【Delete】键删除选区中的图像，效果如图187-3所示。

枫林湖畔

图186-4 绘制枫叶图像

枫林湖畔

图186-5 描边图像

图187-2 绘制正方形

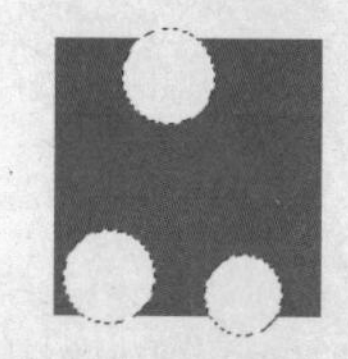

图187-3 删除图像

03 在工具箱中再次选取椭圆选框工具，将选区移动至图像右上角位置，按【Alt＋Delete】组合键填充选区，按【Ctrl＋D】组合键取消选区，效果如图187-4所示。

图187-4 填充选区

04 在图像编辑窗口中使用文字工具输入相应的文本，效果如图187-1所示。

实例188 新时代航空

本实例制作新时代航空标识，效果如图188-1所示。

图 188-1 “新时代航空”标识

操作步骤

01 单击“文件”|“新建”命令，新建一个名称为“实例 188”的 RGB 模式的图像文件。在工具箱中选取钢笔工具，在图像编辑窗口中创建所需路径，如图 188-2 所示。

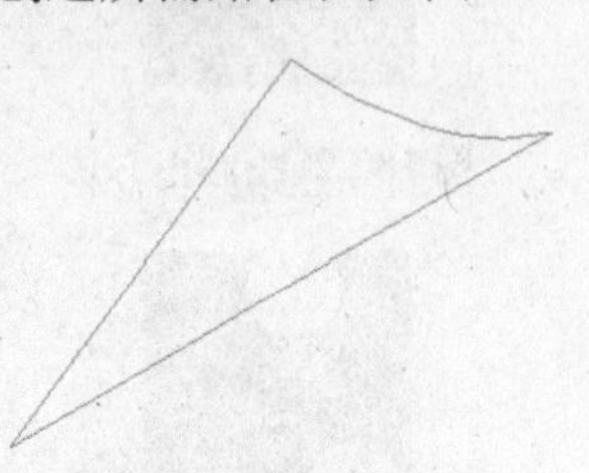

图 188-2 创建路径

02 按【Ctrl + Enter】组合键，将路径转换为选区，设置前景色为草绿色（RGB 值分别为3、140、0）；新建图层，按【Alt+Delete】组合键为选区填充前景色，按【Ctrl + D】组合键取消选区，效果如图 188-3 所示。

03 按【Ctrl + J】组合键复制图层，按【Ctrl+T】组合键调出变换控制框，在属性栏中设置“旋转”角度为 180 度，旋转图像并按【Enter】键确认变换，使用移动工具调整其位置，再效果如图 188-4 所示。

图 188-3 填充前景色

图 188-4 复制图层

04 按住【Ctrl】键的同时，单击“图层 1 副本”缩略图，载入“图层 1 副本”的选区，设置前景色为紫色（RGB 值分别为 85、1、157），按【Alt + Delete】组合键为选区填充前景色，按【Ctrl + D】组合键取消选区，效果如图 188-5 所示。

图 188-5 填充前景色

05 在图像编辑窗口中选取文字工具，输入英文字符，效果如图 188-1 所示。

实例 189 第 27 届校运会

本实例制作第 27 届校运会标识，效果如图 189-1 所示。

操作步骤

01 单击“文件”|“新建”命令，新建一个名称为“实例 189”的 RGB 模式的图像文件。在工具箱中选取矩形选框工具，在图像编辑窗口中创建矩形选区，设置前景色为黑色，然后新建图层，按【Alt + Delete】组合键填充前景色，按【Ctrl + D】组合键取消选区，效果如图 189-2 所示。

02 选取工具箱中的钢笔工具，在图像编辑窗口中创建路径；设置画笔为 9 号圆头画笔，设置前景色为浅蓝色（RGB 值分别为

173、193、249)，新建图层，在“路径”面板底部单击“用画笔描边路径”按钮，效果如图189-3所示。

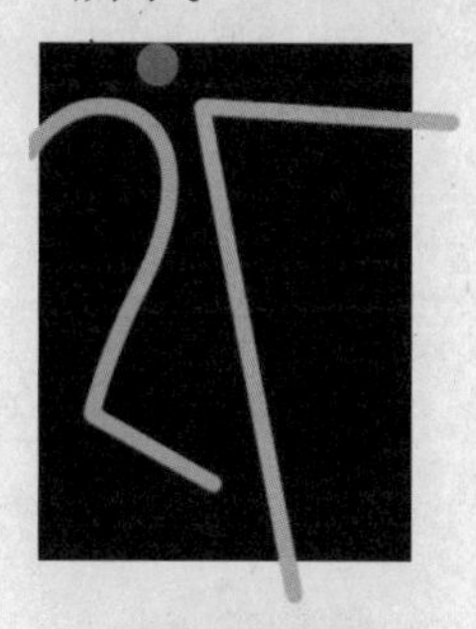

图189-1 “第27届校运会”标识

图189-2 填充前景色

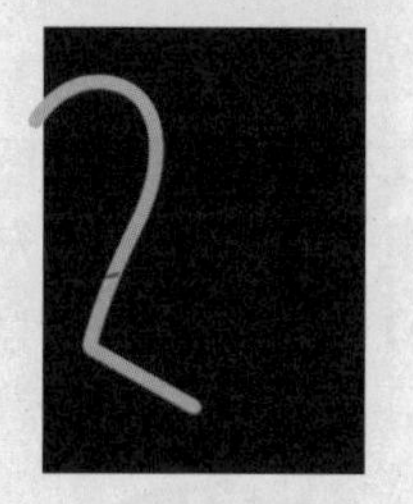

图189-3 描边路径

03 参照步骤(2)，用同样的方法，设置前景色为土黄色（RGB值分别为239、255、0），创建新路径并描边，效果如图189-4所示。

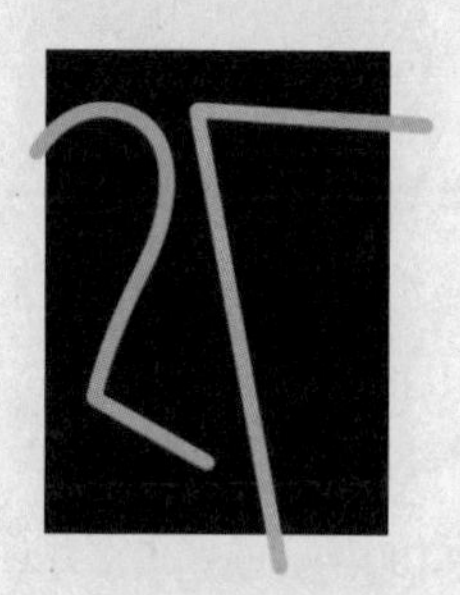

图189-4 创建并描边路径

04 在图像编辑窗口中创建一个正圆形选区，新建图层并设置前景色为粉红色(RGB值分别为235、52、164)，在选区中填充前景色，效果如图189-5所示。

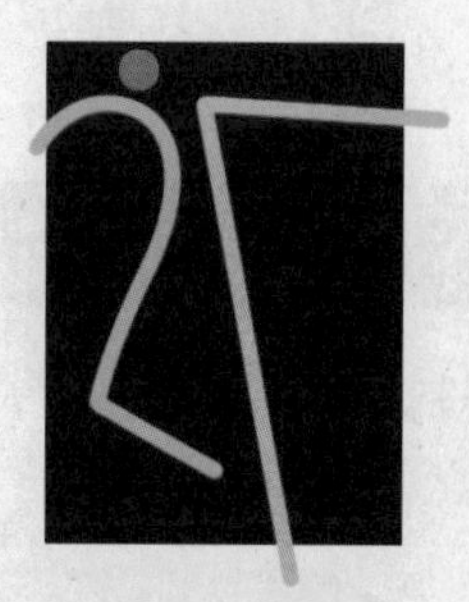

图189-5 创建正圆形选区

05 选取文字工具并输入相应的文本，效果如图189-1所示。

实例190 欧轮重工

本实例制作欧轮重工标识，效果如图190-1所示。

操作步骤

01 单击“文件”|“新建”命令，新建一个名称为“实例190”的RGB模式的图像文件。在工具箱中选取椭圆选框工具，按住【Shift】键，在图像编辑窗口中创建正圆形选区，设置前景色为浅蓝色（RGB值分别为65、151、211)，然后新建图层，按【Alt+Delete】组合键填充前景色，效果如图190-2所示。

02 按【Ctrl + D】组合键取消选区。在工具箱中选取横排文字工具，在图像编辑窗口中输入R，并设置其“字体”为“黑体”、“颜色”为“白色”、“大小”为105点，使用移动工具将该文字移至合适位置，效果如图190-3所示。

图190-1 “欧轮重工”标识

图190-2 填充前景色

图190-3 输入文本

03 选择“图层1”，选取工具箱中的橡皮擦工具，擦除多余部分的图像，效果如图190-4所示。

图190-4 擦除图像

04 选取文字工具并输入相应的文本，效果如图190-1所示。

实例191 方圆集团

本实例制作方圆集团标识，效果如图191-1所示。

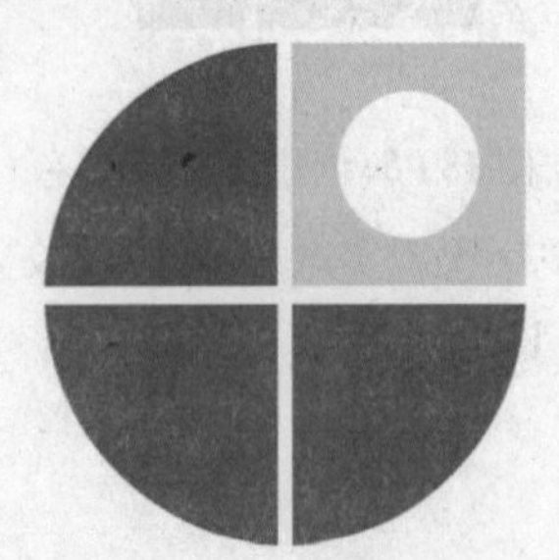

图191-1 “方圆集团”标识

操作步骤

01 单击“文件”|“新建”命令，新建一个名称为“实例191”的RGB模式的图像文件。在工具箱中选取椭圆选框工具，按住【Shift】键，在图像编辑窗口中创建正圆形选区，并设置前景色为紫色（RGB值分别为102、47、120），然后新建图层，按【Alt＋Delete】组合键为选区填充前景色，并按【Ctrl＋D】组合键取消选区，效果如图191-2所示。

图191-2 创建圆形

02 在工具箱中选取矩形选框工具，在图像编辑窗口中创建矩形选区，并按【Delete】键删除选区中的图像，效果如图191-3所示。

03 在工具箱中选取矩形选框工具，按住

【Shift】键，在图像编辑窗口中创建正方形选区，设置前景色为紫灰色（RGB 值分别为210、201、222），然后新建图层，按【Alt + Delete】组合键为选区填充前景色，并按【Ctrl + D】组合键取消选区，效果如图191-4 所示。

04 在工具箱中选取椭圆选框工具，按住【Shift】键拖曳鼠标创建正圆形选区，设置前景色为白色，按【Alt + Delete】组合为选区键填充前景色，并按【Ctrl + D】组合取消选区，效果如图 191-5 所示。

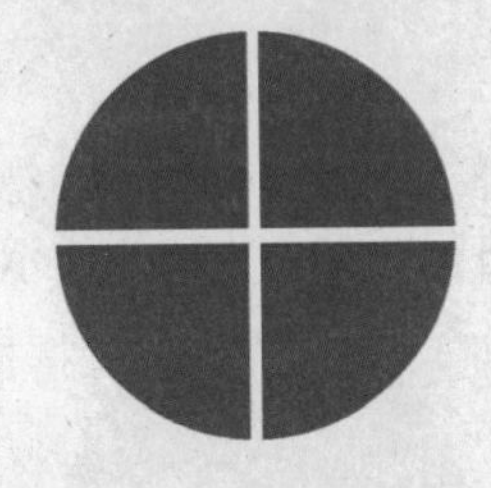

图 191-3 删除多余图像

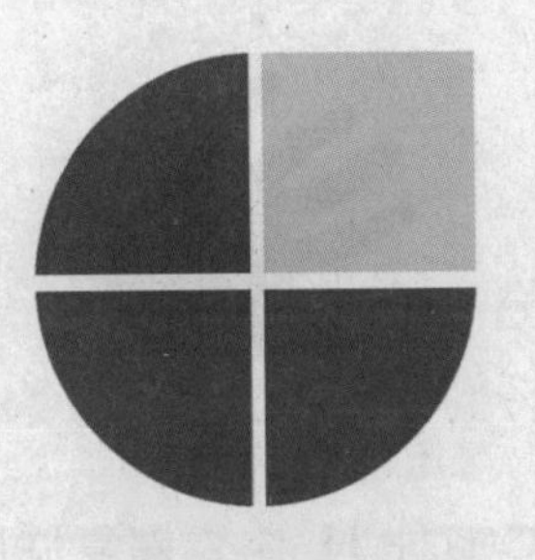

图 191-4 创建正方形

图 191-5 创建圆形

05 选取文字工具并输入相应的文本，效果如图 191-1 所示。

实例 192 国际魔术节

本实例制作国际魔术节标识，效果如图 192-1 所示。

国 际 魔 术 节
GUOJIMOSHUJIE

图 192-1 “国际魔术节”标识

操作步骤

01 单击“文件”|“新建”命令，新建一个名称为“实例 192”的 RGB 模式的图像文件。选取工具箱中的自定形状工具，在属性栏中单击“形状”选项右侧的下拉按钮，在弹出的面板中选择“右手”图形，按住【Shift】键的同时，创建右手路径，效果如图 192-2 所示。

图 192-2 创建路径

02 按【Ctrl + Enter】组合键将路径转换为选区，设置前景色为黑色（RGB 值分别为4、48、19）。新建图层，按【Alt + Delete】组合键为选区填充前景色，按【Ctrl + T】组合键，适当旋转图像，并按【Enter】键确认变换，按【Ctrl + D】组合键取消选区，然后使用移动工具移动图形至合适位置，效果如图 192-3 所示。

图 192-3 填充颜色

03 按【Ctrl + J】组合键复制图层，按【Ctrl+T】组合键，调出变换控制框，在图像上单击鼠标右键，在弹出的快捷菜单中选择“水平翻转”选项，并使用移动工具适当调整图像的位置，按【Enter】键确认变换操作，效果如图 192-4 所示。

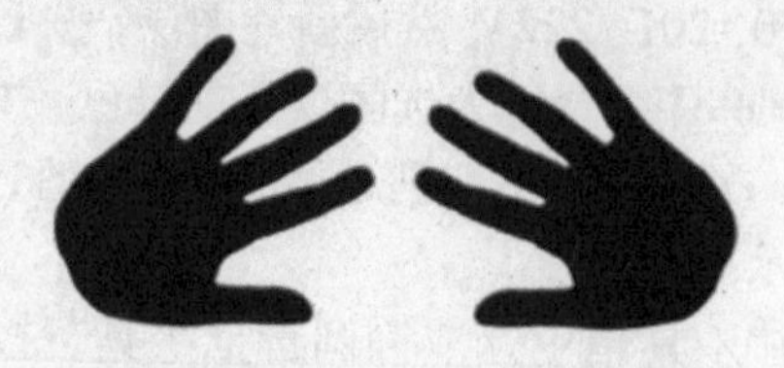

图 192-4 复制图层并翻转图像

04 选取文字工具并输入相应的文本，效果如图 192-1 所示。

实例 193 奥多后视镜

本实例制作奥多后视镜标识，效果如图 193-1 所示。

奥多后视镜
AODUOHOUSHIJING

图 193-1 “奥多后视镜”标识

操作步骤

01 单击“文件”|“新建”命令，新建一个名称为“实例 193”的 RGB 模式的图像文件。在工具箱中选取椭圆选框工具，在图像编辑窗口中按住【Shift】键的同时，按住鼠标左键并拖曳鼠标，创建正圆形选区；设置前景色为灰绿色（RGB 值分别为 139、150、142），然后新建图层，按【Alt+Delete】组合键填充前景色，效果如图 193-2 所示。

02 按【Ctrl + D】组合键取消选区，选择工具箱中的钢笔工具，在图像编辑窗口中创建所需路径，如图 193-3 所示。

图 193-2 填充选区

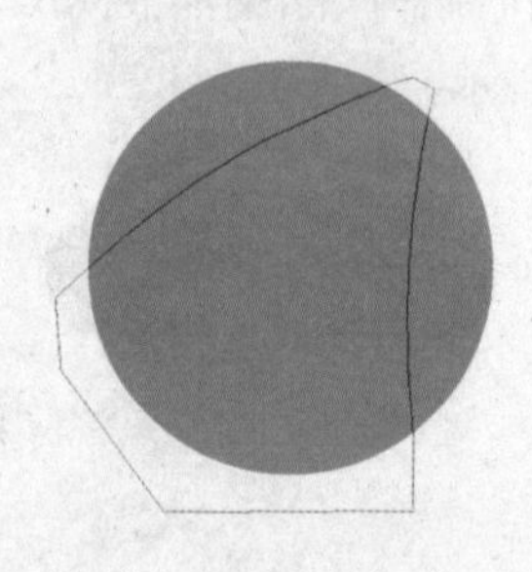

图 193-3 创建闭合路径

03 按【Ctrl + Enter】组合键，将路径转换为选区，设置前景色为黑色，新建图层，按【Alt + Delete】组合键为选区填充前景色，按【Ctrl + D】组合键取消选区，效果如图 193-4 所示。

04 按住【Ctrl】键，同时单击圆形所在图层的缩略图，载入该圆形的选区。选择“图层 2”，单击“选择”|“反向”命令，反选选区，按【Delete】键删除选区内的图像，

效果如图193-5所示。

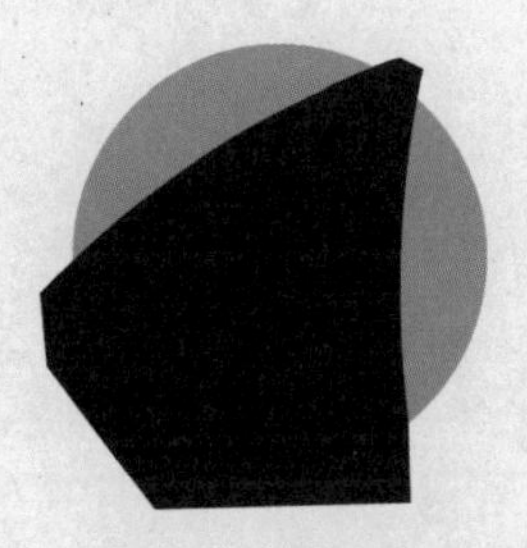

图193-4 填充前景色

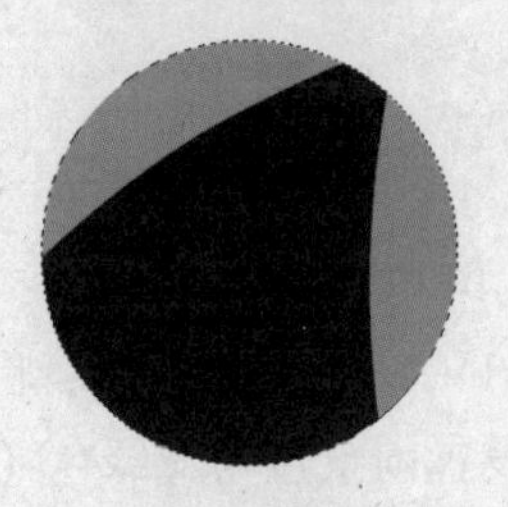

图193-5 删除多余图像

05 按【Ctrl + D】组合键，取消选区。在工具箱中选取钢笔工具，创建路径，并按【Ctrl + Enter】组合键将路径转换为选区。设置前景色为黄色（RGB值分别为245、208、1），新建图层，按【Alt + Delete】组合键填充前景色，按【Ctrl + D】组合键取消选区，效果如图193-6所示。

图193-6 填充选区

06 参照步骤（4），将“图层3”中多余的图像删除，并输入相应的文本，效果如图193-1所示。

实例194 戴尔电脑

本实例制作戴尔电脑标识，效果如图194-1所示。

图194-1 “戴尔电脑”标识

操作步骤

01 单击“文件”|“新建”命令，新建一个名称为“实例194”的RGB模式的图像文件。在工具箱中选取横排文字工具，在图像编辑窗口中依次输入D、E、L、L，并设置“字体”为“汉仪菱心体简”、“大小”为73.38点。设置前景色为蓝色（RGB值分别为8、65、249），并将其设置为文本颜色，效果如图194-2所示。

DELL

图194-2 创建文本

02 选择字母E，按【Ctrl + T】组合键，调出变换控制框，在属性栏中设置“旋转”角度为-45度，旋转图像并按【Enter】键确认变换，效果如图194-1所示。

实例195 自然养生坊

本实例制作自然养生坊标识，效果如图195-1所示。

自然养生坊
ZIRANYANGSHENGFANG

图 195-1 “自然养生坊”标识

操作步骤

01 单击“文件”|“新建”命令，新建一个名称为“实例 195”的RGB模式的图像文件。在工具箱中选取钢笔工具，在图像编辑窗口中创建所需路径，如图195-2所示。

图 195-2 创建闭合路径

02 按【Ctrl + Enter】组合键，将路径转换为选区；设置前景色为草绿色（RGB参数值分别为97、172、101），然后新建图层，按【Alt + Delete】组合键填充前景色，按【Ctrl+D】组合键取消选区，效果如图195-3所示。

图 195-3 填充前景色

03 再次使用钢笔工具，创建闭合路径，如图195-4所示。

图 195-4 创建闭合路径

04 按【Ctrl + Enter】组合键，将路径转换为选区；设置前景色为浅绿色（RGB参考值分别为162、204、164），然后新建图层，按【Alt + Delete】组合键在选区中填充前景色，按【Ctrl + D】组合键取消选区，效果如图195-5所示。

图 195-5 填充前景色

05 使用文字工具输入相应的文本，效果如图195-1所示。

实例 196 双箭影音

本实例制作双箭影音标识，效果如图196-1所示。

操作步骤

01 单击“文件”|“新建”命令，新建一个名称为“实例196”的RGB模式的图像文件。选取工具箱中的自定形状工具，在属性栏中单击“形状”选项右侧的下拉按钮，在弹出的面板中选择“箭头19”图形，然后在图像编辑窗口中按住【Shift】键的同时，按住鼠标左键并拖曳鼠标，创建路径，按【Ctrl + Enter】组合键将路径转换为选区；设置前景色为黑色，新建图层，按【Alt + Delete】组合键填充前景色，并

按【Ctrl + D】组合键取消选区，效果如图196-2所示。

图196-1 “双箭影音”标识

图196-2 创建图形

02 按【Ctrl + J】组合键，复制箭头所在的图层，按【Ctrl + T】组合键，调出变换控制框，在属性栏中设置“旋转”角度为180度，按【Enter】键确认变换，并使用移动工具调整副本图像的位置，效果如图196-3所示。

03 在工具箱中选取椭圆选框工具，在图像编辑窗口中按住【Shift】键的同时，按住鼠标左键并拖曳鼠标创建正圆形选区，设置前景色为白色，新建图层，按【Alt + Delete】组合键选区其填充前景色，并按【Ctrl + D】组合键取消选区，效果如图196-4所示。

图196-3 复制图层

图196-4 创建圆形

04 再次选取工具箱中的椭圆选框工具，按住【Shift】键，在图像编辑窗口中创建正圆形选区，设置前景色为灰色（RGB值分别为172、173、177），新建图层，按【Alt + Delete】组合键填充前景色，并按【Ctrl + D】组合键取消选区，效果如图196-5所示。

图196-5 创建圆形

05 使用文字工具输入相应的文本，效果如图196-1所示。

实例197 楚汉出版社

本实例制作楚汉出版社标识，效果如图197-1所示。

操作步骤

01 单击“文件”|“新建”命令，新建一个名称为“实例197”的RGB模式的图像文件。在工具箱中选取钢笔工具，在图像编辑窗口中创建所需路径，效果如图197-2所示。

02 设置前景色为蓝色（RGB值分别为41、

26、236），并将画笔设置为9号圆形画笔；新建图层，使用钢笔工具在创建的路径上单击鼠标右键，在弹出的快捷菜单中选择"描边路径"选项，然后设置以"模拟压力"模式描边路径，效果如图197-3所示。

图197-1 "楚汉出版社"标识

图197-2 创建路径

图197-3 描边路径

03在工具箱中选取横排文字工具，在图形上方输入字母C，并设置其"字体"为"汉仪菱心体简"、"大小"为75.36点，然后将文本移至合适位置，效果如图197-4所示。

图197-4 创建C文本

04选取文字工具并在图像编辑窗口中输入其他文本，效果如图197-1所示。

实例198 ED网络

本实例制作ED网络标识，效果如图198-1所示。

E D 网 络

图198-1 "ED网络"标识

操作步骤

01单击"文件"|"新建"命令，新建一个名称为"实例198"的RGB模式的图像文件。在工具箱中选取椭圆选框工具，在图像编辑窗口中按住【Shift】键的同时拖曳鼠标，创建正圆形选区，如图198-2所示。

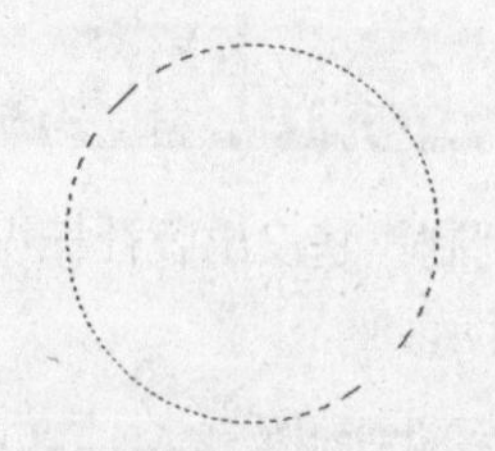

图198-2 创建正圆形选区

02在工具箱中选取矩形选框工具，在按住

【Alt】键的同时，再创建一个矩行选区，并从正圆选区中减去其与矩形选区相交的部分，效果如图198-3所示。

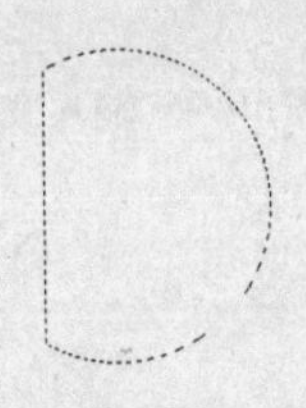

图198-3 相减选区

03 设置前景色为黑色，新建图层，按【Alt+Delete】组合键填充前景色，效果如图198-4所示。

04 按【Ctrl + D】组合键取消选区，选取工具箱中的横排文字工具，在图像编辑窗口中输入e，并设置其“字体”为“汉仪菱心体简”、“大小”为166.76点、“颜色”为白色，使用移动工具，将文本移至合适位置，效果如图198-5所示。

图198-4 填充前景色

图198-5 创建文本

05 选取横排文字工具再次输入其他文本，效果如图198-1所示。

实例199 钻石房产

本实例制作钻石房产标识，效果如图199-1所示。

图199-1 “钻石房产”标识

操作步骤

01 单击“文件”|“新建”命令，新建一个名称为“实例199”的RGB模式的图像文件。在工具箱中选取钢笔工具，在图像编辑窗口中创建路径，如图199-2所示。

02 新建图层，设置前景色为红色（RGB值分别为229、77、77），并设置画笔为5号圆形画笔，然后以“模拟压力”模式描边路径，效果如图199-3所示。

图199-2 创建路径

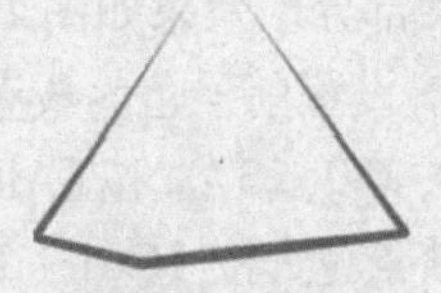

图199-3 描边路径

03 参照上述步骤，创建并描边路径，效果如图199-4所示。

04 选取文字工具并输入其他文本，效果如图199-5所示。

05 新建图层，在文本之间绘制一条直线，效果如图199-1所示。

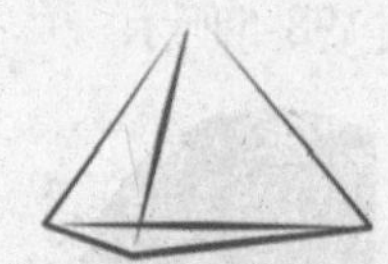

图 199-4 继续描边路径

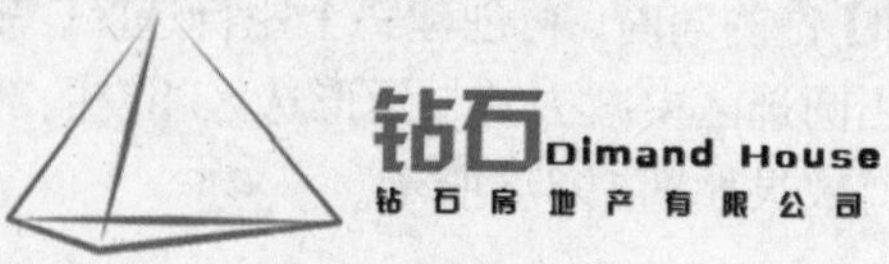

钻石 Dimand House
钻石房地产有限公司

图 199-5 输入文本

实例200 冬季运动会

本实例制作冬季运动会标识，效果如图 200-1 所示。

第4届冬季运动会
DISIJIEDONGJIYUNDONGHUI

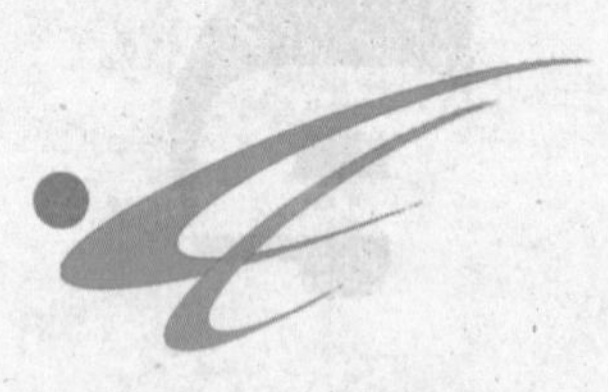

图 200-1 “冬季运动会”标识

操作步骤

01 单击“文件”|“新建”命令，新建一个名称为“实例200”的RGB模式的图像文件。在工具箱中选取椭圆选框工具，在图像编辑窗口中按住鼠标左键并拖曳鼠标，创建椭圆形选区，按住【Alt】键的同时，再次创建椭圆形选区，在原选区的基础上减去两个选区相交部分，效果如图 200-2 所示。

02 新建图层，设置前景色为浅蓝色（RGB值分别为112、180、237），按【Alt + Delete】组合键填充前景色，按【Ctrl + D】组合键取消选区，效果如图 200-3 所示。

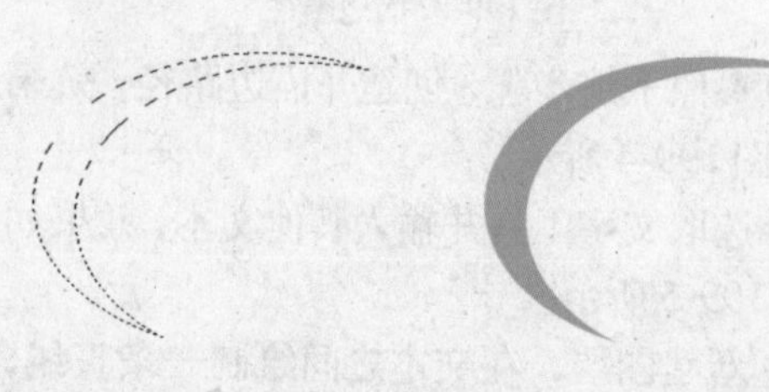

图 200-2 创建选区

图 200-3 填充前景色

03 按【Ctrl + T】组合键，调出变换控制框；按住【Ctrl】键，调整各控制点的位置，按【Enter】键确认操作，效果如图 200-4 所示。

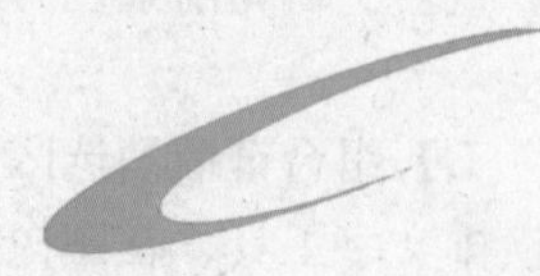

图 200-4 变换对象

04 参照步骤（1）～（3）的操作，创建另一个图形，效果如图 200-5 所示。

图 200-5 创建新图形

05 选取工具箱中的椭圆选框工具，按住【Shift】键，并在图像编辑窗口按住鼠标左键并拖动鼠标，创建正圆形选区；设置前景色为橙黄色（RGB 值分别为 253、108、2），新建图层，按【Alt + Delete】组合键填充前景色，按【Ctrl + D】组合键取消选区，效果如图 200-6 所示。

图 200-6 创建圆形

06 选取文字工具并输入相应的文本，效果如图 200-1 所示。

第8章 企业形象——VI设计

VI（Visual Identity）是视觉识别的英文简称，它可以借助一切可见的视觉符号在企业内外传递与企业相关的信息。VI是提高企业知名度和塑造企业形象最直接、最有效的方法，通过它能够将企业标识的基本精神及其差异性充分地表现出来，从而为消费公众识别与认识。本章通过多个企业VI设计实例，介绍VI的制作方法。

实例201 信封设计

本实例制作信封，效果如图201-1所示。

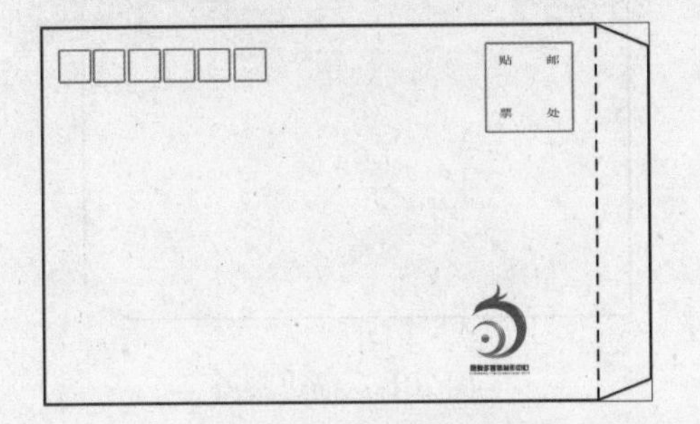

图201-1 信封效果

操作步骤

01 单击“文件”|“新建”命令，新建一个名称为“实例201”的CMYK模式的图像文件，并设置其“宽度”和“高度”值分别为16厘米、10厘米，“分辨率”为400像素/英寸。设置前景色为白色，新建图层，按【Ctrl＋R】组合键显示标尺，并拖曳出所需的参考线，如图201-2所示。

图201-2 拖曳参考线

02 在工具箱中选取多边形套索工具，在图像编辑窗口中依照参考线创建多边形选区，如图201-3所示。

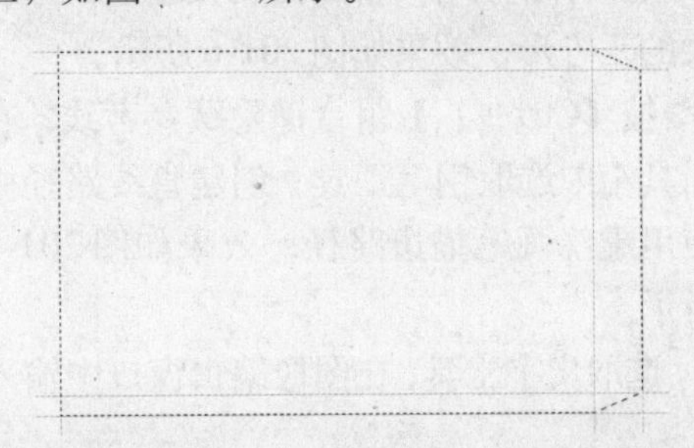

图201-3 创建多边形选区

03 按【Alt＋Delete】组合键为选区填充前景色，单击“编辑”|“描边”命令，弹出“描边”对话框，在“描边”选项区中设置描边“宽度”为2px、“颜色”为黑色；在“位置”选项区中选中“居外”单选按钮，单击“确定”按钮。按【Ctrl＋D】组合键取消选区，效果如图201-4所示。

图201-4 描边选区

04 选取工具箱中的矩形选框工具，按住【Shift】键创建正方形选区，设置前景色为红色（CMYK值分别为3、96、96、0）；参照步骤（3），新建图层并为选区描边，按住【Alt】键，使用移动工具，复制5个小正方形，并分别将其拖曳至合适位置，效果如图201-5所示。

图 201-5 创建正方形

05用同样的方法，新建图层并创建一个稍大的正方形，效果如图201-6所示。

06按【Ctrl＋；】组合键隐藏参考线，在工具箱中选取钢笔工具，创建直线路径并使用虚线画笔描边路径，效果如图201-7所示。

07选取文字工具，在图像编辑窗口中输入文字“贴邮票处”，并添加企业标识。使用裁剪工具，裁剪图像中多余部分，效果如图201-1所示。

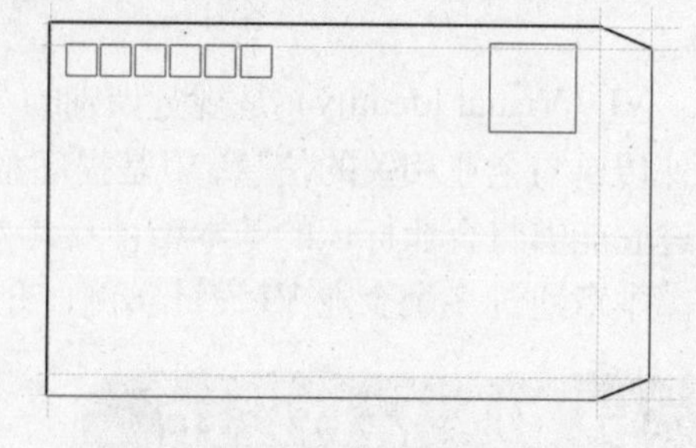

图 201-6 创建正方形

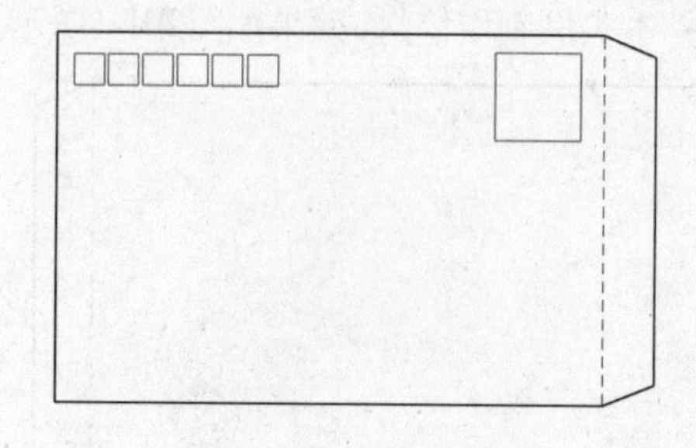

图 201-7 描边路径

实例202 信笺设计

本实例制作信笺，效果如图202-1所示。

图 202-1 信笺效果

操作步骤

01单击“文件”|“新建”命令，新建一个名称为“实例202”的CMYK模式的图像文件；并设置“宽度”为22厘米、“高度”为11厘米、“分辨率”为150像素/英寸。新建图层，设置前景色为粉红色（CMYK值分别为20、14、25、0），按【Alt＋Delete】组合键填充前景色，效果如图202-2所示。

图 202-2 填充前景色

02在工具箱中选取矩形选框工具，按住【Shift】键的同时拖曳鼠标创建正方形选区；设置前景色为粉红色（CMYK值分别为10、38、0、0），新建图层，按【Alt＋Delete】组合键填充前景色，并按【Ctrl+D】组合键取消选区，效果如图202-3所示。

03按【Ctrl＋J】组合键复制图层，并使用移动工具将“图层2副本”中的图像移动至合适位置，效果如图202-4所示。

图 202-3 填充前景色

04 在图像编辑窗口中添加企业标识，效果如图 202-1 所示。

图 202-4 复制图层并移动位置

实例 203 盘面设计

本实例制作光盘盘面，效果如图 203-1 所示。

图 203-1 盘面效果

操作步骤

01 单击“文件”|“新建”命令，新建一个名称为“实例203”的CMYK模式的图像文件，并设置“宽度”和“高度”值均为10厘米、“分辨率”为150像素/英寸。在工具箱中选取椭圆选框工具，按住【Shift】键的同时拖曳鼠标创建正圆形选区；设置前景色为白色，新建图层，按【Alt + Delete】组合键填充前景色。单击“编辑”|“描边”命令，弹出“描边”对话框，设置描边“宽度”为1px、“位置”为“居外”、“颜色”为黑色，单击“确定”按钮确认，按【Ctrl+D】组合键取消选区，效果如图 203-2 所示。

图 203-2 创建圆形并描边

在本章实例中，将频繁地使用“描边”命令，在以下实例的“描边”对话框中的参数设置均与本实例步骤（1）中的参数设置相同，将不再赘述。

02 再次使用椭圆选框工具，按住【Shift】键，创建正圆形选区。新建图层，设置前景色为粉红色（CMYK值分别为5、18、0、0），按【Alt + Delete】组合键为选区填充前景色，并在“图层2”中对选区进行描边，按【Ctrl+D】组合键取消选区，效果如图 203-3 所示。

03 参照步骤（1），新建“图层3”和“图层4”，并分别创建两个正圆形选区，将其均填充为白色并描边，效果如图 203-4 所示。

04 在图像编辑窗口中添加企业标识，完成光盘盘面的制作，效果如图 203-1 所示。

图 203-3 创建圆形并描边

图 203-4 创建圆形并描边

实例 204 工作服设计

本实例制作工作服，效果如图 204-1 所示。

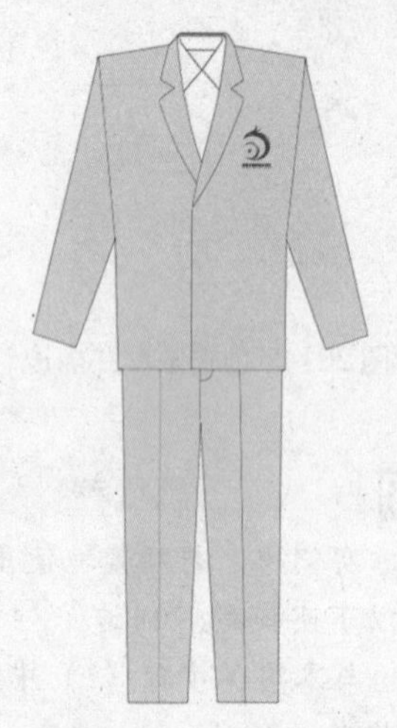

图 204-1 工作服效果

操作步骤

01 单击“文件”|“打开”命令，打开一幅素材图像，如图 204-2 所示。

02 按【Ctrl + J】组合键，复制背景图层。在工具箱中选取魔棒工具，在其属性栏中设置“容差”为5，并选中“连续”复选框；在图像编辑窗口中单击鼠标左键，创建选区，设置前景色为粉红色（CMYK 值分别为13、22、5、0），按【Alt + Delete】组合键填充前景色，效果如图 204-3 所示。

图 204-2 素材图像　　图 204-3 填充前景色

03 按【Ctrl+D】组合键取消选区，选择其他区域，按【Alt + Delete】组合键为选区填充前景色，按【Ctrl + D】组合键取消选区，效果如图 204-4 所示。

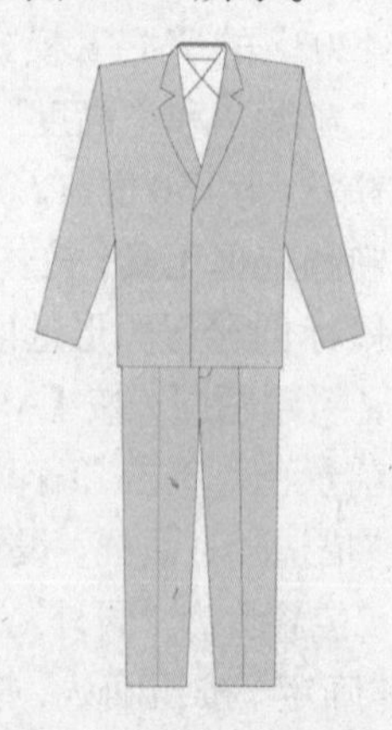

图 204-4 填充选区

04 在图像中的适当位置添加企业标识，效果如图204-1所示。

实例205 管理服设计

本实例制作管理服，效果如图205-1所示。

图205-1 管理服效果

操作步骤

01 单击“文件”|“新建”命令，新建一个名称为“实例205”的CMYK模式的图像文件。在工具箱中选取钢笔工具，在图像编辑窗口中创建闭合路径，效果如图205-2所示。

图205-2 创建闭合路径

02 按【Ctrl + Enter】组合键将路径转换为选区，设置前景色为灰色（CMYK值分别为21、19、14、0）；新建图层，按【Alt + Delete】组合键，在选区中填充前景色。单击“编辑”|“描边”命令，弹出“描边”对话框，从中设置描边“宽度”为1px、颜色为深灰色（CMYK值分别为93、88、89、80）、“位置”为“居外”，按【Ctrl+D】组合键取消选区，效果如图205-3所示。

图205-3 填充前景色并描边

03 使用钢笔工具，继续创建其他开放路径，如图205-4所示。

图205-4 创建其他路径

04 在工具箱中选取画笔工具，并设置画笔主直径为1px、“硬度”为100%，然后设置前景色为黑色（CMYK值分别为93、88、89、80）。新建图层，在“路径”面板中单击“用画笔描边路径”按钮，按【Ctrl + H】隐藏路径，效果如图205-5所示。

图205-5 画笔描边效果

05 在图像编辑窗口中添加企业标识，效果如图205-1所示。

实例206 杯子设计

本实例制作杯子，效果如图206-1所示。

图 206-1 杯子效果

操作步骤

01 单击“文件”|“新建”命令，新建一个名称为“实例206”的CMYK模式的图像文件，并设置其“宽度”和“高度”值均为10厘米、“分辨率”为150像素/英寸。在工具箱中选取圆角矩形工具，在其属性栏中设置“半径”为50px，然后按住【Shift】键，在图像编辑窗口中创建圆角正方形，效果如图206-2所示。

图 206-2 绘制圆角正方形

02 新建图层，按【Ctrl+Enter】组合键将路径转换为选区，设置前景色为深蓝色(CMYK值分别为91、65、15、0)，按【Alt + Delete】组合键在选区中填充前景色，按【Ctrl+D】组合键取消选区，效果如图206-3所示。

03 在工具箱中选取矩形选框工具，创建一个矩形选区，如图206-4所示。

04 按【Delete】键删除选区中的图像，按【Ctrl+D】组合键取消选区。再次创建矩形选区，如图206-5所示。

图 206-3 填充选区

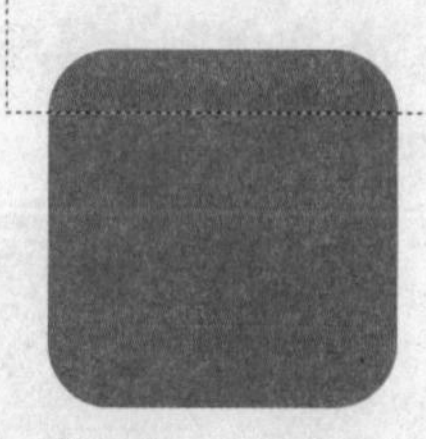

图 206-4 创建选区

图 206-5 创建选区

05 设置前景色为白色，按【Ctrl + Shift + Alt + Delete】组合键，锁定透明像素并填充前景色，按【Ctrl+D】组合键取消选区，然后对其进行描边，效果如图206-6所示。

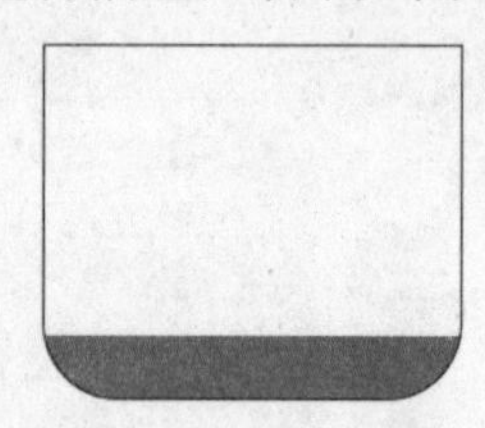

图 206-6 填充选区并描边

06 在工具箱中选取钢笔工具，创建所需的路径，按【Ctrl+Enter】组合键将路径转换为选区，并从中填充颜色为深蓝色(CMYK值分别为91、65、15、0)，效果如图206-7所示。

07 在工具箱中选取椭圆选框工具，并在所需位置创建椭圆形选区，按【Delete】键删除选区中的图像，按【Ctrl+D】组合键取消选区，效果如图206-8所示。

08 在图像中添加企业标识，效果如图206-1所示。

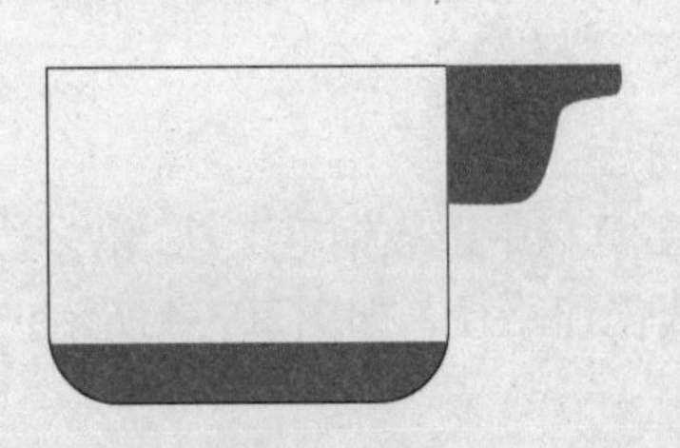

图 206-7 绘制杯把

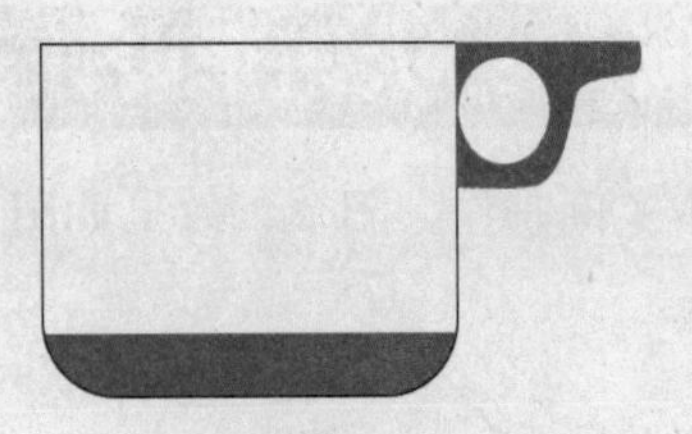

图 206-8 删除选定区域

实例207 纸杯设计

本实例制作纸杯，效果如图207-1所示。

图 207-1 纸杯效果

操作步骤

01 单击“文件”|“新建”命令，新建一个名称为“实例207”的CMYK模式的图像文件，并设置其“宽度”和“高度”值均为10厘米、“分辨率”为150像素/英寸。选择工具箱中的圆角矩形工具，在属性栏中设置圆角“半径”为50px，在图像编辑窗口中创建一个圆角矩形，如图207-2所示。

图 207-2 创建矩形路径

02 按【Ctrl + Enter】组合键，将路径转换为选区。新建图层，设置前景色为白色，按【Alt + Delete】组合键填充选区，并对选区进行描边，按【Ctrl+D】组合键取消选区，效果如图207-3所示。

图 207-3 描边后的效果

03 在工具箱中选取钢笔工具，在图像编辑窗口中创建路径，如图207-4所示。

图 207-4 创建路径

04 参照步骤(2)，为杯身填充白色并描边，效果如图207-5所示。

图 207-5 描边后的效果

05 在杯身上添加企业标识，效果如图207-1所示。

实例208 太阳伞设计

本实例制作太阳伞，效果如图208-1所示。

图208-1 太阳伞效果

操作步骤

01 单击“文件”|“新建”命令，新建一个名称为“实例208”的CMYK模式的图像文件，并设置“宽度”和“高度”值均为10厘米。在工具箱中选取多边形工具，在其属性栏中设置“边”为8，单击“几何选项”小三角按钮，弹出“多边形选项”面板，并设置各参数，如图208-2所示。

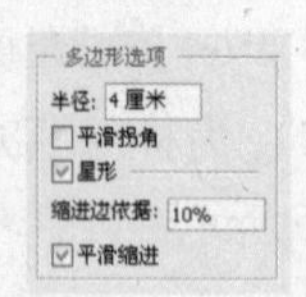

图208-2 “多边形选项”面板

02 新建图层，在图像编辑窗口中按住鼠标左键并拖曳鼠标，创建多边形，效果如图208-3所示。

图208-3 创建多边形

03 在工具箱中选取钢笔工具，沿多边形的对角线创建路径，如图208-4所示。

图208-4 创建路径

04 按【Ctrl + Enter】组合键，将路径转换为选区；设置前景色为白色，新建图层，按【Alt + Delete】组合键为选区填充前景色，按【Ctrl+D】组合键取消选区，效果如图208-5所示。

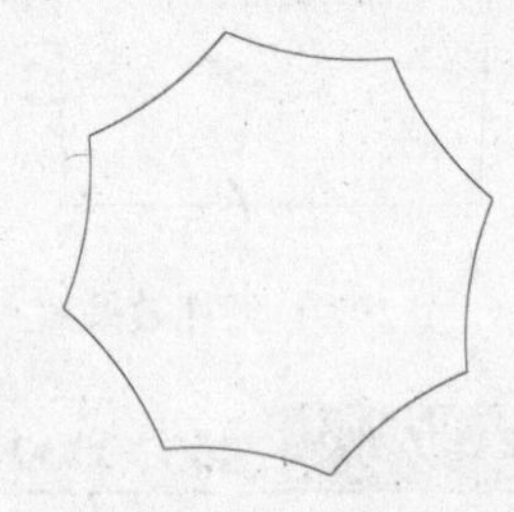

图208-5 描边后的效果

05 设置画笔主直径为1px的圆形画笔，并设置其硬度为100%。在“路径”面板中单击“工作路径”缩略图，显示相应的路径，单击该面板底部的“用画笔描边路径”按钮，描边路径；按【Ctrl + H】组合键隐藏当前路径，效果如图208-6所示。

图208-6 描边路径

06 在制作的图形上添加企业标识，效果如图208-1所示。

实例209 勺子设计

本实例制作勺子，效果图为209-1所示。

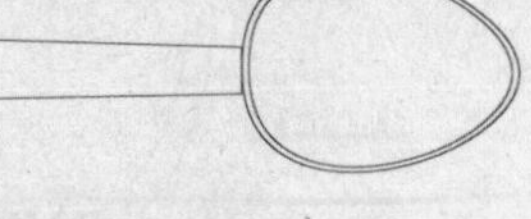

图 209-1 勺子效果

操作步骤

01 单击“文件”|“新建”命令，新建一个名称为“实例209”的CMYK模式的图像文件，并设置其“宽度”为20厘米、“高度”为10厘米。选取工具箱中的钢笔工具，并在图像编辑窗口中创建所需路径，如图209-2所示。

图 209-2 创建路径

02 新建图层，设置前景色为白色，按【Ctrl + Enter】组合键将路径转换为选区；按【Alt + Delete】组合键为选区填充前景色，然后对其进行描边，按【Ctrl+D】组合键取消选区，按【Ctrl + J】组合键复制当前图层，调整选区大小及位置，效果如图209-3所示。

图 209-3 复制图层并调整选区大小

03 在工具箱中选取钢笔工具，继续创建勺子的手柄路径，如图209-4所示。

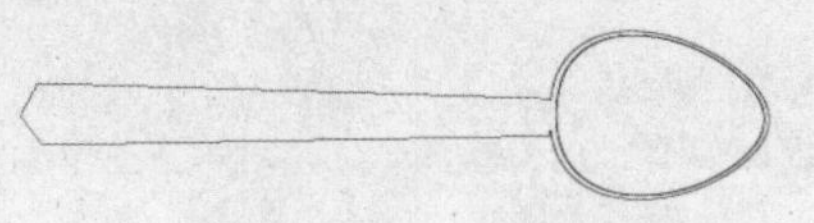

图 209-4 创建手柄路径

04 按【Ctrl + Enter】组合键，将路径转换为选区；设置前景色为白色，新建图层，按【Alt + Delete】组合键，为选区填充前景色，然后对选区进行描边，按【Ctrl+D】组合键取消选区，效果如图209-5所示。

图 209-5 描边路径

05 在勺柄上添加企业标识，效果如图209-1所示。

实例210 钥匙扣设计

本实例制作钥匙扣，效果如图210-1所示。

图 210-1 钥匙扣效果

操作步骤

01 单击“文件”|“新建”命令，新建一个名称为“实例210”的CMYK模式的图像文件，并设置其“宽度”和“高度”值均为10厘米、“分辨率”为150像素/英寸。在工具箱中选取椭圆工具，在图像编辑窗口中创建两个同心椭圆，效果如图210-2所示。

02 按【Ctrl + Enter】组合键，将路径转换为选区；新建图层，在工具箱中选取渐变工具，并设置合适的颜色，为选区填充渐变颜色，效果如图210-3所示。

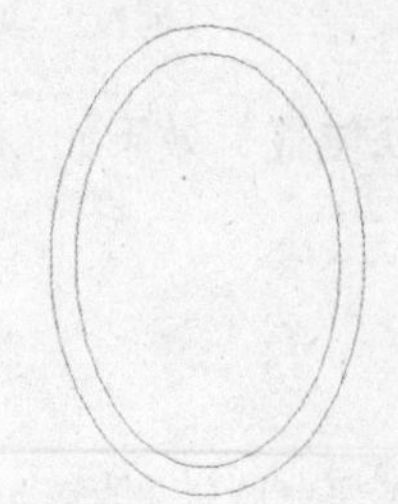

图 210-2 创建椭圆

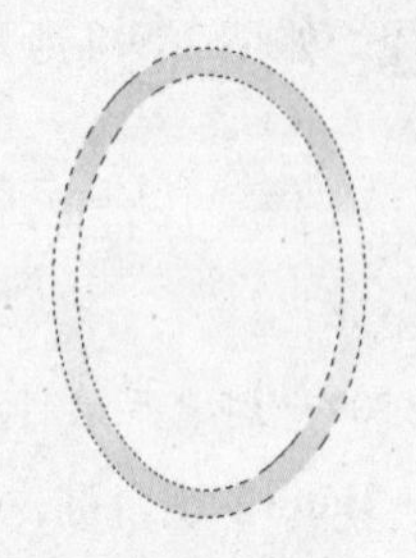

图 210-3 渐变填充

03为"图层1"中的图像描边，并按【Ctrl+D】组合键取消选区，效果如图210-4所示。

04参照步骤（1）～（3）的操作，创建钥匙扣的其他部分，效果如图210-5所示。

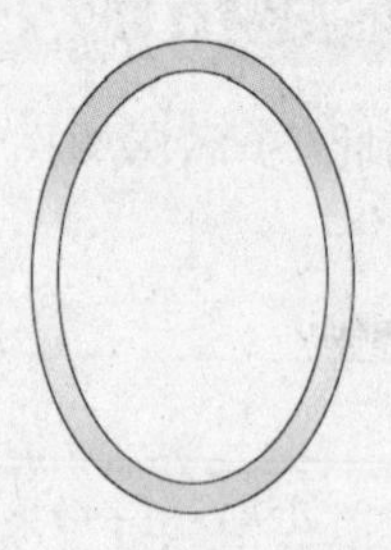

图 210-4 描边后的效果

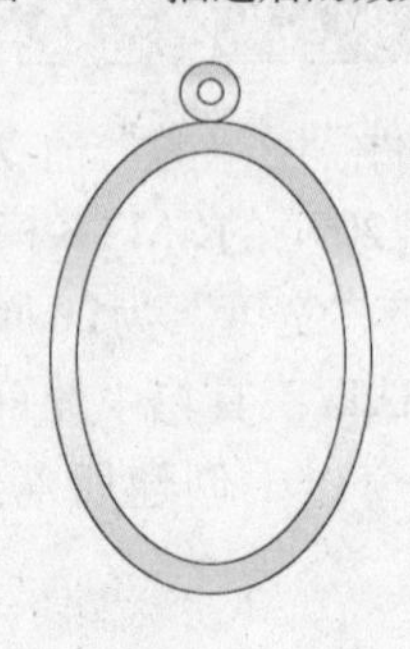

图 210-5 创建钥匙扣的其他部分

05 在图像中添加企业标识，效果如图210-1所示。

实例211 手提袋设计

本实例制作手提袋，效果如图211-1所示。

图 211-1 手提袋效果

操作步骤

01单击"文件"|"新建"命令，新建一个名称为"实例211"的CMYK模式的图像文件，并设置"宽度"和"高度"值均为20厘米、"分辨率"为150像素/英寸。在工具箱中选取矩形选框工具，在图像编辑窗口中创建矩形选区，设置前景色为粉红色（CMYK值分别为5、18、0、0），新建图层，按【Alt + Delete】组合键为选区填充前景色，按【Ctrl+D】组合键取消选区，效果如图211-2所示。

图 211-2 填充前景色

02对"图层1"中的图像进行描边，并选取工具箱中的钢笔工具，创建所需路径，效果如图211-3所示。

图211-3 描边后的效果

03 按【Ctrl + Enter】组合键，将路径转换为选区。新建图层，设置前景色为深红色（CMYK值分别为56、99、24、0），按【Alt + Delete】组合键填充前景色，为“图层2”中的图像进行描边，并按【Ctrl+D】组合键取消选区，效果如图211-4所示。

图211-4 填充前景色并描边

04 参照步骤(3)，创建手提袋的其他部分，效果如图211-5所示。

05 在工具箱中选取钢笔工具，创建手提绳路径，如图211-6所示。

06 设置画笔主直径为6px、形状为圆形，设置前景色为深紫色（CMYK值分别为56、99、24、0）。在“路径”面板中单击“用画笔描边路径”按钮，效果如图211-7所示。

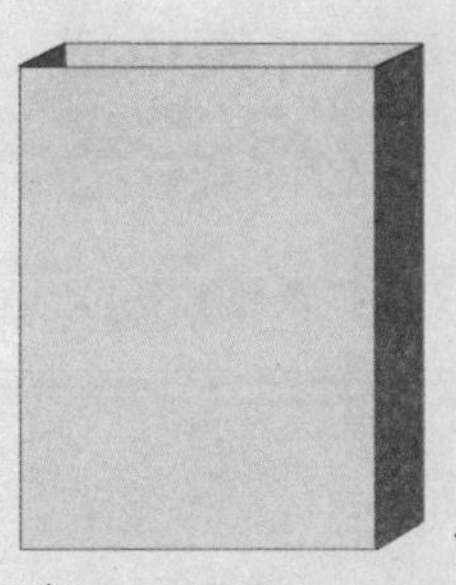

图211-5 创建其他部分

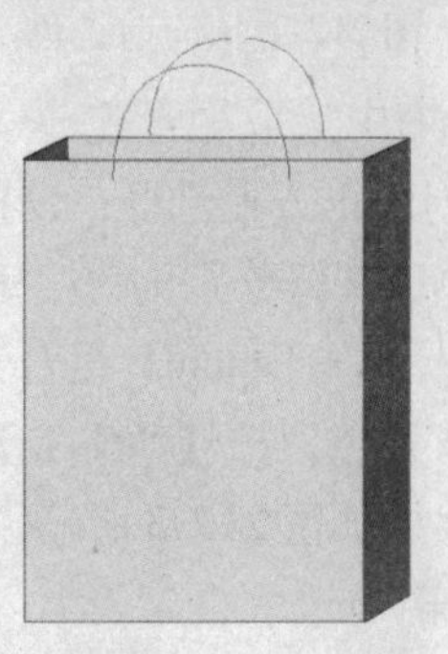

图211-6 创建手提绳路径

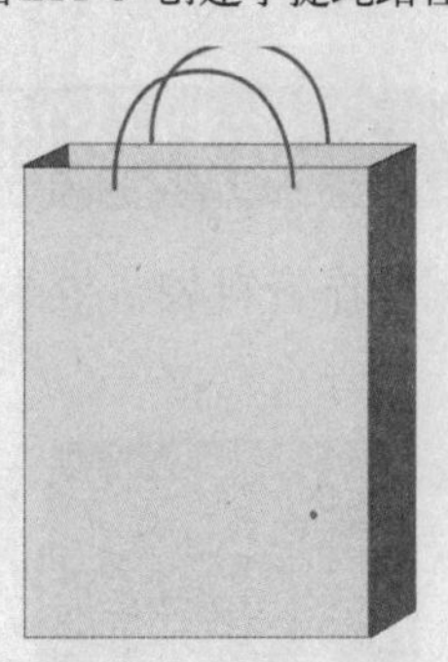

图211-7 描边路径

07 在图像中的适当位置添加企业标识，效果如图211-1所示。

实例212 音频制作中心

本实例制作音频制作中心，效果如图212-1所示。

操作步骤

01 单击“文件”|“新建”命令，新建一个名称为“实例212”的CMYK模式的图像文件，并设置其“宽度”和“高度”值分别为20厘米、5厘米，“分辨率”为150像素/英寸。在工具箱中选取矩形选框工具，创建矩形选区，设置前景色为灰色（CMYK值分别为19、14、14、0），按【Alt + Delete】组合键，为选区填充前景色，按【Ctrl+D】

组合键取消选区，效果如图212-2所示。

图212-1 音频制作中心效果

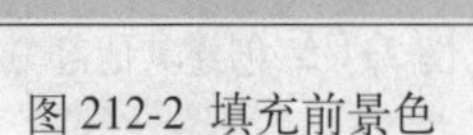

图212-2 填充前景色

02 在工具箱中选取矩形选框工具，按住【Shift】键创建正方形选区；设置前景色为紫红色（CMYK值分别为56、98、24、0），按【Shift + Alt + Delete】组合键，锁定像素并填充前景色，按【Ctrl+D】组合键取消选区，效果如图212-3所示。

03 在工具箱中选取自定形状工具，在属性栏中单击"形状"图标右侧的小三角按钮，在弹出的面板中选择"十六分音符"图形，按住【Shift】键的同时，创建图形路径。按【Ctrl + Enter】组合键将路径转换为选区，设置前景色为白色，按【Alt + Delete】组合键，在选区中填充前景色，按【Ctrl+D】组合键取消选区，效果如图212-4所示。

图212-3 填充前景色

图212-4 填充前景色

04 在图像中添加企业标识，并使用文字工具输入相应的文本，效果如图212-1所示。

实例213 资料袋设计

本实例制作资料袋，效果如图213-1所示。

图213-1 资料袋效果

操作步骤

01 单击"文件"|"新建"命令，新建一个名称为"实例213"的CMYK模式的图像文件，并设置其"宽度"和"高度"值均为20厘米、"分辨率"为150像素/英寸。新建图层，在工具箱中选取矩形选框工具，在图像编辑窗口中创建矩形选区，设置前景色为土黄色（CMYK值分别为23、35、67、0），按【Alt + Delete】组合键填充前景色，按【Ctrl + D】组合键取消选区，效果如图213-2所示。

图213-2 填充矩形选区

02 为"图层1"中的图像进行描边，并再次创建矩形选区，如图213-3所示。

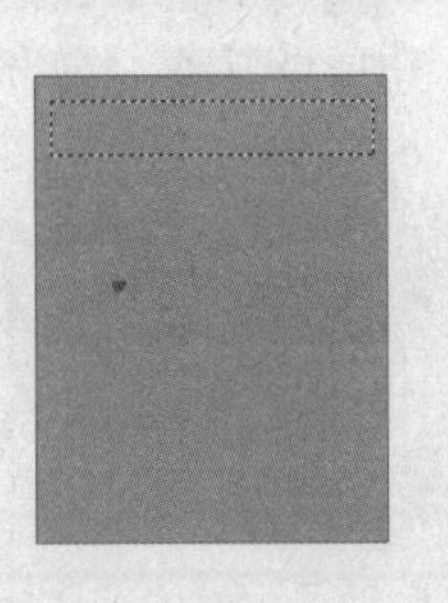

图 213-3 创建矩形选区

03 设置前景色为深紫色（CMYK值分别为56、98、24、0），新建图层，按【Alt + Delete】组合键，为选区填充前景色，按【Ctrl+D】组合键取消选区，并在图像中添加企业标识，效果如图 213-4 所示。

图 213-4 填充前景色

04 在工具箱中选取钢笔工具，并创建所需路径，如图 213-5 所示。

05 设置前景色为土黄色（CMYK值分别为23、35、67、0），新建图层，按【Ctrl + Enter】组合键，将路径转换为选区，按【Alt + Delete】组合键，为选区填充前景色并描边，按【Ctrl+D】组合键取消选区，效果如图 213-6 所示。

图 213-5 创建路径

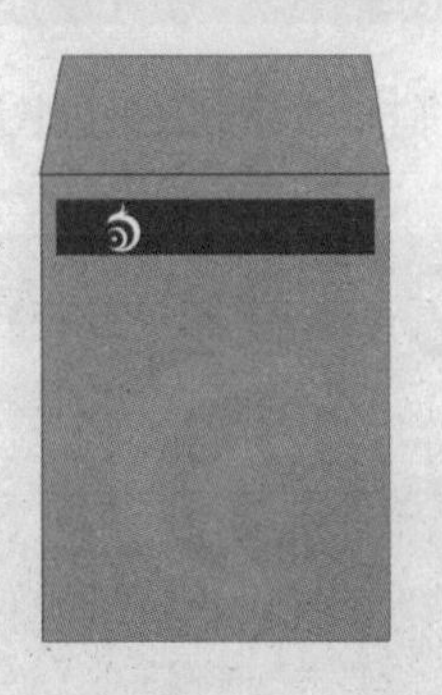

图 213-6 填充前景色并描边

06 使用文字工具输入相应的文本，效果如图 213-1 所示。

实例 214 招贴纸设计

本实例制作招贴用纸，效果如图 214-1 所示。

图 214-1 招贴用纸效果

操作步骤

01 单击“文件”|“新建”命令，新建一个名称为“实例214”的CMYK模式的图像文件，并设置其“宽度”为21厘米、“高度”为29厘米，“分辨率”为150像素/英寸。选取工具箱中的矩形选框工具，创建矩形选区，如图 214-2 所示。

02 设置前景色为深紫色（CMYK值分别为56、98、24、0），新建图层，按【Alt + Delete】组合键填充前景色，按【Ctrl+D】组合键取消选区，效果如图214-3所示。

图214-2 创建矩形选区

03 在矩形上方添加企业标识，并使用文字工具输入相应的文本，效果如图214-1所示。

图214-3 填充前景色

实例215 吊旗设计

本实例制作吊旗，效果如图215-1所示。

图215-1 吊旗效果

操作步骤

01 单击“文件”|“新建”命令，新建一个名称为“实例215”的CMYK模式的图像文件，并设置其“宽度”和“高度”值均为20厘米、“分辨率”为150像素/英寸。选取工具箱中的矩形选框工具，在图像编辑窗口中创建一个矩形选区，如图215-2所示。

02 设置前景色为白色，新建图层，按【Alt + Delete】组合键填充前景色，并为其描边，按【Ctrl+D】组合键取消选区。在图像编辑窗口中再次创建矩形选区，如图215-3所示。

图215-2 创建矩形选区

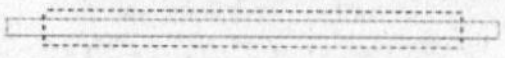

图215-3 创建矩形选区

03 设置前景色为白色，新建图层，按【Alt + Delete】组合键填充前景色，并为其描边，按【Ctrl + D】组合键取消选区，效果如图215-4所示。

04 在工具箱中选取钢笔工具，创建闭合路径，如图215-5所示。

05 按【Ctrl + Enter】组合键，将路径转换为选区，并设置前景色为深红色（CMYK值分别为33、100、100、1），新建图层，按

【Alt + Delete】组合键在选区中填充前景色，按【Ctrl+D】组合键取消选区，效果如图215-6所示。

06 在图像上添加企业标识，并使用文字工具输入相应的文字，效果如图215-1所示。

图215-4 描边后的效果

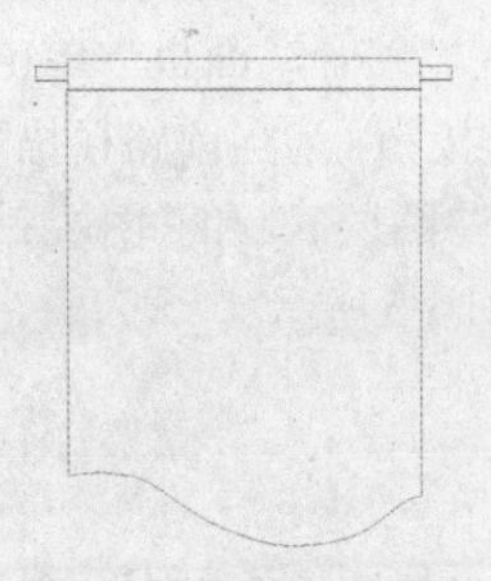

图215-5 创建闭合路径

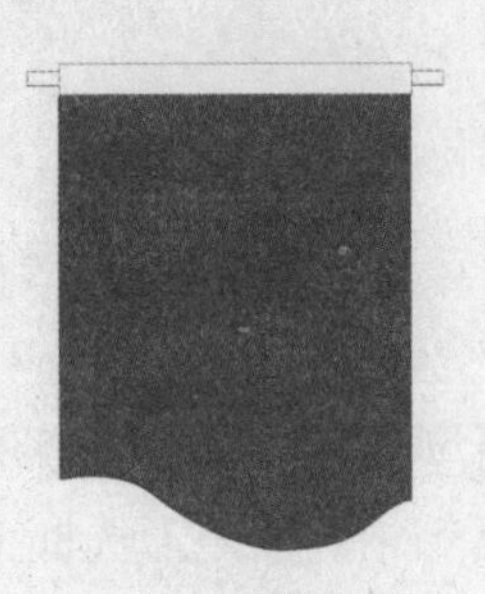

图215-6 填充前景色

实例216 竖旗设计

本实例制作竖旗，效果如图216-1所示。

图216-1 竖旗效果

操作步骤

01 单击“文件”|“新建”命令，新建一个名称为“实例216”的CMYK模式的图像文件，并设置其“宽度”和“高度”值均为20厘米、“分辨率”为150像素/英寸。在工具箱中选取矩形选框工具，在图像编辑窗口中创建矩形选区，如图216-2所示。

02 设置前景色为白色，新建图层，按【Alt + Delete】组合键为选区填充前景色，并对其进行描边，按【Ctrl+D】组合键取消选区。在工具箱中选取椭圆选框工具，按住【Shift】键，创建正圆选区，如图216-3所示。

图216-2 创建矩形选区 图216-3 创建正圆形选区

03 设置前景色为白色，新建图层，按【Alt + Delete】组合键在选区中填充前景色，并对其进行描边，按【Ctrl+D】组合键取消选区。在工具箱中选取钢笔工具，创建路径，效果如图216-4所示。

04 设置画笔笔触为2px、形状为圆头，新建图层，在“路径”面板中单击“用画笔描边路径”按钮，为当前路径描边。将“图层3”移至“图层1”和“图层2”的下方，效果如图216-5所示。

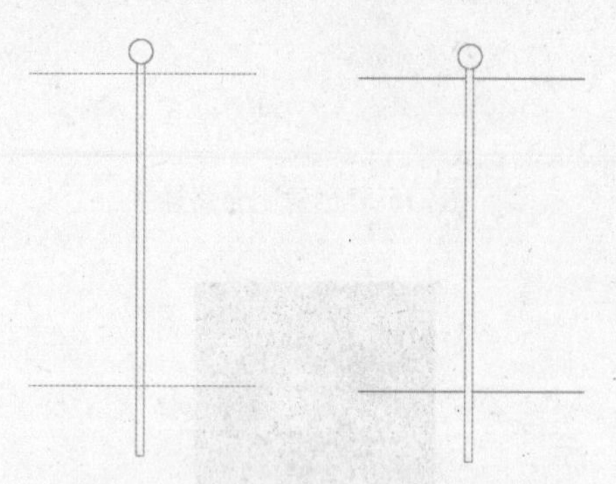

图216-4 创建路径　图216-5 描边路径

05 在工具箱中选取矩形选框工具，在图像编辑窗口中创建矩形选区；设置前景色为深紫色（CMYK值分别56、99、24、0），新建图层，按【Alt + Delete】组合键，填充前景色，按【Ctrl+D】组合键取消选区，效果如图216-6所示。

06 按【Ctrl + J】组合键，复制“图层4”，并移动其中的图像至合适位置；按住【Ctrl】键，同时在“图层4 副本”的缩略图上单击鼠标左键，载入“图层4 副本”选区；设置前景色为橙红色（CMYK值分别为13、80、96、0），按【Alt + Delete】组合键填充前景色，按【Ctrl+D】组合键取消选区，效果如图216-7所示。

图216-6 填充前景色

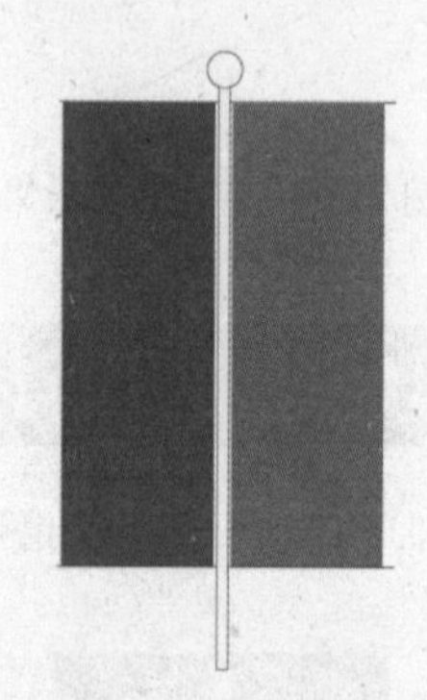

图216-7 复制图层并更换颜色

07 添加企业标识，并使用文字工具输入相应的文本，效果如图216-1所示。

实例217 小刀设计

本实例制作小刀，效果如图217-1所示。

图217-1 小刀效果

操作步骤

01 单击“文件”|“新建”命令，新建一个名称为“实例217”的CMYK模式的图像文件，并设置其“宽度”和“高度”值均为10厘米、“分辨率”为150像素/英寸。在工具箱中选取矩形选框工具，在图像编辑窗口中创建矩形选区，然后选取椭圆选框工具，按住【Alt】键，从矩形选区中减去椭圆形选区，效果如图217-2所示。

图217-2 创建选区

02设置前景色为橙红色（CMYK值分别为13、80、96、0），新建图层，按【Alt + Delete】组合键，为选区填充前景色，效果如图217-3所示。

图217-3 填充前景色

03按【Ctrl+D】组合键取消选区，在工具箱中选取矩形选框工具，在图像编辑窗口中创建矩形选区；设置前景色为白色，按【Alt + Shift + Delete】组合键锁定像素并填充前景色，按【Ctrl+D】组合键取消选区，并对“图层1”中的图形进行描边，效果如图217-4所示。

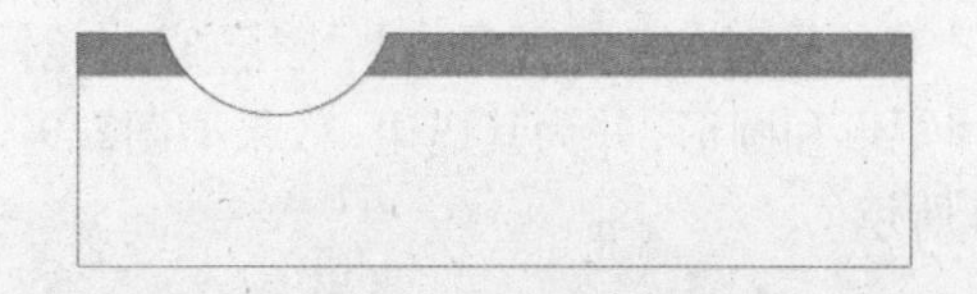

图217-4 描边效果

04在工具箱中选取钢笔工具，创建路径，如图217-5所示。

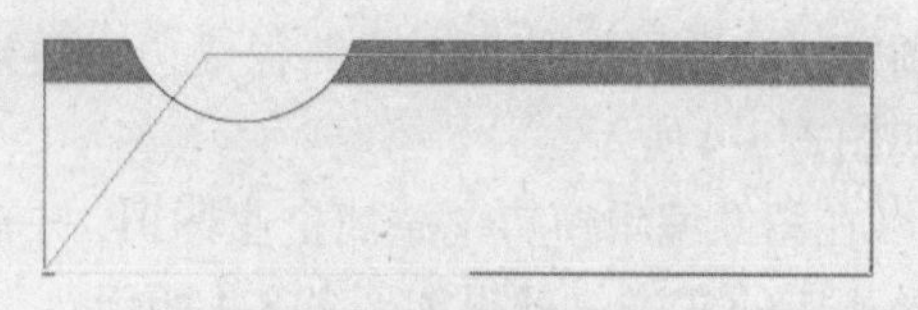

图217-5 创建路径

05设置画笔主直径为2px、形状为圆形、硬度为100%，新建图层（图层2），在“路径”面板中单击“用画笔描边路径”按钮，为路径描边，然后将“图层2”移至“图层1”下方，隐藏路径，效果如图217-6所示。

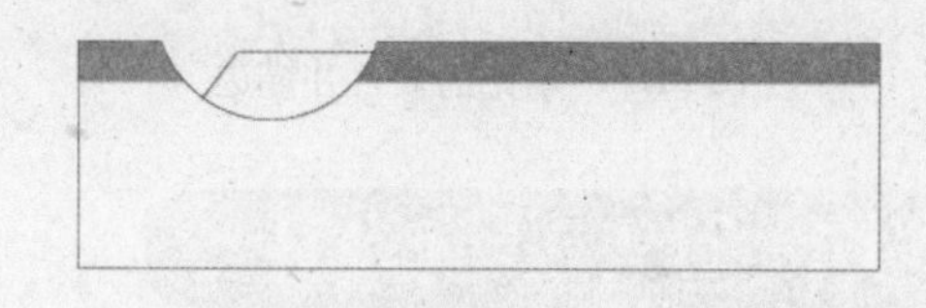

图217-6 描边路径并调整图层位置

06创建一个正圆形选区，新建图层并填充白色，然后对其进行描边。在图像中添加企业标识，并输入相应的文本，效果如图217-1所示。

实例218 工作牌设计

本实例制作工作牌，效果如图218-1所示。

图218-1 工作牌效果

操作步骤

01单击“文件”|“新建”命令，新建一个名称为“实例218”的CMYK模式的图像文件，并设置其“宽度”和“高度”值均为10厘米、“分辨率”为150像素/英寸。在工具箱中选取圆角矩形工具，在其属性栏中设置“半径”为10px；在图像编辑窗口中创建圆角矩形，按【Ctrl + Enter】组合键将路径转换为选区；新建图层，设置前景色为白色，按【Alt + Delete】组合键，为选区填充前景色，并对“图层1”中的图像描边，按【Ctrl+D】组合键取消选区，效果如图218-2所示。

02参照步骤（1），在不同的图层中使用矩形工具，绘制工作牌的胶套和照片贴放框，效果如图218-3所示。

03在工具箱中选取钢笔工具，创建所需路

径，设置画笔主直径为2px、形状为圆形、硬度为100%；在“路径”面板中单击“用画笔描边路径”按钮，为路径描边，效果如图218-4所示。

04 在图像编辑窗口中添加企业标识，并输入相应的文本，效果如图218-1所示。

图218-2 填充前景色并描边

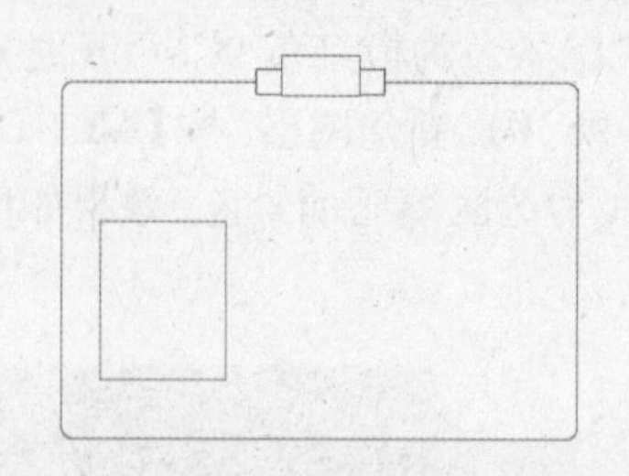

图218-3 绘制胶套和照片贴放框

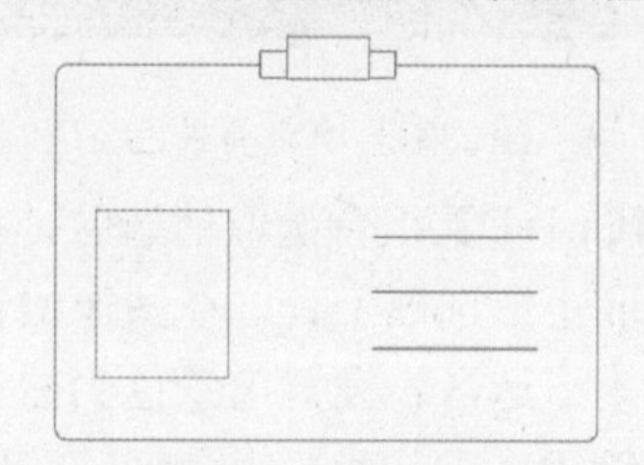

图218-4 描边路径

实例219 桌旗设计

本实例制作桌旗，效果如图219-1所示。

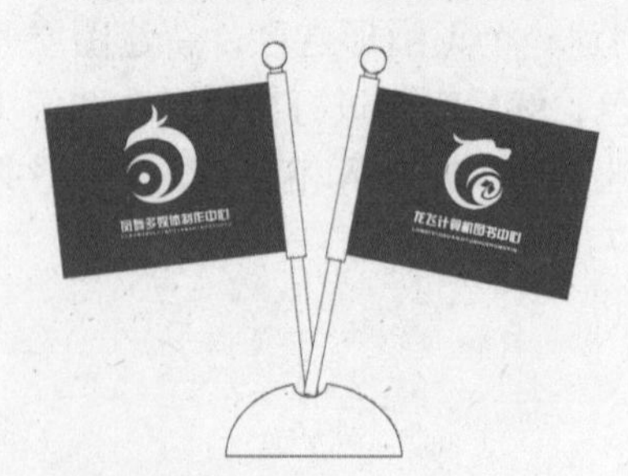

图219-1 桌旗效果

操作步骤

01 单击“文件”|“新建”命令，新建一个名称为“实例219”的CMYK模式的图像文件，并设置其“宽度”和“高度”值均为10厘米、“分辨率”为150像素/英寸。在工具箱中选取矩形选框工具，在图像编辑窗口中创建矩形选区，设置前景色为白色，新建图层，按【Alt + Delete】组合键，填充前景色，并为“图层1”中的图像描边，按【Ctrl+D】组合键取消选区，效果如图219-2所示。

02 参照步骤（1），新建“图层2”和“图层3”，分别在“图层2”和“图层3”中创建矩形和圆形，并为其描边，效果如图219-3所示。

图219-2 填充前景色并描边

图219-3 创建图形并描边

03 在工具箱中选取矩形选框工具，并在适当位置创建选区；设置前景色为深红色

(CMYK值分别为34、100、100、2)，新建图层，按【Alt + Delete】组合键为选区填充前景色，按【Ctrl+D】组合键取消选区，效果如图219-4所示。

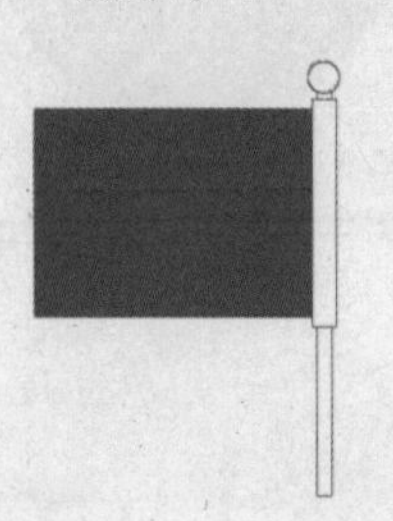

图219-4 绘制旗帜

04在工具箱中选取椭圆选框工具，在图像编辑窗口中创建椭圆形选区，按住【Alt】键，从椭圆选区中减去部分选区，新建图层，将选区填充为白色，并为“图层5”中的图像描边，效果如图219-5所示。

05在制作的旗面上添加企业标识，并输入相应的文本，效果如图219-6所示。

06选择除背景和桌旗底座（图层5）以外的所有图层，按【Ctrl + G】组合键，创建“组1”；参照步骤（1）~（5）的方法，创建另一面桌旗，效果如图219-1所示。

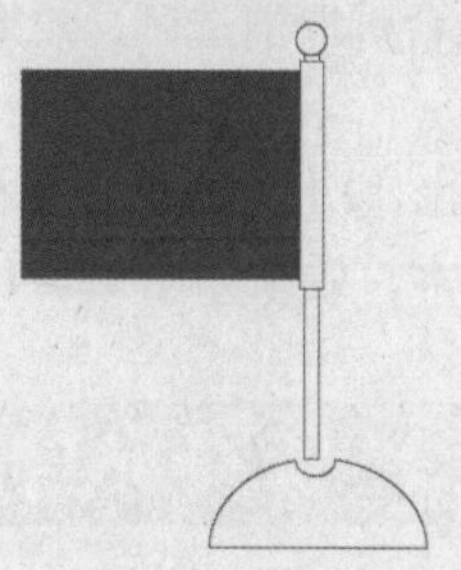

图219-5 绘制底座

图219-6 添加企业标识

实例220 雨衣设计

本实例制作雨衣，效果如图220-1所示。

图220-1 雨衣效果

操作步骤

01单击“文件”|“新建”命令，新建一个名称为“实例220”的CMYK模式的图像文件，并设置其“宽度”和“高度”值均为20厘米、“分辨率”为150像素/英寸。在工具箱中选取钢笔工具，在图像编辑窗口中创建路径，如图220-2所示。

图220-2 创建路径

02按【Ctrl + Enter】组合键，将路径转换为选区，设置前景色为深紫色（CMYK值分别为56、98、21、0）；新建图层，按【Alt + Delete】组合键为选区填充前景色，并按【Ctrl+D】组合键取消选区，效果如图220-3所示。

03在制作的图像上方添加企业标识，并输入相应的文本，效果如图220-1所示。

图220-3 填充前景色

实例221 资料夹封面

本实例制作资料夹封面，效果如图221-1所示。

图221-1 资料夹封面效果

操作步骤

01单击“文件”|“新建”命令，新建一个名称为“实例221”的CMYK模式的图像文件，并设置其“宽度”和“高度”值分别为20厘米和10厘米、“分辨率”为150像素/英寸。在工具箱中选取钢笔工具，创建所需路径；新建图层，并使用主直径为2px的圆形画笔对路径描边，效果如图221-2所示。

图221-2 描边路径

02在工具箱中选取矩形选框工具，在图像编辑窗口中创建矩形选区；设置前景色为橙红色（CMYK值分别为13、80、96、0），新建图层并按【Alt + Delete】组合键为选区填充前景色，对“图层2”中的图像描边，按【Ctrl+D】组合键取消选区，效果如图221-3所示。

图221-3 填充前景色并描边

03在工具箱中选取矩形选框工具，按住【Shift】键，在图像编辑窗口中创建正方形选区，设置前景色为白色，新建图层并按【Alt + Delete】组合键填充前景色，为“图层3”中的图像添加“斜面和浮雕”效果，并在“图层样式”对话框中设置结构“样式”为“内斜面”、“方向”为“下”，按【Ctrl+D】组合键取消选区，效果如图221-4所示。

图221-4 创建正方形并添加图层样式

04将“图层3”复制16次，并调整各副本图层中图像的位置，效果如图221-5所示。

05选中“图层3”至“图层3副本16”，按【Ctrl + G】组合键，将其编组。在图像中的合适位置添加企业标识，并输入相应的文本，效果如图221-1所示。

图221-5 复制图层

实例222 安全帽设计

本实例制作安全帽，效果如图222-1所示。

图222-1 安全帽效果

操作步骤

01单击“文件”|“新建”命令，新建一个名称为“实例222”的CMYK模式的图像文件，并设置其“宽度”和“高度”值均为10厘米、“分辨率”为150像素/英寸。在工具箱中选取钢笔工具，在图像编辑窗口中创建所需的路径，如图222-2所示。

图222-2 创建路径

02按【Ctrl + Enter】组合键，将路径转换为选区；设置前景色为橙红色（CMYK值分别为13、80、96、0），新建图层并按【Alt + Delete】组合键，为选区填充前景色，然后对选区进行描边处理，按【Ctrl+D】组合键取消选区，效果如图222-3所示。

图222-3 描边后的效果

03在工具箱中选取钢笔工具，创建帽沿路径，如图222-4所示。

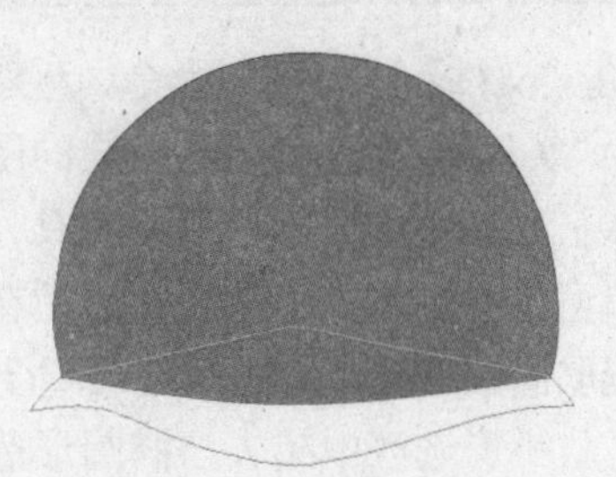

图222-4 创建路径

04按【Ctrl + Enter】组合键，将路径转换为选区；新建图层，按【Alt + Delete】组合键填充前景色，并为“图层2”中的图像描边，按【Ctrl+D】组合键取消选区，效果如图222-5所示。

05调整图层位置，将“图层2”移动至“图层1”下方，效果如图222-6所示。

06在帽沿上方添加企业标识，效果如图222-1所示。

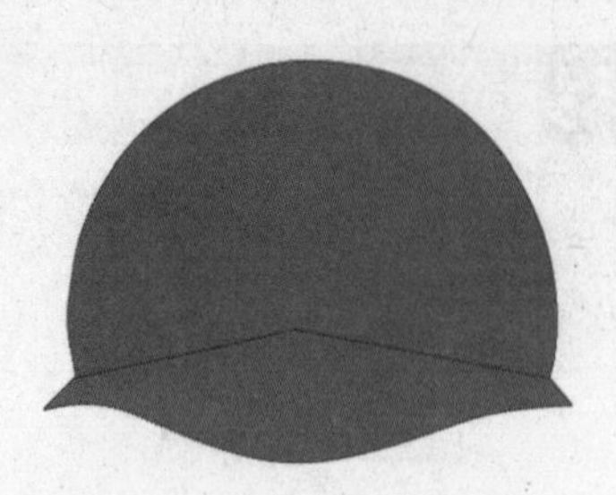

图 222-5 填充前景色并描边

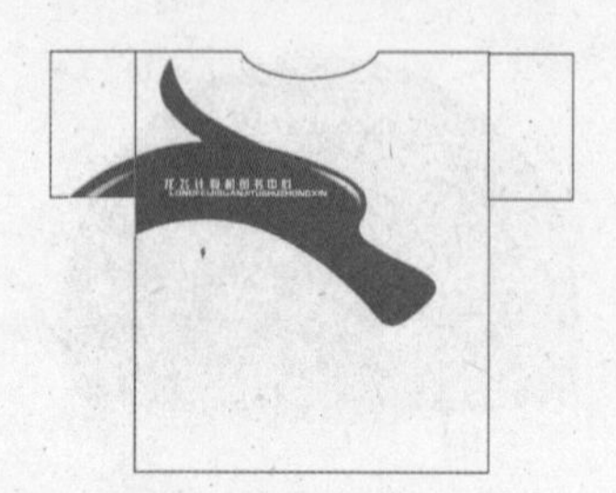

图 222-6 调整图层位置

实例223 T恤设计

本实例制作T恤，效果如图223-1所示。

图 223-1 T恤效果

操作步骤

01 单击“文件”|“新建”命令，新建一个名称为“实例223”的CMYK模式的图像文件。在工具箱中选取矩形选框工具，在图像编辑窗口中创建矩形选区；然后在工具箱中选取椭圆选框工具，按住【Alt】键的同时，从矩形选区中减去与椭圆形选区相交的部分，如图223-2所示。

图 223-2 创建选区

02 设置前景色为白色，新建图层，按【Alt+Delete】组合键，在选区中填充前景色，并为“图层1”中的图像描边，效果如图223-3所示。

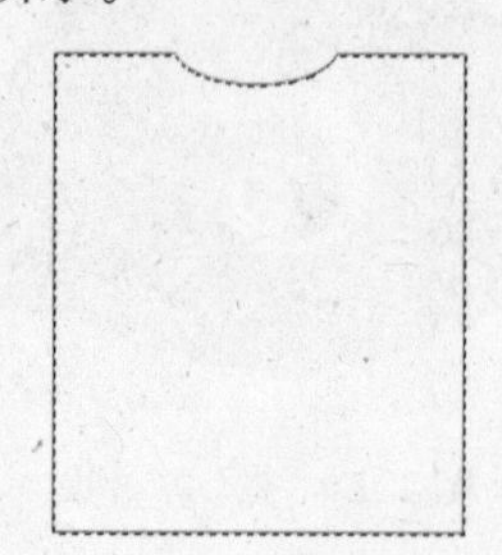

图 223-3 填充前景色并描边

03 按【Ctrl + D】组合键取消选区，参照步骤（2），在新图层上绘制衣袖部分，效果如图223-4所示。

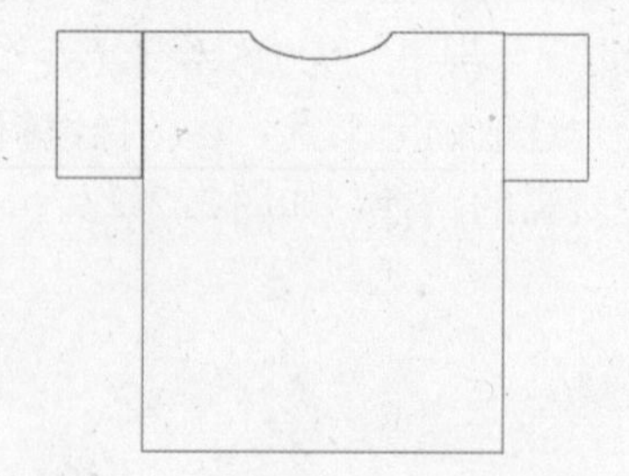

图 223-4 绘制衣袖

04 在图像编辑窗口中添加企业标识，移动位置并将其调整至合适大小，如图223-5所示。

05 在工具箱中选取多边形套索工具，选取企业标识的多余部分，按【Delete】键将其删除，效果如图223-6所示。

06 使用文字工具输入相应的文本，效果如图223-1所示。

图 223-5 添加企业标识

图 223-6 删除多余图像

实例 224 领带夹设计

本实例制作领带夹，效果如图 224-1 所示。

图 224-1 领带夹效果

操作步骤

01 单击“文件”|“新建”命令，新建一个名称为“实例224”的CMYK模式的图像文件，并设置其“宽度”和“高度”值均为10厘米、“分辨率”为150像素/英寸。在工具箱中选取椭圆选框工具，按住【Shift】键，在图像编辑窗口中创建正圆形选区，如图224-2 所示。

图 224-2 创建选区

02 设置前景色为橙红色（CMYK值分别为13、80、96、0），新建图层，按【Alt + Delete】组合键为其填充前景色，效果如图 224-3 所示。

图 224-3 填充前景色

03 按【Ctrl + D】组合键，取消选区。在工具箱中选取矩形选框工具，在图像编辑窗口中创建矩形选区；新建图层，按【Alt + Delete】组合键为其填充前景色，效果如图 224-4 所示。

图 224-4 创建矩形选区并填充前景色

04 按【Ctrl + D】组合键，取消选区。按【Ctrl + J】组合键两次，复制两个图层副本；在工具箱中选取移动工具，分别将各副本图层中的图像拖曳至合适位置，效果如图 224-5 所示。

图 224-5 复制图层并移动图像

05 在图像编辑窗口中的圆形图像上添加企业标识，效果如图 224-1 所示。

实例 225 领带设计

本实例制作领带，效果如图 225-1 所示。

图 225-1 领带效果

操作步骤

01 单击“文件”|“新建”命令，新建一个名称为“实例225”的CMYK模式的图像文件。在工具箱中选取钢笔工具，在图像编辑窗口中创建领带形状的路径，如图225-2所示。

02 按【Ctrl + Enter】组合键，将路径转换为选区，设置前景色为橙红色（CMYK值分别为13、80、96、0），新建图层，按【Alt + Delete】组合键填充前景色，按【Ctrl + D】组合键取消选区，效果如图225-3所示。

03 在领带图像上添加企业标识，将该企业标识调整至合适大小，并使用移动工具将其移动至合适位置。在工具箱中选取多边形套索工具，选取标识的多余部分，按【Delete】键删除，效果如图225-1所示。

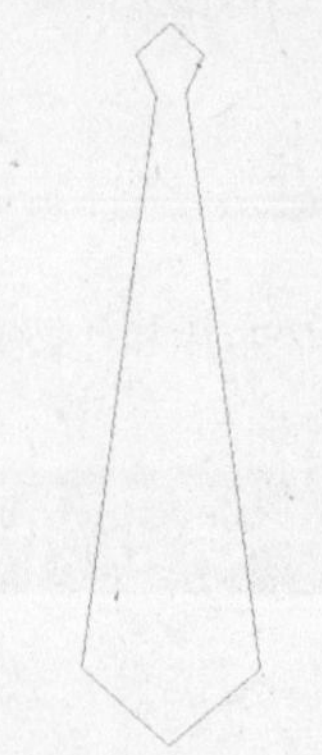

图 225-2 创建闭合路径

图 225-3 填充前景色

实例226 名片设计

本实例制作名片，效果如图 226-1 所示。

图 226-1 名片效果

操作步骤

01 单击“文件”|“新建”命令，新建一个名称为“实例226”的CMYK模式的图像文件，并设置其“宽度”和“高度”值分别为9厘米和5.5厘米、“分辨率”为150像素/英寸。选取工具箱中的矩形选框工具，在图像编辑窗口中创建矩形选区；设置前景色为橙红色（CMYK值分别为13、80、96、0），新建图层，按【Alt + Delete】组合键填充前景色，效果如图226-2所示。

图 226-2 创建矩形选区并填充前景色

02 按【Ctrl + D】组合键取消选区，再次使用矩形选框工具创建选区，如图226-3所示。

03 设置前景色为湖蓝色（CMYK值分别为89、58、13、0），按【Alt + Shift + Delete】组合键，锁定像素并填充前景色，然后按【Ctrl + D】组合键取消选区，效果如图226-4所示。

图 226-3 创建选区

图 226-4 锁定像素并填充前景色

04 在图像编辑窗口中添加企业标识，并使用文字工具输入相应的文本，效果如图226-1所示。

实例227 雨伞设计

本实例制作雨伞，效果如图227-1所示。

图 227-1 雨伞效果

操作步骤

01 单击“文件”|“新建”命令，新建一个名称为“实例227”的CMYK模式的图像文件，并设置其“宽度”和“高度”值均为20厘米、“分辨率”为150像素/英寸。在工具箱中选取钢笔工具，在图像编辑窗口中创建路径，如图227-2所示。

02 按【Ctrl + Enter】组合键，将路径转换为选区，设置前景色为橙红色（CMYK值分别为18、78、92、0）；新建图层，按【Alt + Delete】组合键填充前景色，并为“图层1”中的图像描边，按【Ctrl+D】组合键取消选区，效果如图227-3所示。

图 227-2 创建路径

图 227-3 描边后的效果

03 使用钢笔工具创建另一条路径，效果如图227-4所示。

04 按【Ctrl + Enter】组合键，将路径转换为选区，设置前景色为白色；新建图层，按

【Alt + Delete】组合键填充前景色，并为"图层2"中的图像描边，按【Ctrl+D】组合键取消选区，效果如图227-5所示。

05参照步骤（3）～（4）的操作，绘制雨伞的其他部分，效果如图227-6所示。

06在雨伞图像的正面添加企业标识，效果如图227-1所示。

图227-4 创建路径

图227-5 描边后的效果

图227-6 绘制其他部分

实例228 形象墙设计

本实例制作企业形象墙，效果如图228-1所示。

图228-1 形象墙效果

操作步骤

01单击"文件"|"新建"命令，新建一个名称为"实例228"的CMYK模式的图像文件，并设置其"宽度"和"高度"值均为20厘米、"分辨率"为150像素/英寸。在工具箱中选取矩形选框工具，在图像编辑窗口中创建选区；设置前景色为灰色（CMYK值分别为7、7、7、0），新建图层，按【Alt + Delete】组合键，在选区中填充前景色，并为"图层1"中的图像描边，按【Ctrl+D】组合键取消选区，效果如图228-2所示。

图228-2 绘制墙体

02参照步骤（1），在新图层上创建另一个矩形并对其描边，效果如图228-3所示。

图228-3 创建矩形并描边

03使用矩形选框工具，在新图层上创建选区；设置前景色为浅黄色（CMYK值分别为2、14、19、0），为选区填充前景色并对其描边，效果如图228-4所示。

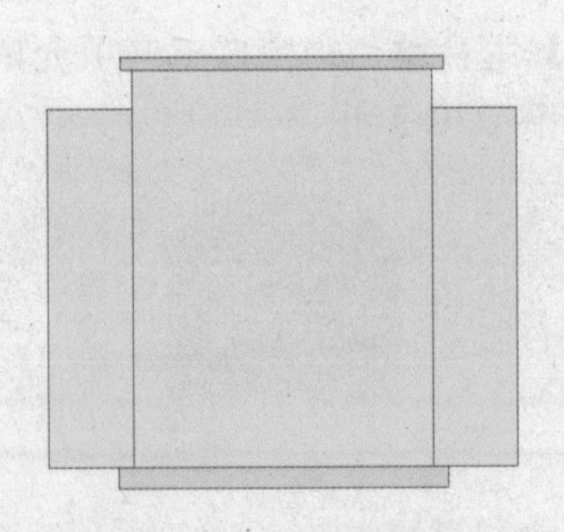

图 228-4 绘制矩形并描边

04 按【Ctrl + O】组合键，打开一幅素材图像，使用移动工具将其拖曳至图像编辑窗口中，适当调整其位置与大小，效果如图 228-5 所示。

图 228-5 添加素材图像

05 在图像中添加企业标识，并使用文字工具输入相应的文本，效果如图 228-1 所示。

实例 229 前台接待处

本实例制作前台接待处，效果如图 229-1 所示。

图 229-1 接待处效果

操作步骤

01 单击“文件”|“新建”命令，新建一个名称为“实例229”的CMYK模式的图像文件，并设置其“宽度”和“高度”值均为 20 厘米、“分辨率”为 150 像素/英寸。在工具箱中选取矩形选框工具，在图像编辑窗口中创建选区；设置前景色为白色，新建图层，按【Alt + Delete】组合键，填充前景色，并对其进行描边，按【Ctrl+D】组合键取消选区，效果如图 229-2 所示。

图 229-2 绘制背景墙

02 单击“文件”|“打开”命令，打开所需的素材图像；使用移动工具，将各素材图像拖曳至图像编辑窗口中，并调整各图层的叠放位置，效果如图 229-1 所示。

实例 230 指示牌设计

本实例制作指示牌，效果如图 230-1 所示。

操作步骤

01 单击“文件”|“新建”命令，新建一个名称为“实例 230”的CMYK 模式的图像文件，

并设置其“宽度”和“高度”值均为20厘米、“分辨率”为150像素/英寸。在工具箱中选取矩形选框工具，在图像编辑窗口中创建矩形选区，选取椭圆选框工具，按住【Shift】键的同时，创建椭圆形选区，效果如图230-2所示。

02 设置前景色为橙红色（CMYK值分别为13、80、96、0），新建图层，并按【Alt＋Delete】组合键填充前景色，按【Ctrl＋D】组合键取消选区，效果如图230-3所示。

图230-1 指示牌效果

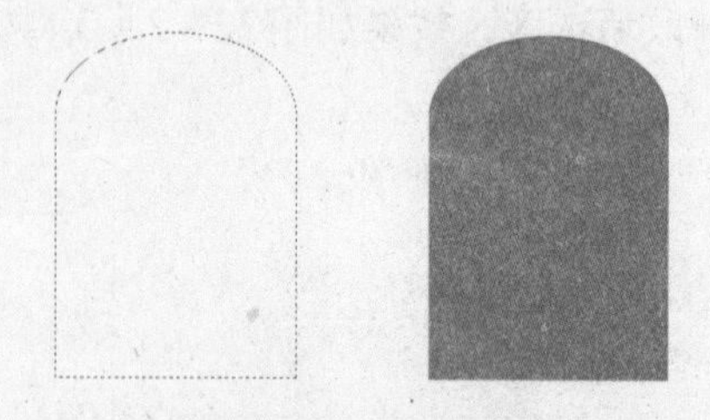

图230-2 创建选区 图230-3 填充前景色

03 在工具箱中选取矩形选框工具，创建矩形选区，如图230-4所示。

图230-4 创建矩形选区

04 设置前景色为白色，按【Alt＋Shift＋Delete】组合键，锁定像素并填充前景色，效果如图230-5所示。

图230-5 锁定像素并填充前景色

05 按【Ctrl+D】组合键取消选区，绘制蓝色矩形图像，并为“图层1”中的图像描边，效果如图230-6所示。

图230-6 描边后的效果

06 新建图层，在工具箱中选取矩形选框工具，在图像编辑窗口中创建矩形选区，填充为白色，并为其描边；复制该图层，使用移动工具，将其拖曳至合适位置，效果如图230-7所示。

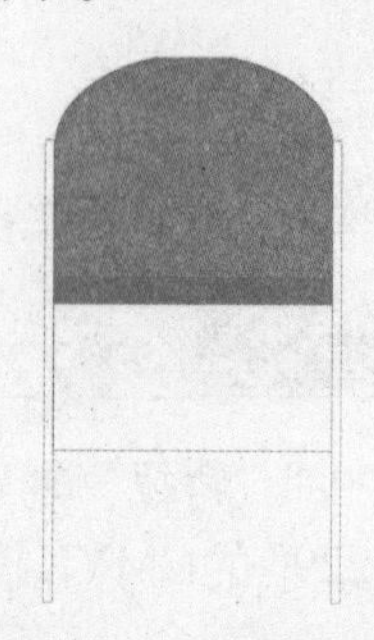

图230-7 绘制竖杆

07 单击“文件”|“打开”命令，打开一幅素材图像，将其拖曳至图像编辑窗口中，并适当调整其大小和位置。在绘制的图像中添加企业标识，并输入相应的文本，效果如图230-1所示。

第9章 锦上添花——建筑效果图后期处理

建筑效果图的后期处理主要包括对效果图色彩和明暗的调整、配景的添加、对渲染中出现的错误进行修改等，这些工作都可以在Photoshop CS3中完成。建筑效果图本身就是要追求精致和真实，而后期处理不但可以大大改善图像的整体效果，而且可以在效果图中轻松地补充一些细节，使效果图更加真实完美。

实例231 高光效果

本实例制作家装设计中的高光效果，如图231-1所示。

图231-1 高光效果

操作步骤

01 单击“文件”|“打开”命令，打开一幅素材图像，如图231-2所示。

图231-2 素材图像

02 在工具箱中选取画笔工具，在属性栏中设置画笔的“不透明度”为42%；在“画笔”面板中选中“画笔笔尖形状”选项，并在其选项区中设置各参数，如图231-3所示。

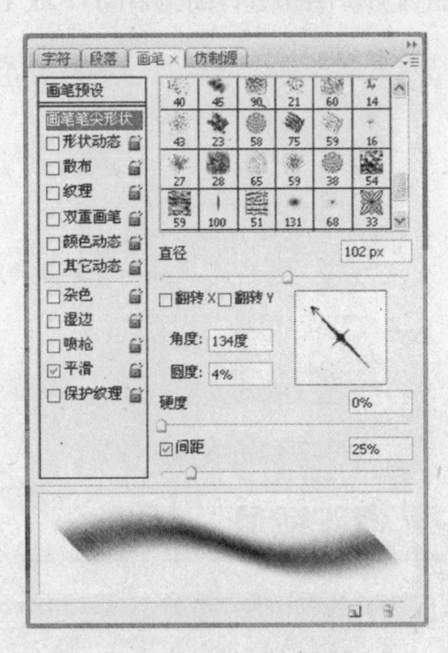

图231-3 “画笔”面板

03 设置前景色为白色，新建图层，在图像编辑窗口中的相应位置单击鼠标左键，添加光线，效果如图231-4所示。

图231-4 添加光线

04 在“画笔”面板中重新设置画笔的直径及角度，然后在图像编辑窗口中的相应位置单击鼠标左键，以添加其他形状的光线，效果如图231-5所示。

05 用同样的方法，添加其他光线，效果如图231-1所示。

图231-5 添加光线

实例232 仿古地砖

本实例制作仿古地砖贴图，效果如图232-1所示。

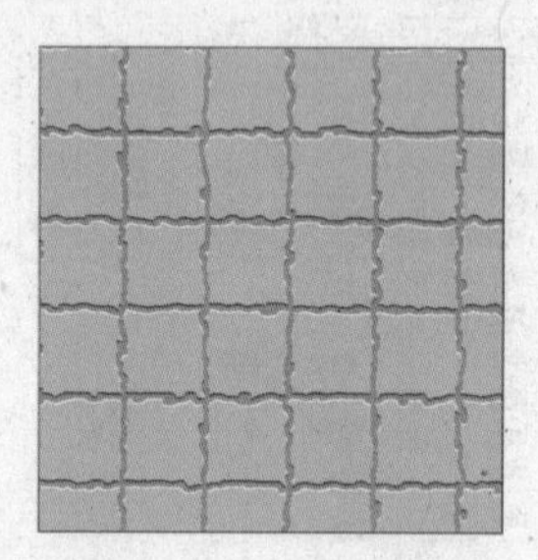

图232-1 仿古地砖效果

操作步骤

01 单击“文件”|“新建”命令，新建一个名称为“实例232”的RGB模式的图像文件，并设置其“宽度”和“高度”值均为10厘米、“分辨率”为150像素/英寸。设置前景色为浅绿色（RGB值分别为189、201、187），按【Alt + Delete】组合键，填充前景色，效果如图232-2所示。

图232-2 填充前景色

02 单击“滤镜”|“纹理”|“马赛克拼贴”命令，弹出“马赛克拼贴”对话框，在该对话框中设置“拼贴大小”为100、“缝隙宽度”为6、“加亮缝隙”为8，单击“确定”按钮，添加马赛克拼贴效果，如图232-1所示。

实例233 黑白地砖

本实例制作黑白地砖贴图，效果如图233-1所示。

图233-1 黑白地砖效果

操作步骤

01 单击“文件”|“新建”命令，新建一个RGB模式的图像文件，并设置其“宽度”和“高度”值均为2厘米、“分辨率”为150像素/英寸。按【Ctrl + R】组合键，显示标尺，按住鼠标左键并拖曳鼠标，构建参考线，如图233-2所示。

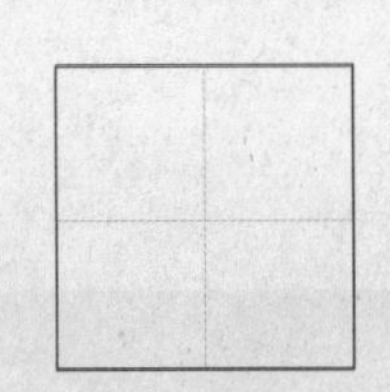

图 233-2 构建参考线

02 在工具箱中选取矩形选框工具，按住【Shift】键，创建两个正方形选区；设置前景色为黑色，按【Alt + Delete】组合键为选区填充前景色，按【Ctrl+D】组合键取消选区，效果如图233-3所示。

03 单击“编辑”|“定义图案”命令，在弹出的“图案名称”对话框中设置其名称为“黑白地砖”，单击“确定”按钮，定义图案。

04 单击“文件”|“新建”命令，新建一个名称为“实例233”的RGB模式的图像文件，并设置其“宽度”和“高度”值均为10厘米、“分辨率”为150像素/英寸，然后在该文件中新建图层。

图 233-3 填充前景色

05 单击“编辑”|“填充”命令，弹出“填充”对话框，设置“使用”为“图案”，并在自定图案列表框中选择“黑白地砖”图案，单击“确定”按钮，效果如图233-1所示。

实例234 踢脚线

本实例制作踢脚线，效果如图 234-1 所示。

图 234-1 踢脚线效果

操作步骤

01 单击“文件”|“新建”命令，新建一个名称为“实例234”的RGB模式的图像文件，并设置其“宽度”和“高度”值分别为20厘米和5厘米、“分辨率”为150像素/英寸。在工具箱中选取矩形选框工具，在图像编辑窗口中创建两个矩形选区，如图234-2所示。

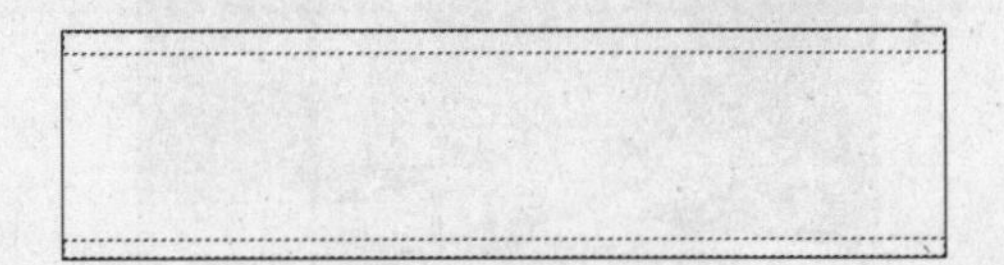

图 234-2 创建矩形选区

02设置前景色为草绿色（RGB值分别为0、133、53），新建图层，按【Alt + Delete】组合键，填充前景色；按【Ctrl + D】组合键取消选区，效果如图234-3所示。

图 234-3 填充前景色

03在工具箱中选取钢笔工具，创建菱形路径，效果如图234-4所示。

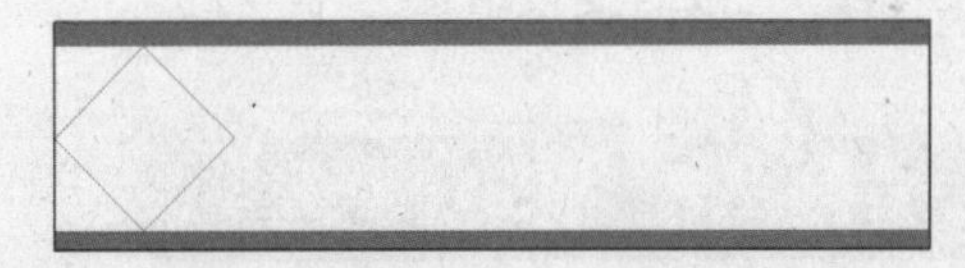

图 234-4 创建路径

04 新建图层，按【Ctrl + Enter】组合键将路径转换为选区，按【Alt + Delete】组合键填充前景色，按【Ctrl+D】组合键取消选区。连续按【Ctrl + J】组合键4次，复制4个图层，并使用移动工具，分别将各图层副本中的图像移动至合适位置，效果如图234-5所示。

实例235 提高亮度

本实例对效果图进行局部修复，效果如图235-1所示。

图235-1 局部修复后的效果

操作步骤

01 单击“文件”|“打开”命令，打开一幅素材图像，如图235-2所示。

图235-2 素材图像

02 按【Ctrl + J】组合键，复制背景图层；在工具箱中选取钢笔工具，创建所需的路径，按【Ctrl + Enter】组合键将路径转换为选区，如图235-3所示。

图235-3 创建选区

03 按【Ctrl + Alt + D】组合键，弹出“羽化选区”对话框，设置“羽化半径”为3像素，单击“确定”按钮羽化选区。按【Ctrl+U】组合键，弹出“色相/饱和度”对话框，设置各参数，如图235-4所示。

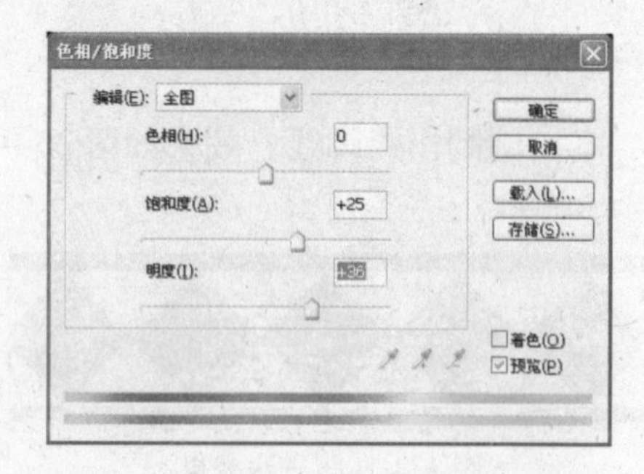

图235-4 “色相/饱和度”对话框

04 单击“确定”按钮，按【Ctrl+D】组合键取消选区，并调整图像亮度，效果如图235-1所示。

实例236 明暗调整

本实例对效果图整体的明暗进行调整，效果如图236-1所示。

图236-1 整体明暗调整后的效果

操作步骤

01 单击“文件”|“打开”命令，打开一幅素材图像，如图236-2所示。

图 236-2 素材图像

02 按【Ctrl + J】组合键，复制背景图层；按【Ctrl + M】组合键，弹出“曲线”对话框，在该对话框中调整曲线，如图236-3所示。

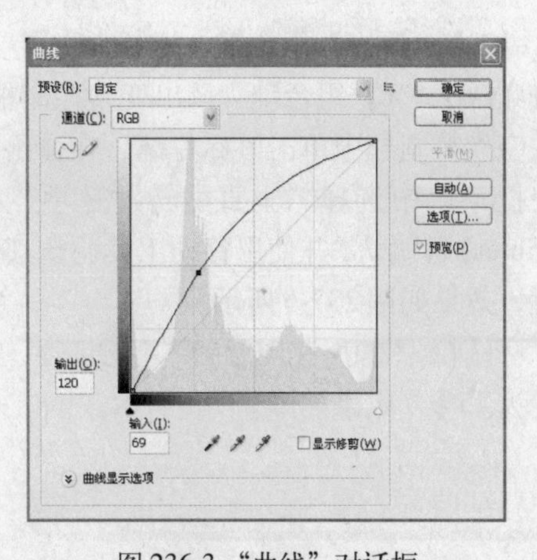

图 236-3 “曲线”对话框

03 单击“确定”按钮，效果如图236-1所示。

实例237 漂亮新娘

本实例制作人物倒影效果，效果如图 237-1 所示。

图 237-1 倒影效果

操作步骤

01 单击“文件”|“打开”命令，打开一幅素材图像，如图 237-2 所示。

图 237-2 室内效果图

02 单击“文件”|“打开”命令，打开另一幅素材图像，效果如图 237-3 所示。

图 237-3 素材图像

03 在工具箱中选取移动工具，将人物图像拖曳至室内效果图中；按【Ctrl + T】组合键，调出变换控制框，适当调整人物图像的大小，按【Enter】键确认变换，并将其移动至合适位置，效果如图 237-4 所示。

图 237-4 调整图像大小

04 按【Ctrl + J】组合键，复制人物图层，按【Ctrl + T】组合键，调出变换控制框，在变换控制框中单击鼠标右键，在弹出的快捷菜单中选择“垂直翻转”选项，按【Enter】键确认，并使用移动工具调整其位置，效果如图237-5所示。

05 将副本图像所在图层的“不透明度”设置为45%，效果如图237-1所示。

图237-5 复制图层并垂直翻转

实例238 电视机屏幕

本实例制作电视机屏幕效果，如图238-1所示。

图238-1 电视机屏幕效果

操作步骤

01 单击“文件”|“打开”命令，打开一幅素材图像，效果如图238-2所示。

图238-2 室内效果图

02 单击“文件”|“打开”命令，打开另一幅素材图像，效果如图238-3所示。

图238-3 素材图像

03 在工具箱中选取移动工具，将素材图像拖曳至室内效果图中。按【Ctrl + T】组合键，调出变换控制框，调整素材图像的大小；结合【Ctrl】键，调整控制点的位置，按【Enter】键确认变换，效果如图238-4所示。

图238-4 变换图像

04 隐藏“图层1”，将背景图层作为当前图层；在工具箱中选取钢笔工具，在图像编辑窗口中依照电视屏幕的四边，创建路径，如图238-5所示。

图 238-5 创建路径

05 按【Ctrl + Enter】组合键，将路径转换为选区；取消隐藏“图层1”，并将“图层1”设为当前图层；在“图层”面板中单击“添加图层蒙版”按钮，效果如图238-1 所示。

实例239 盆景效果

本实例将为效果图添加盆景，效果图如图 239-1 所示。

图 239-1 添加盆景后的效果

操作步骤

01 单击“文件”|“打开”命令，打开一幅素材图像，如图 239-2 所示。

02 单击“文件”|“打开”命令，打开另一幅素材图像，如图 239-3 所示。

03 在工具箱中选取移动工具，将素材图像拖曳至室内效果图中。按【Ctrl + T】组合键，调出变换控制框，调整素材图像的大小并水平翻转，按【Enter】键确认变换，然后将其移动至合适位置，效果如图 239-1 所示。

图 239-2 室内效果图

图 239-3 素材图像

实例240 镜头光晕

本实例制作镜头光晕效果，效果如图 240-1 所示。

图 240-1 镜头光晕效果

操作步骤

01 单击“文件”|“打开”命令，打开一幅素材图像，如图 240-2 所示。

图 240-2 素材图像

02 按【Ctrl + J】组合键，复制图层。单击“滤镜”|“渲染”|“镜头光晕”命令，弹出“镜头光晕”对话框，在“光晕中心”选项区中移动光晕中心，并设置其他参数，如图 240-3 所示。

图 240-3 “镜头光晕”对话框

03 单击“确定”按钮，即可制作室内的镜头光晕效果，如图 240-1 所示。

实例 241 添置小家具

本实例为室内效果图添置小家具，效果如图 241-1 所示。

图 241-1 添置小家具后的效果

操作步骤

01 单击“文件”|“打开”命令，打开一幅素材图像，如图 241-2 所示。

图 241-2 室内效果图

02 单击“文件”|“打开”命令，打开另一幅素材图像，如图 241-3 所示。

图 241-3 素材图像

03 选取工具箱中的移动工具，将素材图像拖曳至室内效果图中。按【Ctrl + T】组合键，调出变换控制框，并适当地调整图像的大小，按【Enter】键确认变换，然后将其移动至合适位置，效果如图 241-4 所示。

图 241-4 变换图像

04 按【Ctrl + J】组合键，复制图层副本。按【Ctrl + T】组合键，调出变换控制框，在变换控制框中单击鼠标右键，在弹出的快捷菜单中选择“垂直翻转”选项，并将其移动至合适位置；设置副本图层的“不透明度”为60%，并使用橡皮擦工具擦除多余图像，效果如图241-5所示。

05 参照步骤（3）~（4）的操作，将素材241-6中的图像添加至室内效果图中，并为其创建倒影，效果如图241-1所示。

图241-5 创建倒影效果

实例242 灯池效果

本实例制作灯池效果，效果如图242-1所示。

图242-1 灯池效果

操作步骤

01 单击“文件”|“打开”命令，打开一幅素材图像，如图242-2所示。

图242-2 素材图像

02 在工具箱中选取钢笔工具，然后在图像编辑窗口中创建路径，如图242-3所示。

图242-3 创建路径

03 设置主直径为35px的圆头画笔，调整其硬度为0%。设置前景色为浅蓝色（RGB值分别217、221、249），新建图层，在“路径”面板中单击“用画笔描边路径”按钮两次，效果如图242-4所示。

图242-4 描边路径

04 隐藏"图层1"，在工具箱中选取多边形套索工具，在图像编辑窗口中创建选区，如图242-5所示。

05 取消隐藏"图层1"，确认"图层1"为当前图层，按【Delete】键删除选区内的图像，按【Ctrl + D】组合键取消选区，效果如图242-1所示。

图242-5 创建选区

实例243 窗外效果

本实例制作卧室窗外效果，如图243-1所示。

图243-1 窗外效果

操作步骤

01 单击"文件"|"打开"命令，打开一幅素材图像，如图243-2所示。

图243-2 室内效果图

02 单击"文件"|"打开"命令，打开另一幅素材图像，如图243-3所示。

03 在工具箱中选取移动工具，将素材图像拖曳至室内效果图中。按【Ctrl + T】组合键，调出变换控制框，并适当调整图像的大小，按【Enter】键确认变换，效果如图243-4所示。

图243-3 素材图像

图243-4 变换图像

04 隐藏"图层1"，将背景图层作为当前图层；在工具箱中选取魔棒工具，在其属性栏中设置"容差"值为20，取消选择"连续"复选框。在图中窗口位置单击鼠标左键，创建选区；取消隐藏"图层1"，并将"图层1"作为当前图层，在"图层"面板中单击"添加图层蒙版"按钮，效果如图243-1所示。

实例244 光晕效果

本实例制作光晕效果，效果如图244-1所示。

图244-1 光晕效果

操作步骤

01 单击“文件”|“打开”命令，打开一幅素材图像，效果如图244-2所示。

图244-2 素材图像

02 在工具箱中选取画笔工具，设置其“主直径”为250px、“硬度”为0%，并在其属性栏中设置其“不透明度”为65%。新建图层，在图像中的床头灯处单击鼠标左键，添加光晕效果，如图244-1所示。

第10章 E网打尽——网页制作

网站建设是一个庞大而复杂的工程，而网页的制作则是其重中之重，在确定了网站的主体内容后，就需要对网站的整体布局进行认真的规划和设计。设计者需要根据网站的性质和功能，综合多方面的资源对页面进行合理的美化和布局。本章通过多个实例，介绍网页制作中各种网页元素的制作方法。

实例245 水晶按钮

本实例制作水晶按钮，效果如图245-1所示。

网站首页 友情链接 网站导航 网站论坛 在线培训

图245-1 水晶按钮效果

操作步骤

01 单击“文件”|“新建”命令，新建一个名称为“实例245”的RGB模式的图像文件，并设置其“宽度”和“高度”值分别为960像素和330像素、“分辨率”为300像素/英寸。在工具箱中选取圆角矩形工具，并在其属性栏中设置“半径”为10px，创建圆角矩形，效果如图245-2所示。

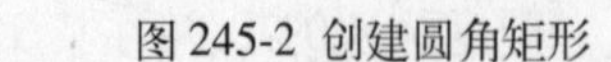

图245-2 创建圆角矩形

02 按【Ctrl + Enter】组合键，将路径转换为选区；设置前景色为草绿色（RGB值分别为0、156、18），新建图层，按【Alt + Delete】组合键为选区填充前景色，按【Ctrl+D】组合键取消选区，效果如图245-3所示。

03 选取圆角矩形工具，在图像编辑窗口中创建圆角矩形，如图245-4所示。

04 按【Ctrl + Enter】组合键，将路径转换为选区；设置前景色为白色，在工具箱中选取渐变工具，在其工具属性栏中单击“点按可编辑渐变”按钮，在弹出的“渐变编辑器”窗口的“预设”选区中选中“前景到透明”选项，单击“确定”按钮。新建图层，在图像编辑窗口中由上至下填充渐变，按【Ctrl+D】组合键取消选区，效果如图245-5所示。

图245-3 填充前景色

图245-4 创建圆角矩形

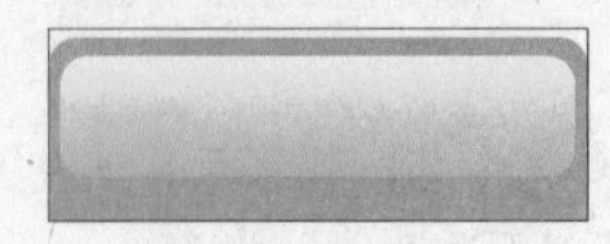

图245-5 渐变填充

05 选取文字工具，输入相应的文本，效果如图245-6所示。

图245-6 输入文本

06 运用同样的方法，制作其他按钮，效果如图245-1所示。

实例246 图形按钮

本实例制作图形按钮，效果如图246-1所示。

图246-1 图形按钮效果

操作步骤

01 单击“文件”|“新建”命令，新建一个名称为“实例246”的RGB模式的图像文件，并设置其“宽度”和“高度”值分别为300像素和150像素、“分辨率”为300像素/英寸。在工具箱中选取圆角矩形工具，并在其属性栏中进行相应的设置，然后在图像编辑窗口中创建圆角矩形，如图246-2所示。

图246-2 创建圆角矩形

02 按【Ctrl + Enter】组合键，将路径转换为选区，设置前景色为粉红色（RGB值分别为250、218、240）；新建图层，按【Alt + Delete】组合键为其填充前景色，按【Ctrl+D】组合键取消选区；在工具箱中选取矩形选框工具，创建一个矩形选区，如图246-3所示。

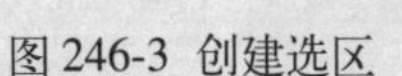

图246-3 创建选区

03 设置前景色为白色，按【Alt + Shift + Delete】组合键锁定像素并填充前景色，按【Ctrl+D】组合键取消选区。单击“编辑”|“描边”命令，在弹出的“描边”对话框中设置描边“宽度”为1px、“颜色”为粉色(RGB值分别为253、63、175)、“位置”为“居外”，单击“确定”按钮，效果如图246-4所示。

图246-4 描边对象

04 单击“文件”|“打开”命令，打开一幅素材图像，将其拖曳至图像编辑窗口中，并适当调整图像大小及位置，效果如图246-5所示。

图246-5 添加素材图像

05 使用文字工具输入相应的文本，效果如图246-1所示。

实例247 纹理按钮

本实例制作纹理按钮，效果如图247-1所示。

操作步骤

01 单击“文件”|“新建”命令，新建一个名称为“实例247”的RGB模式的图像文件，并设置其“宽度”和“高度”值分别为10厘米和5厘米、分辨率为150像素/英寸。选取工具箱中的钢笔工具，创建路径，如图247-2所示。

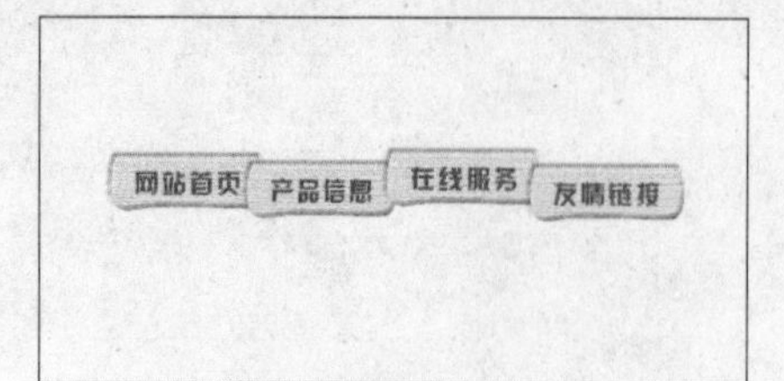

图 247-1 纹理按钮效果

图 247-2 创建路径

02 按【Ctrl + Enter】组合键，将路径转换为选区。新建图层，设置前景色为土黄色（RGB 值分别为 234、224、192），按【Alt + Enter】组合键，填充前景色，按【Ctrl+D】组合键，取消选区，效果如图 247-3 所示。

图 247-3 填充前景色

03 单击“滤镜”|“纹理”|“纹理化”命令，弹出“纹理化”对话框，保持各参数为默认值，单击“确定”按钮，效果如图 247-4 所示。

04 为“图层 1”添加“斜面和浮雕”图层样式，在打开的“图层样式”对话框中设置各参数，如图 247-5 所示。

05 单击“确定”按钮，应用“斜面和浮雕”图层样式，效果如图 247-6 所示。

实例 248 发光按钮

本实例制作发光按钮，效果如图 248-1 所示。

图 247-4 添加“纹理”滤镜效果

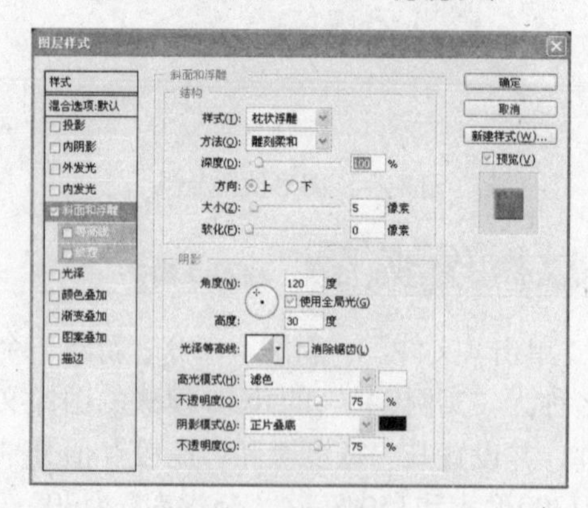

图 247-5 “图层样式”对话框

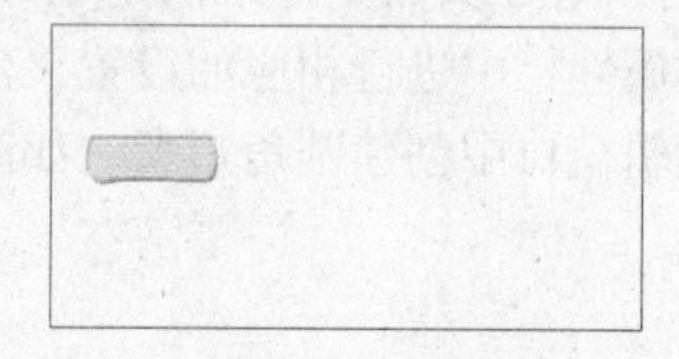

图 247-6 添加图层样式后的效果

06 使用文字工具输入相应的文本，并设置文本图层的“混合模式”为“正片叠底”，效果如图 247-7 所示。

图 247-7 输入文本后的效果

07 运用同样的方法，制作其他按钮，效果如图 247-1 所示。

操作步骤

01 单击“文件”|“新建”命令，新建一个

名称为“实例248”的RGB模式的图像文件，并设置其“宽度”和“高度”值分别为10厘米和2.5厘米、“分辨率”为150像素/英寸。在工具箱中选取渐变工具，由上至下为背景图层填充渐变色，其中顶部颜色为深蓝色（RGB值分别为102、87、240）、底部颜色为白色，效果如图248-2所示。

图248-1 发光按钮效果

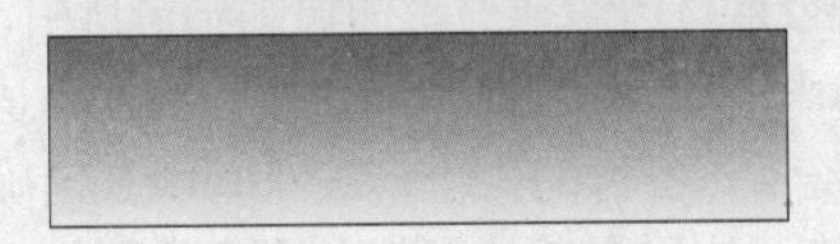

图248-2 渐变填充效果

02在工具箱中选取椭圆选框工具，在图像编辑窗口中创建一个正圆形选区，如图248-3所示。

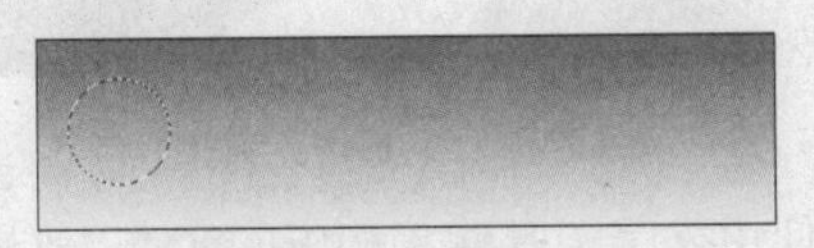

图248-3 创建选区

03新建图层，设置前景色为蓝色（RGB值分别为97、82、239），按【Alt + Delete】组合键填充前景色，按【Ctrl + D】组合键取消选区，并为“图层1”中的图像添加“内发光”图层样式，在打开的“图层样式”对话框中设置内发光“大小”为10像素，单击“确定”按钮，应用内发光图层样式，效果如图248-4所示。

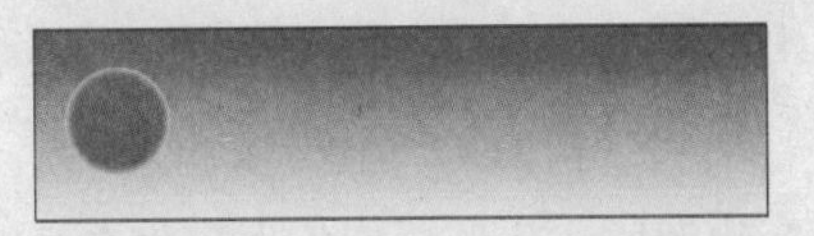

图248-4 填充选区并添加图层样式

04在图像编辑窗口中输入相应的文本，效果如图248-5所示。

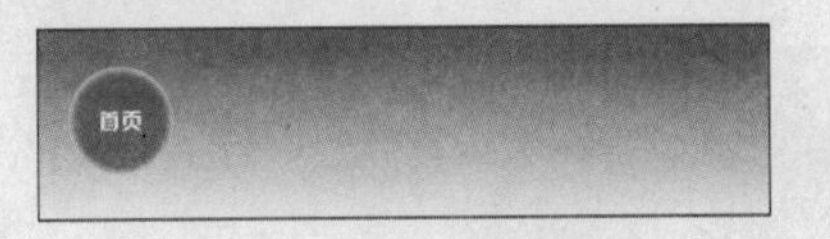

图248-5 输入相应文本

05在工具箱中选取椭圆选框工具，并创建椭圆形选区。在工具箱中选取渐变工具，设置渐变类型为“前景到透明”，设置前景色为白色，新建图层，并由上至下填充渐变，按【Ctrl+D】组合键取消选区，效果如图248-6所示。

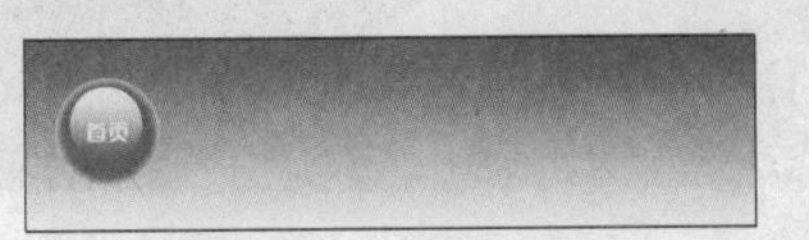

图248-6 渐变填充选区

06 选择除背景以外的所有图层，按【Ctrl+G】组合键，创建组；使用相同的方法，制作其他按钮，并更换填充颜色及文本内容，效果如图248-1所示。

实例249 尼康相机

本实例制作尼康相机Banner广告，效果如图249-1所示。

图249-1 Banner广告效果

操作步骤

01单击“文件”|“新建”命令，新建一个名称为“实例249”的RGB模式的图像文件，并设置其“宽度”和“高度”值分别为15厘米和4厘米、“分辨率”为150像素/英寸。在工具箱中选取钢笔工具，创建路径，按【Ctrl + Enter】组合键，将路径转

换为选区，如图249-2所示。

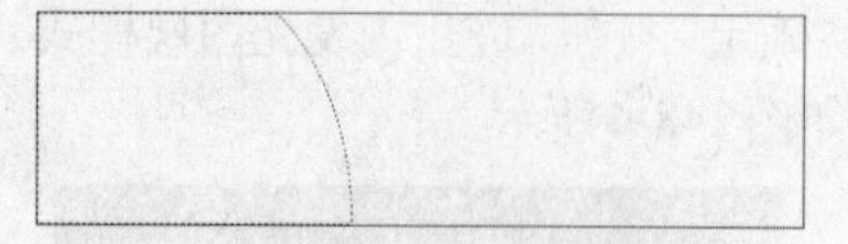

图249-2 创建选区

02新建图层，设置前景色为深红色（RGB值分别为179、0、0），按【Alt + Delete】组合键填充前景色，按【Ctrl+D】组合键取消选区，效果如图249-3所示。

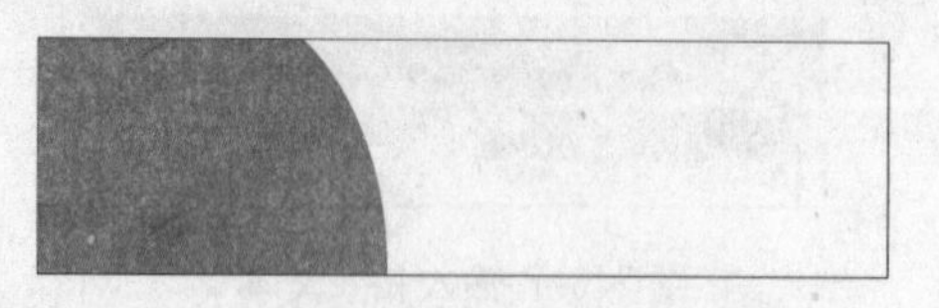

图249-3 填充前景色

03在工具箱中选取多边形套索工具，并创建选区。设置前景色为黑色，按【Alt + Delete】组合键填充前景色，按【Ctrl + D】组合键取消选区，效果如图249-4所示。

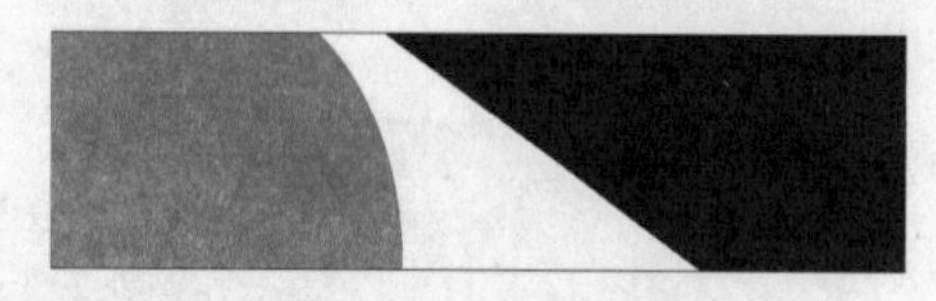

图249-4 创建选区并填充前景色

04单击“文件”|“打开”命令，打开一幅素材图像，如图249-5所示。

图249-5 素材图像

05将素材图像拖曳至图像编辑窗口中，按【Ctrl + T】组合键调出变换控制框，适当调整素材图像的大小，按【Enter】键确认变换。使用合适的画笔，在素材图像中添加高光效果，如图249-6所示。

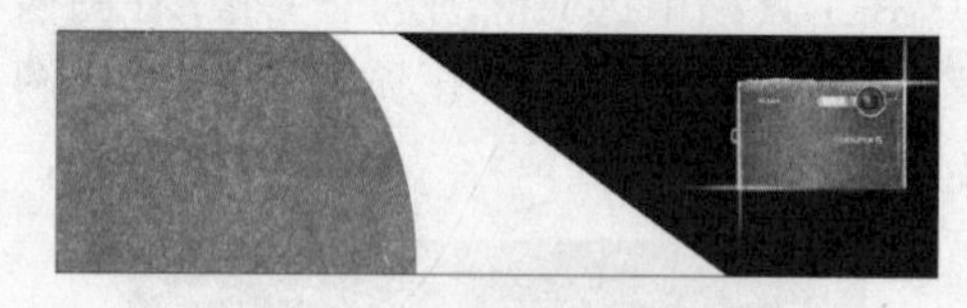

图249-6 添加高光效果

06使用文字工具输入相应的文本，效果如图249-1所示。

实例250 爱盟珠宝

本实例制作爱盟珠宝广告，效果如图250-1所示。

图250-1 Banner广告效果

操作步骤

01单击“文件”|“新建”命令，新建一个名称为“实例250”的RGB模式的图像文件，并设置其“宽度”和“高度”值分别为15厘米和4厘米、“分辨率”为150像素/英寸。在工具箱中选取渐变工具，并设置渐变类型为“前景到透明”，设置前景色为紫色（RGB值分别为119、15、101）；新建图层，然后从上至下填充渐变，效果如图250-2所示。

图250-2 渐变填充

02单击“滤镜”|“渲染”|“镜头光晕”命令，弹出“镜头光晕”对话框，设置“亮

度”为95%、“镜头类型”为“电影镜头”，并移动光晕中心至合适位置，效果如图250-3所示。

图250-3 添加镜头光晕效果

03 单击“文件”|“打开”命令，打开一幅素材图像，效果如图250-4所示。

04 在工具箱中选取移动工具，将素材图像拖曳至图像编辑窗口中。按【Ctrl + T】组合键，调出变换控制框，适当调整图像的大小，按【Enter】键确认变换，效果如图250-5所示。

图250-4 素材图像

图250-5 添加素材图像并调整大小

05 使用文字工具输入相应的文本，效果如图250-1所示。

实例251 网页背景

本实例制作网页背景，效果如图251-1所示。

图251-1 网页背景效果

操作步骤

01 单击“文件”|“新建”命令，新建一个名称为“实例251”的RGB模式的图像文件，并设置其“宽度”和“高度”值分别为1005像素和800像素、分辨率为150像素/英寸。设置前景色为灰色（RGB值分别为217、216、216），按【Alt + Delete】组合键填充前景色，效果如图251-2所示。

02 单击“滤镜”|“杂色”|“添加杂色”命令，弹出“添加杂色”对话框，从中设置各参数，如图251-3所示。

图251-2 填充前景色

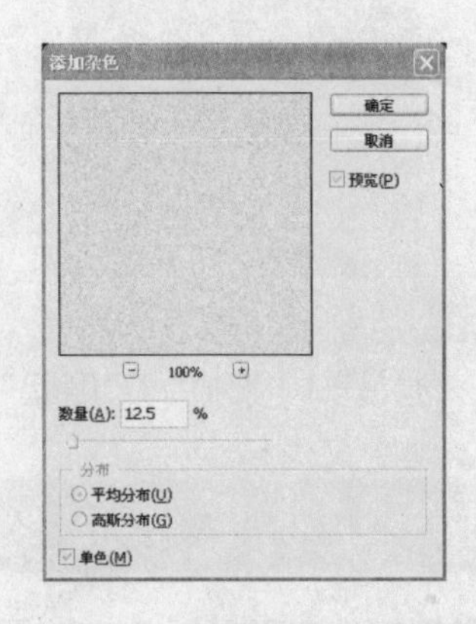

图251-3 “添加杂色”对话框

03单击“确定”按钮添加杂色滤镜，效果如图251-4所示。

04单击“滤镜”|“艺术效果”|“调色刀”命令，弹出“调色刀”对话框，保持参数为默认设置，单击“确定”按钮，效果如图251-1所示。

图251-4 添加杂色后的效果

实例252 网页背景

本实例制作网页背景，效果如图252-1所示。

图252-1 网页背景效果

操作步骤

01单击“文件”|“新建”命令，新建一个名称为“实例252”的RGB模式的图像文件，并设置其“宽度”和“高度”值分别为1005像素和800像素、“分辨率”为150像素/英寸。设置前景色为土黄色（RGB值分别为207、197、185），按【Alt + Delete】组合键填充前景色，效果如图252-2所示。

图252-2 填充前景色

02单击“滤镜”|“素描”|“网状”命令，在弹出的“网状”对话框中设置各参数，如图252-3所示。

图252-3 “网状”对话框

03单击“确定”按钮添加“网状”滤镜，效果如图252-4所示。

图252-4 添加“网状”滤镜效果

04单击“滤镜”|“素描”|“半调图案”命令，弹出“半调图案”对话框，保持该对话框中各参数为默认设置，单击“确定”按钮，效果如图252-1所示。

实例253 水平导航

本实例制作水平导航条，效果如图253-1所示。

图 253-1 水平导航条效果

操作步骤

01 单击“文件”|“新建”命令，新建一个名称为“实例253”的RGB模式的图像文件，并设置其“宽度”和“高度”值分别为15厘米和4厘米、“分辨率”为150像素/英寸。选取工具箱中的矩形选框工具，在图像编辑窗口中创建矩形选区，如图253-2所示。

图 253-2 创建选区

02 在工具箱中选取渐变工具，并在其属性栏中设置渐变类型为“对称渐变”；单击属性栏中的“点按可编辑渐变”按钮，弹出“渐变编辑器”窗口，在“预设”选项区中单击“红色、蓝色、黄色”色块，设置第1个色标的颜色为灰色（RGB值分别为229、229、230）、第2个色标的颜色为白色、第3个色标的颜色为灰色（RGB值分别为229、229、230），单击“确定”按钮。新建图层，从上至下为矩形选区填充渐变，效果如图253-3所示。

图 253-3 渐变填充

03 按【Ctrl + D】组合键取消选区，并输入相应的文本，效果如图253-4所示

图 253-4 输入文本

04 选择除“背景”图层以外的所有图层，按【Ctrl + G】组合键创建组，然后复制8个组，并分别更改各组的文本内容，然后选择其中一个组，更改其背景色，从上至下颜色依次为深红色（RGB值分别为187、80、80）、白色和深红色，效果如图253-5所示。

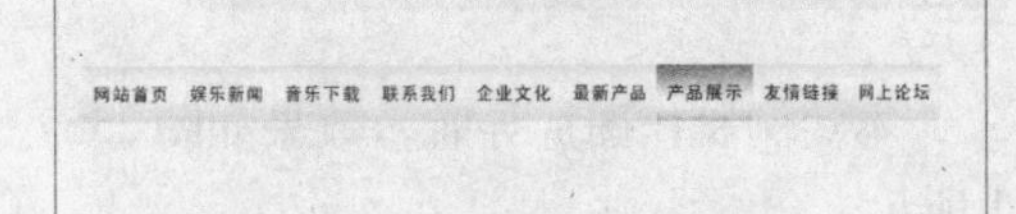

图 253-5 制作其他按钮

05 在工具箱中选取矩形选框工具，在图像编辑窗口中创建矩形选区；设置前景色为褐色（RGB值分别为155、0、0），新建图层，按【Alt + Delete】组合键填充前景色，按【Ctrl+D】组合键取消选区，效果如图253-1所示。

实例254 垂直导航

本实例制作垂直导航条，效果如图254-1所示。

操作步骤

01 单击“文件”|“新建”命令，新建一个名称为“实例254”的RGB模式的图像文件，并设置其“宽度”和“高度”值分别为4厘米和8厘米、“分辨率”为150像素/英寸。在工具箱中选取矩形选框工具，然后在图像编辑窗口中创建选区，如图254-2所示。

02 新建图层，设置前景色为灰色（RGB值分别为217、212、212），按【Alt + Delete】

组合键为选区填充前景色；按【Ctrl+D】组合键取消选区，并为绘制的图形添加内发光图层效果，然后输入相应的文本，效果如图254-3所示。

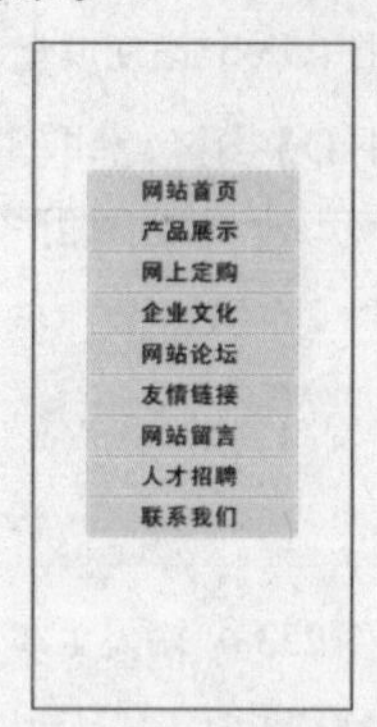

图254-1 垂直导航条效果

03单击“编辑”|“描边”命令，弹出“描边”对话框，设置描边“宽度”值为1px、“颜色”为灰色（RGB值分别为194、194、171）、“位置”为“居外”。选择除背景以外的所有图层，按【Ctrl + G】组合键创建组，然后复制8个组副本，使用工具箱中的移动工具，分别调整各组中图像位置，并更改相应的文本内容，效果如图254-1所示。

图254-2 创建矩形选区　　图254-3 添加内发光效果

实例255 图片导航

本实例制作图片导航，效果如图255-1所示。

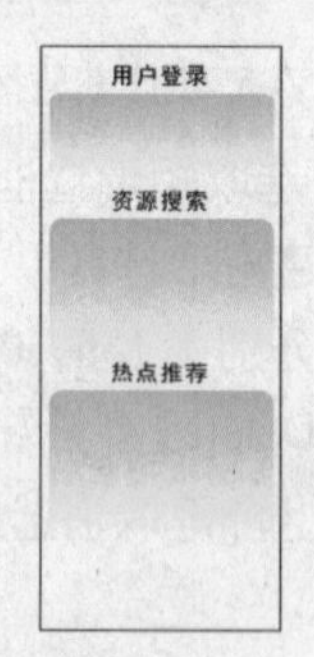

图255-1 图片导航效果

操作步骤

01单击“文件”|“新建”命令，新建一个名称为“实例255”的RGB模式的图像文件，并设置其“宽度”和“高度”值分别为3厘米和7厘米、“分辨率”为150像素/英寸。在工具箱中选取矩形选框工具，在图像编辑窗口中创建矩形选区，如图255-2所示。

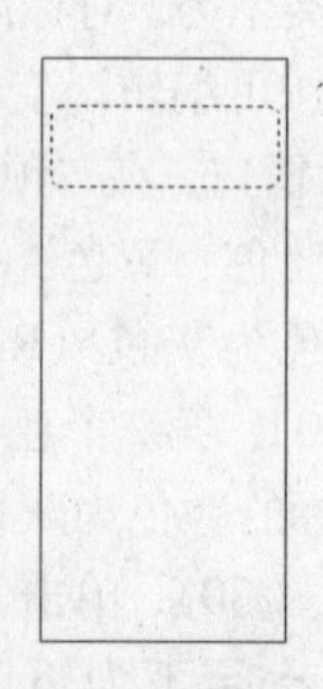

图255-2 创建选区

02在工具箱中选取渐变工具，并在“渐变编辑器”窗口中设置渐变类型为“前景到透明”，然后设置前景色为浅绿色（RGB值分别为136、209、97），在矩形选区中从上到下填充渐变，效果如图255-3所示。

03按【Ctrl + D】组合键，取消选区。使用文字工具输入相应的文本，效果如图255-4所示。

04运用同样的方法，制作其他导航图片，效果如图255-1所示。

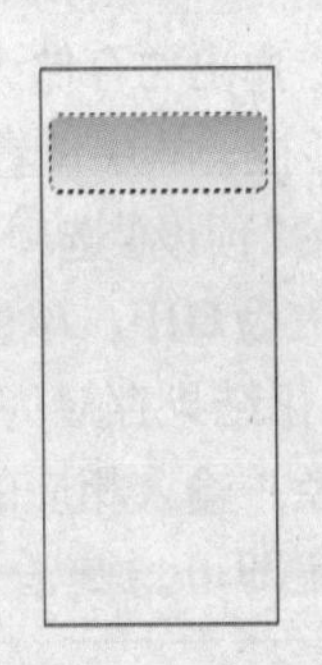

图 255-3 渐变填充

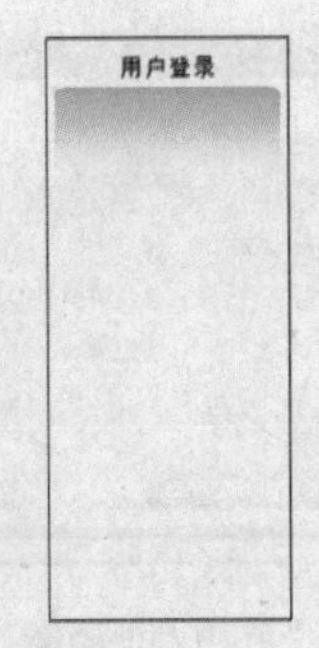

图 255-4 输入文本

实例256 变色字

本实例制作变色字，效果如图256-1所示。

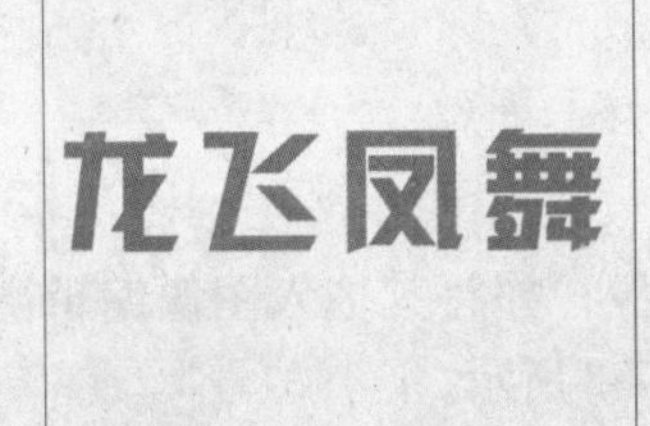

图 256-1 变色字单帧效果

操作步骤

01 单击“文件”|“新建”命令，新建一个名称为“实例256”的RGB模式的图像文件，并设置其“宽度”和“高度”值均为10厘米、“分辨率”为150像素/英寸。选取工具箱中的横排文字工具，在图像编辑窗口中输入“龙飞凤舞”文本，并设置其“字体”为“汉仪菱心体简”、“大小”为62点、“颜色”为绿色（RGB值分别为136、209、97），效果如图256-2所示。

02 单击“图层”|“栅格化”|“文字”命令，将文字图层栅格化。按【Ctrl + J】组合键3次，复制3个图层；单击“窗口”|“动画”命令，调出“动画”面板，在“动画”面板中单击“转换为帧动画”按钮，将“动画”面板转换为帧动画制作模式，如图256-3所示。

图 256-2 输入文本

图 256-3 “动画”面板

03 在“动画”面板中单击“复制所选帧”按钮3次，复制3个帧。选择第2帧，在“图层”面板中将除“龙飞凤舞 副本”图层以外的图层隐藏，并将“龙飞凤舞 副本”图层作为当前图层，按【Ctrl + U】组合键，弹出“色相/饱和度”对话框，设置各参数，如图256-4所示。

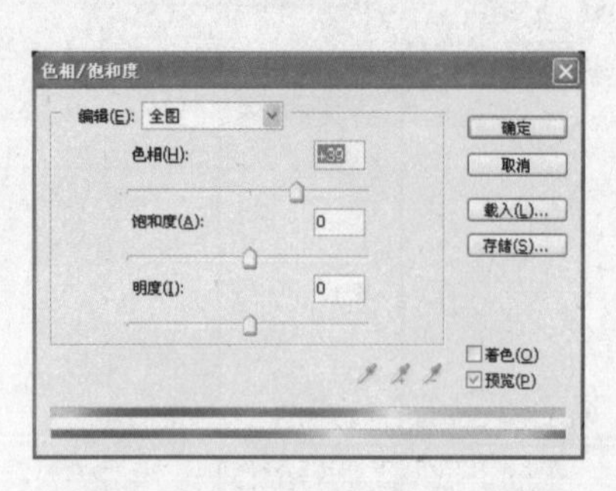

图 256-4 “色相/饱和度”对话框

04 单击“确定”按钮，效果如图256-5所示。

05 运用相同的方法，分别在第3帧、第4帧处调整各帧图像的颜色，在“动画”面板中设置帧延迟时间为0.5秒，单击“播放动画”按钮观看动画，单帧效果如图256-1所示。

06 单击“文件”|“存储为Web和设备所用格式”命令，弹出“存储为Web和设备所用格式”对话框，从中设置“循环选项”为“永远”，并在“预设”选项区中设置“优化的文件格式”为GIF，单击“存储”按钮，弹出“将优化结果存储为”对话框，从中选择保存路径并输入相应的文件名，单击“保存”按钮即可。

图 256-5 调整“色相/饱和度”后的效果

实例 257 汽车动画

本实例制作汽车动画，效果如图257-1所示。

图 257-1 汽车动画单帧效果

操作步骤

01 单击“文件”|“新建”命令，新建一个名称为“实例257”的RGB模式的图像文件，并设置其“宽度”和“高度”值均为10厘米、“分辨率”为150像素/英寸。设置前景色为黑色，按【Alt + Delete】组合键填充前景色，效果如图257-2所示。

02 单击“文件”|“打开”命令，打开一幅素材图像，并将其拖入图像编辑窗口中，如图257-3所示。

图 257-2 填充前景色

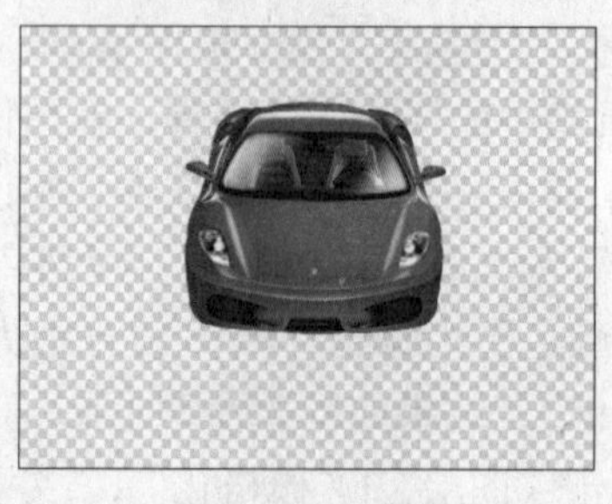

图 257-3 素材图像

03 按【Ctrl + J】组合键，复制素材图像图层。按【Ctrl + T】组合键调出变换控制框，调整汽车副本图像的大小，按【Ctrl + Shift + Alt + T】组合键3次，3次复制并变换图像。使用移动工具调整各图层的位置，效果如图257-4所示。

图257-4 复制图层并多次变换

04 单击“窗口”|“动画”命令，打开“动画”面板，在第1帧时显示“汽车 副本4”，并设置其“不透明度”为40%；在第2帧时显示“汽车 副本3”，并设置其“不透明度”为60%；在第3帧时显示“汽车 副本2”，并设置其“不透明度”为80%；在第4帧时显示“汽车 副本”，并设置其“不透明度”为90%；在第5帧时显示“汽车”，并设置其不透明度为100%；此时“动画”面板如图257-5所示。

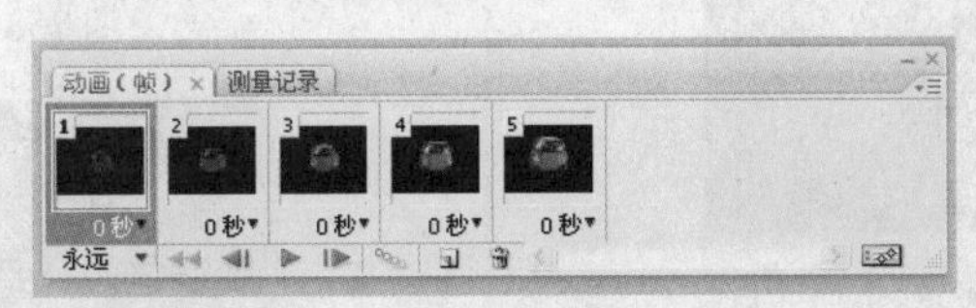

图257-5 “动画”面板

05 在“动画”面板中设置第1、2、3和4帧的延迟时间均为0.2秒，第5帧的延迟时间为1秒，单击“播放动画”按钮，单帧效果如图257-1所示。

第11章 无限创意——合成图片

随着图像处理软件的功能日渐强大，许多在现实中无法实现的效果，在Photoshop CS3中都可以轻松实现。通过本章的学习，读者应掌握Photoshop CS3强大的图像合成功能，并能够制作出一些别具一格的精美作品。

实例258 蝴蝶纹身

本实例制作蝴蝶纹身效果，如图258-1所示。

图258-1 蝴蝶纹身效果 实战步骤

01 单击“文件”|“打开”命令，打开一幅素材图像，如图258-2所示。

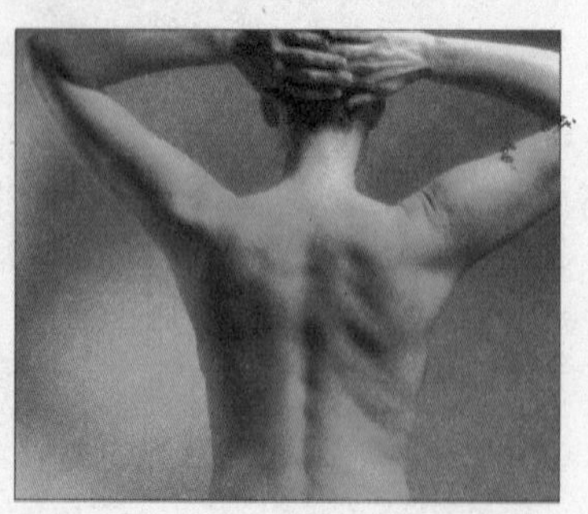

图258-2 素材图像

02 单击“文件”|“打开”命令，打开另一幅素材图像，如图258-3所示。

03 在工具箱中选取移动工具，将蝴蝶图像拖曳至人物图像编辑窗口中，按【Ctrl＋T】组合键，调整蝴蝶图像的大小，并按【Enter】键确认变换，如图258-4所示。

图258-3 素材图像

图258-4 变换图像

04 设置蝴蝶素材所在图层的“混合模式”为“正片叠底”，选择背景图层作为当前图层，按【Ctrl＋A】组合键全选图像，按【Ctrl+C】组合键复制图像；切换至“通道”面板，单击“创建新通道”按钮，新建通道，按【Ctrl＋V】组合键粘贴图像。单击“滤镜”|“模糊”|“高斯模糊”命令，弹出“高斯模糊”对话框，设置“模糊半径”为25像素，单击“确定”按钮，效果如图258-5所示。

05 按【Ctrl＋L】组合键，弹出“色阶”对话框，设置各参数，如图258-6所示。

图258-5 高斯模糊后的效果

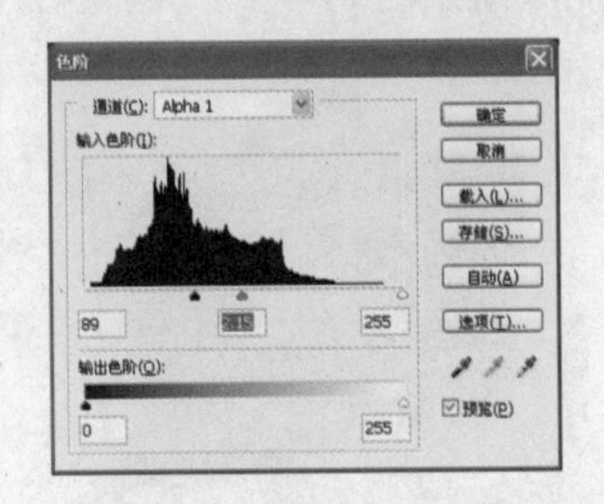

图258-6 “色阶”对话框

06单击“确定”按钮，效果如图258-7所示。

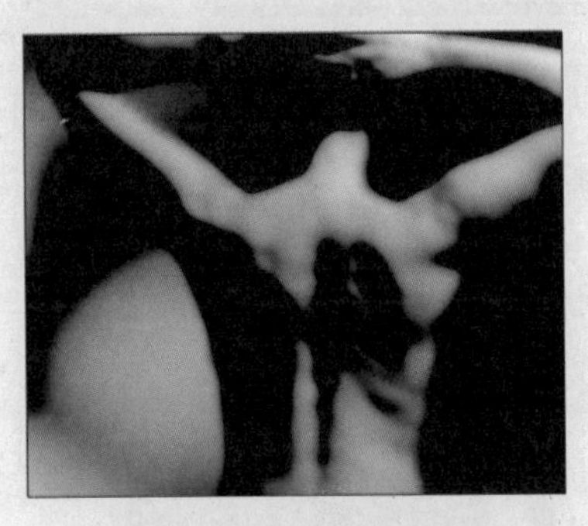

图258-7 调整色阶后的效果

07按住【Ctrl】键，单击Alpha 1通道缩略图，创建高光选区。切换至“图层”面板，并将“图层1”作为当前图层，按【Delete】键3次，删除选区中的图像，按【Ctrl+D】组合键取消高光选区，效果如图258-1所示。

实例259 桌面背景

本实例制作桌面背景，效果如图259-1所示。

图259-1 桌面背景效果

操作步骤

01单击“文件”|“打开”命令，打开一幅素材图像，如图259-2所示。

02单击“文件”|“打开”命令，打开另一幅素材图像，如图259-3所示。

03在工具箱中选取移动工具，将桌面素材图像拖曳至手提电脑图像编辑窗口中，按【Ctrl + T】组合键调出变换控制框，调整素材图像的大小，并结合【Ctrl】键，将素材图像透视变形，按【Enter】键确认变换，效果如图259-1所示。

图259-2 素材图像

图259-3 素材图像

实例260 手提大包

本实例制作手提大包，效果如图260-1所示。

图260-1 手提大包效果

操作步骤

01 单击“文件”|“打开”命令，打开一幅素材图像，如图260-2所示。

图260-2 素材图像

02 运用同样的方法，打开另一幅素材图像，并使用移动工具，将人物素材图像拖曳至手提包图像编辑窗口中。按【Ctrl + T】组合键，调整人物素材图像的大小，并按【Enter】键确认变换，效果如图260-3所示。

03 按住【Ctrl】键，单击“人物”图层的缩略图，将其载入选区。在工具箱中选取渐变工具，并设置其渐变类型为“前景到透明”，设置前景色为黑色，新建图层，从下至上拖曳鼠标填充渐变，隐藏“人物”图层，按【Ctrl+D】组合键取消选区，效果如图260-4所示。

图260-3 调整人物大小后的效果

图260-4 渐变隐藏效果

04 按【Ctrl + T】组合键，调出变换控制框，结合【Ctrl】键，对图像进行透视变形，按【Enter】键确认变换。将“图层1”放置在“人物”图层下面，并设置“图层1”的“不透明度”为25%，取消隐藏“人物”图层，效果如图260-1所示。

实例261 鼠标手机

本实例制作鼠标手机效果，如图261-1所示。

操作步骤

01 单击“文件”|“打开”命令，打开一幅

素材图像，效果如图261-2所示。

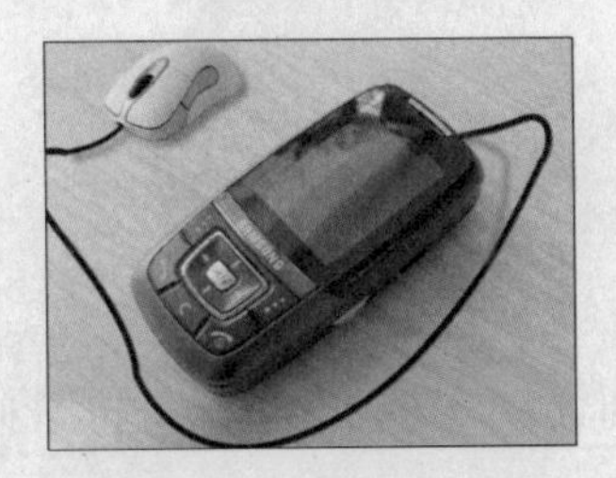

图261-1 鼠标手机效果

图261-2 素材图像

02 运用同样的方法，打开另一幅素材图像，并使用移动工具将其拖曳至手机图像编辑窗口中。按【Ctrl + T】组合键，调出变换控制框，适当调整鼠标的大小，按【Enter】键确认变换，效果如图261-3所示。

图261-3 调整鼠标大小后的效果

03 为“图层1”中的图像添加阴影效果，如图261-4所示。

图261-4 添加阴影后的效果

04 在工具箱中选取钢笔工具，创建所需的路径，如图261-5所示。

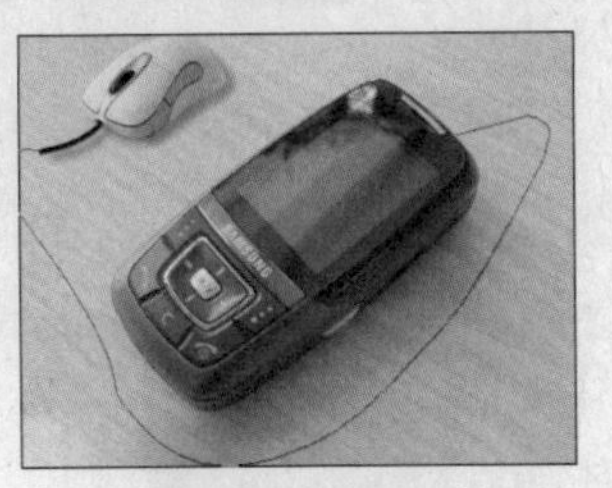

图261-5 创建路径

05 在工具箱中选取画笔工具，并设置画笔“主直径”为10px、圆头软画笔。新建图层，在“路径”面板中单击“用画笔描边路径”按钮，按【Delete】键清除路径，效果如图261-6所示。

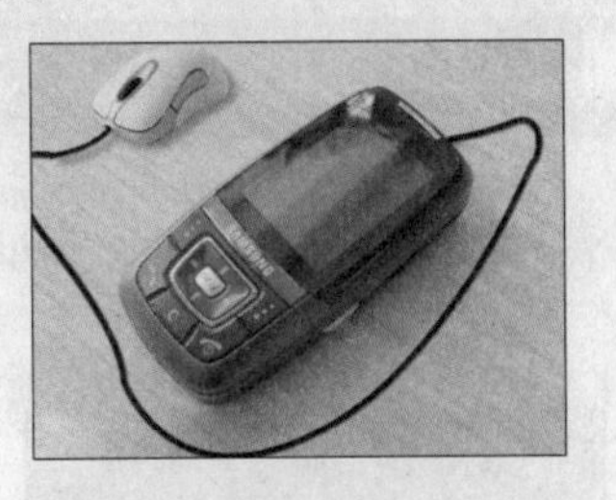

图261-6 描边后的效果

06 运用同样的方法，绘制连线的投影部分并设置其不透明度，效果如图261-1所示。

实例262 蛋壶

本实例制作壶中取蛋，效果如图262-1所示。

操作步骤

01 单击“文件”|“打开”命令，打开一幅素材图像，如图262-2所示。

02 运用同样的方法，打开另一幅素材图像。使用工具箱中的移动工具，将水龙头素材拖曳至鸡蛋图像编辑窗口中，按【Ctrl +

T】组合键，调出变换控制框，并调整水龙头的大小，按【Enter】键确认变换，效果如图262-3所示。

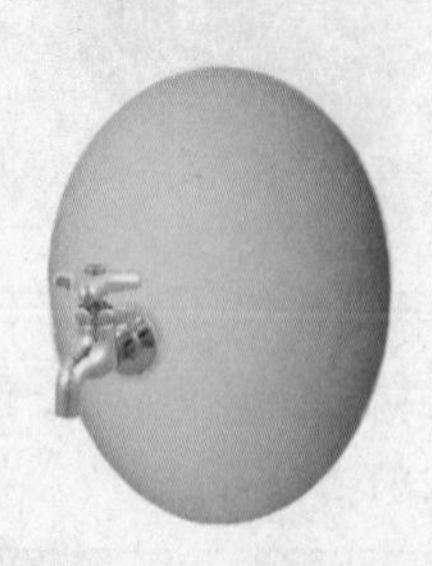

图262-1 “蛋壶”效果

图262-2 素材图像

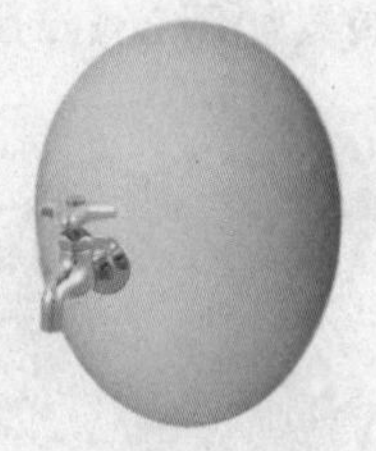

图262-3 调整水龙头大小后的效果

03 选择“图层1”作为当前图层，按【Ctrl + U】组合键，弹出“色相/饱和度”对话框，设置“色相”为138，单击“确定”按钮，效果如图262-4所示。

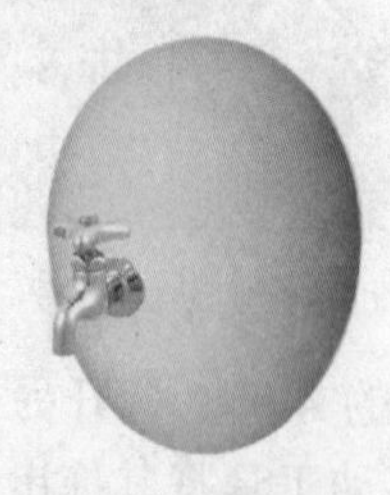

图262-4 调整“色相/饱和度”后的效果

04 选择“背景”图层，在工具箱中选取加深工具，在水龙头与鸡蛋的相接处单击鼠标，加深颜色，效果如图262-1所示。

实例263 爱心西瓜

本实例制作爱心西瓜，效果如图263-1所示。

图263-1 “爱心西瓜”效果

操作步骤

01 单击“文件”|“打开”命令，打开一幅素材图像，如图263-2所示。

图263-2 素材图像

02 在工具箱中选取钢笔工具，在西瓜上创建一条心形路径，效果如图263-3所示。

03 按【Ctrl + Enter】组合键，将路径转换为选区。设置前景色为白色，新建图层，按【Alt + Delete】组合键，为选区填充前景色，按【Ctrl+D】组合键取消选区，效果如图263-4所示。

图 263-3 绘制路径

图 263-4 填充前景色

04 为“图层 1”添加“斜面和浮雕”图层样式，并在弹出的“图层样式”对话框中设置各参数，如图 263-5 所示。

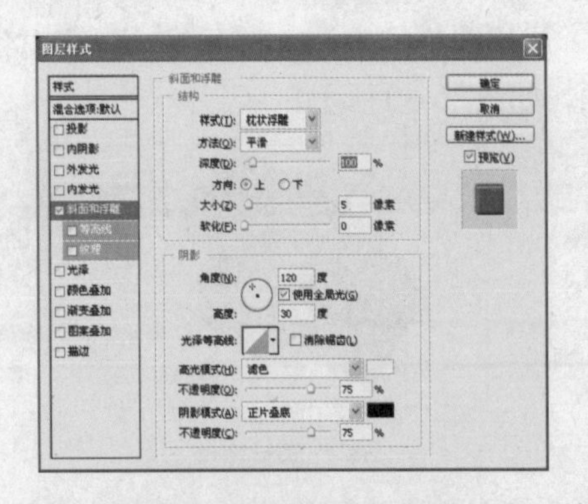

图 263-5 “图层样式”对话框

05 单击“确定”按钮，效果如图263-6所示。

图 263-6 添加图层样式后的效果

06 设置“图层 1”的“混合模式”为“正片叠底”，效果如图 263-7 所示。

图 263-7 更改图层混合模式后的效果

07 按【Ctrl + J】组合键，复制该图层，并将副本图层拖曳至另外一个西瓜上，效果如图 263-1 所示。

实例 264 树叶蝴蝶

本实例制作树叶蝴蝶效果，如图 264-1 所示。

图 264-1 “树叶蝴蝶”效果

操作步骤

01 单击“文件”|“打开”命令，打开一幅素材图像，如图 264-2 所示。

图 264-2 素材图像 1

02 运用同样的方法，打开另一幅素材图像，如图264-3所示。

图264-3 素材图像2

03 在工具箱中选取移动工具，将树叶素材拖曳至蝴蝶图像编辑窗口中；按【Ctrl＋T】组合键，调出变换控制框，适当旋转树叶的角度，按【Enter】键确认变换，并调整其所在图层的"不透明度"为50%，效果如图264-4所示。

图264-4 调整不透明度后的效果

04 在工具箱中选取钢笔工具，沿蝴蝶翅膀创建路径，效果如图264-5所示。

图264-5 创建路径

05 按【Ctrl＋Enter】组合键，将路径转换为选区。确认树叶所在的图层为当前图层，按【Ctrl＋Shift＋I】组合键反选选区，按【Delete】键删除选区中的图像，按【Ctrl+D】组合键取消选区，并将该树叶所在图层的"不透明度"设置为100%，效果如图264-6所示。

图264-6 删除部分图像后的效果

06 参照步骤（3）～（5）的操作，制作其他翅膀，效果如图264-1所示。

实例265 越跳越高

本实例制作越跳越高效果，如图为265-1所示。

图265-1 "越跳越高"效果

操作步骤

01 单击"文件"|"打开"命令，打开一幅素材图像，如图265-2所示。

02 运用同样的方法，打开另一幅素材图像。使用移动工具，将人物素材图像拖曳至宇宙图像编辑窗口中，如图265-3所示。

03 按【Ctrl＋T】组合键，调出变换控制框，适当对人物图像进行旋转，按【Enter】键确认变换，并将其移动至合适位置。在工具箱中选取模糊工具，在图像的边缘进行涂抹，对图像的边缘进行模糊处理，效果如图265-1所示。

图265-2 素材图像

图265-3 添加素材图像

实例266 超大丝瓜

本实例制作海底捞瓜的图像合成效果，如图266-1所示。

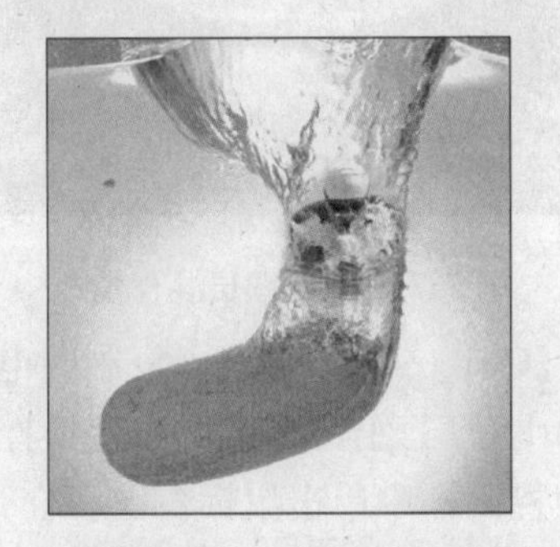

图266-1 “超大丝瓜”效果

操作步骤

01 单击“文件”|“打开”命令，打开一幅素材图像，如图266-2所示。

02 运用同样的方法，打开另一幅素材图像。在工具箱中选取移动工具，将新打开的素材图像拖曳至有丝瓜的素材图像编辑窗口中，按【Ctrl + T】组合键，调出变换控制框，适当调整图像的大小，按【Enter】键确认变换，效果如图266-3所示。

03 在工具箱中选取橡皮擦工具，设置合适的笔头及不透明度，擦除多余的图像，使图像与背景融合，效果如图266-1所示

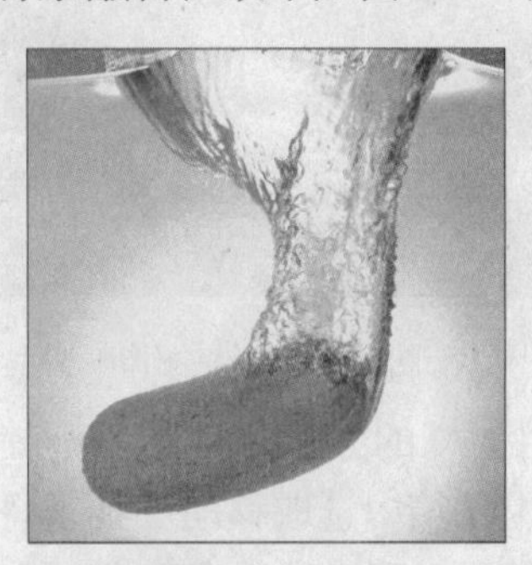

图266-2 素材图像

图266-3 调整图像大小

实例267 晴天霹雳

本实例制作水天相接的图像合成效果，如图267-1所示。

图 267-1 “晴天霹雳”效果

操作步骤

01 单击“文件”|“打开”命令，打开一幅素材图像，如图 267-2 所示。

图 267-2 素材图像

02 运用同样的方法，打开另一幅素材图像。在工具箱中选取移动工具，将闪电图像拖曳至风景图像编辑窗口中，按【Ctrl + T】组合键，调出变换控制框，并适当调整大小及旋转图像，按【Enter】键确认变换，效果如图 267-3 所示。

图 267-3 调整图像大小

03 设置闪电图层的“图层混合”模式为“滤色”，效果如图 267-4 所示。

图 267-4 更改图层混合模式

04 按【Ctrl + J】组合键，复制闪电图层。按【Ctrl + T】组合键，调出变换控制框，在变换控制框中单击鼠标右键，在弹出的快捷菜单中选择“垂直翻转”选项，按【Enter】键确认变换；使用移动工具，调整副本图像的位置，并设置该图层的“不透明度”为23%，效果如图 267-1 所示。

实例268 豹山

本实例制作豹山的图像合成效果，如图 268-1 所示。

图 268-1 “豹山”效果

操作步骤

01 单击“文件”|“打开”命令，打开一幅素材图像，如图 268-2 所示。

02 运用同样的方法，打开另一幅素材图像，并使用移动工具，将其拖曳至风景图像编辑窗口中。按【Ctrl + T】组合键，调出变换控制框，适当调整豹图像的大小，按【Enter】键确认变换，效果如图 268-3 所示。

图 268-2 素材图像

03 设置当前图层的"混合模式"为"叠加"，在"图层"面板中单击"添加图层蒙版"按钮，为"图层1"添加图层蒙版，设置前景色为黑色；在工具箱中选取画笔工具，并设置合适的笔头和硬度，然后在"图层1"中图像的边缘进行涂抹，效果如图268-1所示。

图 268-3 调整豹图像大小

实例269 开裂人皮

本实例制作开裂人皮效果，如图 269-1 所示。

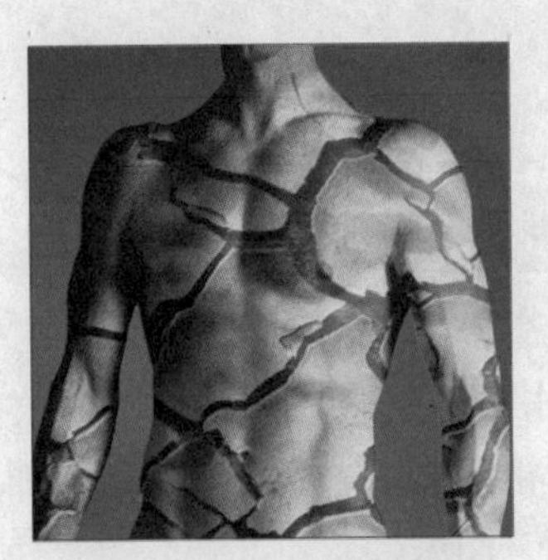

图 269-1 "开裂人皮"效果

操作步骤

01 单击"文件"|"打开"命令，打开一幅素材图像，如图 269-2 所示。

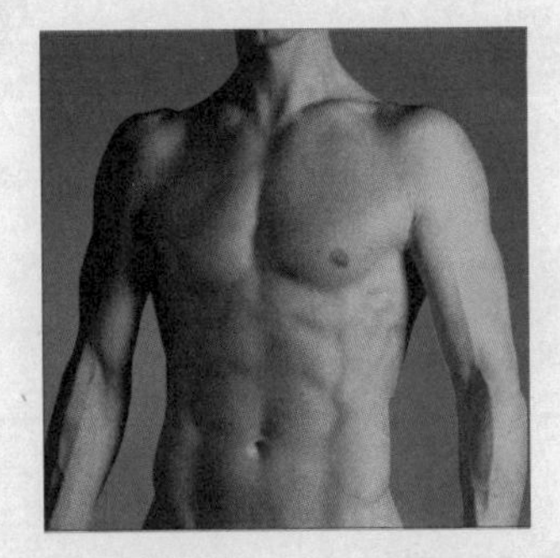

图 269-2 素材图像

02 运用同样的方法，打开另一幅素材图像，并在工具箱中选取移动工具，将其移动至人物图像编辑窗口中。按【Ctrl + T】组合键，调出变换控制框，适当调整图像的大小，按【Enter】键确认变换，效果如图 269-3 所示。

图 269-3 调整图像大小

03 隐藏"图层1"，将背景图层作为当前图层，选取钢笔工具，沿人体外形创建路径，按【Ctrl + Enter】组合键将路径转换为选区，如图 269-4 所示。

04 取消隐藏"图层1"，选择"图层1"作为当前图层，按【Ctrl + Shift + I】组合键反选选区，按【Delete】键删除选区中的图像，按【Ctrl+D】组合键取消选区，效果如图 269-5 所示。

05 设置"图层1"的"混合模式"为"叠加"，效果如图 269-1 所示。

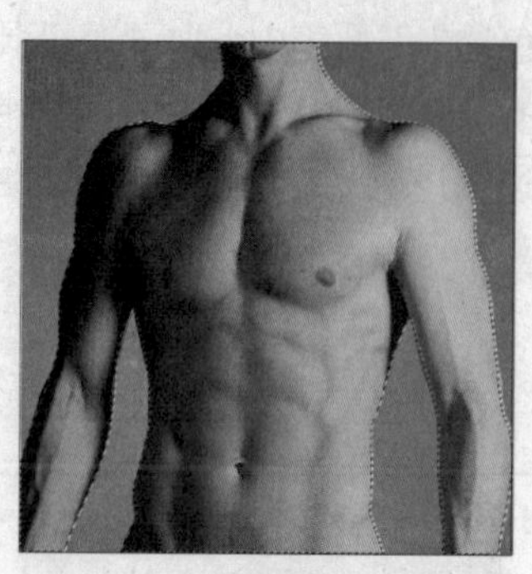

图 269-4 将路径转换为选区

图 269-5 删除部分图像后的效果

实例 270 石上“奋斗”

本实例制作石上“奋斗”效果，如图270-1 所示。

图 270-1 “石上‘奋斗’”效果

操作步骤

01 单击“文件”|“打开”命令，打开一幅素材图像，效果如图 270-2 所示。

图 270-2 素材图像

02 在工具箱中选取横排文字工具，在图像编辑窗口中输入“奋斗”，并设置其字体“大小”为 80.51 点、“颜色”为红色（RGB 值分别为 255、0、0）、“字体”为“汉仪菱心体简”，然后设置文本图层的图层样式为“正片叠底”，效果如图 270-3 所示。

图 270-3 输入文本

03 单击“图层”|“栅格化”|“文字”命令，栅格化文字。为文本图层添加“斜面和浮雕”图层样式，并在“图层样式”对话框中设置各参数，如图 270-4 所示。

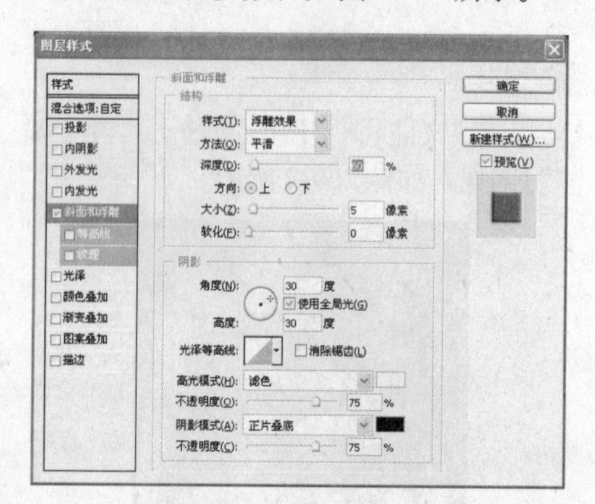

图 270-4 “图层样式”对话框

04 单击“确定”按钮，效果如图 270-1 所示。

实例271 小天使

本实例制作小天使效果，如图270-1所示。

图271-1 “小天使”效果

操作步骤

01 单击“文件”|“打开”命令，打开一幅素材图像，效果如图271-2所示。

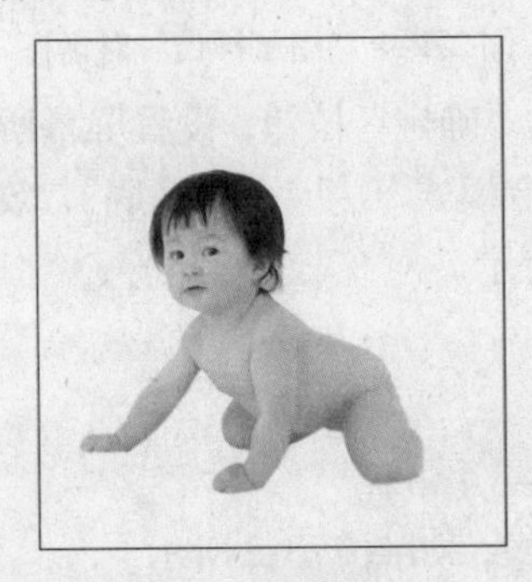

图271-2 素材图像

02 运用同样的方法，打开另一幅素材图像，并使用移动工具，将其拖曳至人物图像编辑窗口中，调整图层的顺序，效果如图271-3所示。

图271-3 调整图层的叠放顺序

03 选择翅膀所在图层作为当前图层，按【Ctrl＋T】组合键，调出变换控制框，结合【Ctrl】键，调整变换控制点，对图像进行透视变形，按【Enter】键确认操作，效果如图271-4所示。

图271-4 透视变形后的效果

04 新建图层，设置前景色为黄色（RGB值分别为230、185、152），按【Alt＋Delete】组合键，在新建图层中填充前景色，再设置该图层的图层“混合模式”为“色相”，并将该图层放置在翅膀所在图层的上方，效果如图271-1所示。

实例272 “苹果”显示器

本实例制作“苹果”显示器，效果如图272-1所示。

操作步骤

01 单击“文件”|“打开”命令，打开一幅素材图像，效果如图272-2所示。

02 运用同样的方法，打开另一幅素材图像，并使用移动工具，将其拖曳至苹果图像编辑窗口中。按【Ctrl＋T】组合键，调出变换控制框，适当调整图像的大小，按

【Enter】键确认变换，效果如图272-3所示。

03 为屏幕所在图层添加“斜面和浮雕”图层样式，并在“图层样式”对话框中设置各参数，如图272-4所示。

图272-1 “苹果”显示器效果

图272-2 素材图像

图272-3 调整图像大小后的效果

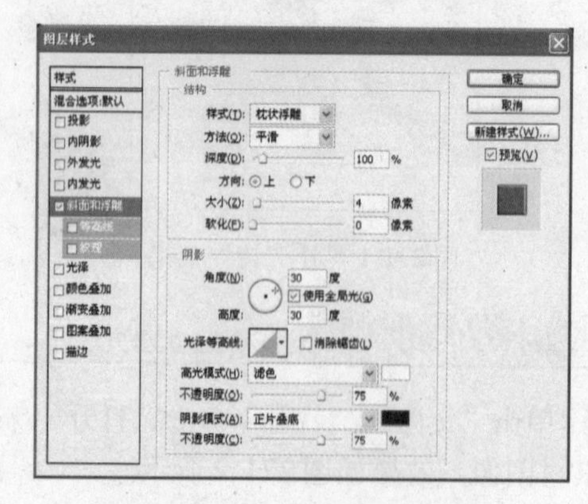

图272-4 “图层样式”对话框

04 单击“确定”按钮，设置屏幕所在图层的“混合模式”为“正片叠底”，效果如图272-1所示。

实例273 憨睡小孩

本实例制作憨睡小孩效果，如图273-1所示。

图273-1 “憨睡小孩”效果

操作步骤

01 单击“文件”|“打开”命令，打开一幅素材图像，如图273-2所示。

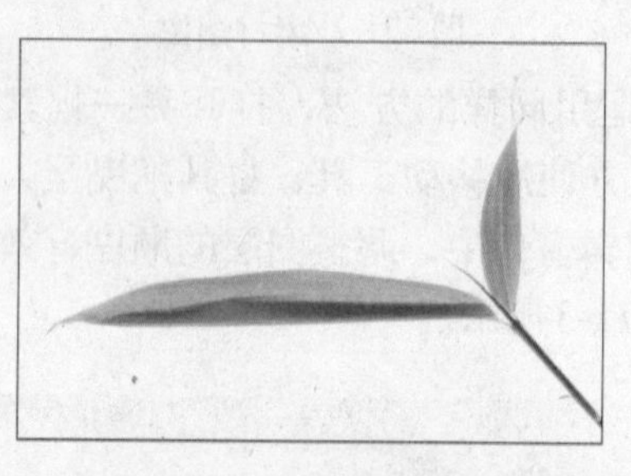

图273-2 素材图像

02 运用同样的方法，打开另一幅素材图像，并使用移动工具，将其拖曳至树叶图像编辑窗口中。按【Ctrl + T】组合键，调出变换控制框，适当调整图像的大小，按【Enter】键确认变换，效果如图273-3所示。

图273-3 调整图像大小及位置后的效果

03在“图层”面板中单击“添加图层蒙版”按钮，设置前景色为黑色。在工具箱中选取画笔工具，并设置较柔和的圆头笔触，擦除多余图像，使人物图像看起来位于树叶的后面，效果如图273-4所示。

04按【Ctrl + U】组合键，弹出“色相/饱和度”对话框，设置“色相”值为18，效果如图273-5所示。

05选择背景图层为当前图层，在工具箱中选取加深工具，在人物图像的边缘涂抹，以制作阴影效果，如图273-1所示。

图273-4 擦除多余图像后的效果

图273-5 更改“色相/饱和度”后的效果

实例274 天路

本实例制作天路效果，如图274-1所示。

图274-1 “天路”效果

操作步骤

01单击“文件”|“打开”命令，打开一幅素材图像，如图274-2所示。

02运用同样的方法，打开另一幅素材图像，并使用移动工具，将其拖曳至云层图像编辑窗口中。按【Ctrl + T】组合键，调出变换控制框，适当调整该图像的大小，按【Enter】键确认变换，效果如图274-3所示。

图274-2 素材图像

图274-3 添加素材图像

03设置“图层1”的“混合模式”为“明度”，效果如图274-4所示。

04在“图层”面板中单击“添加图层蒙版”按钮；设置前景为黑色，使用柔和的圆形画笔，虚化部分图像，效果如图274-5所示。

图 274-4 更改图层混合模式后的效果

05 单击“文件”|“打开”命令，打开一幅素材图像，将其拖曳至云层图像编辑窗口中，并适当调整其位置及大小。复制一个人物图像，制作阴影效果，本实例最终效果如图 274-1 所示。

图 274-5 虚化图像后的效果

实例 275 盘中秋色

本实例制作盘中秋色效果，如图 275-1 所示。

图 275-1 “盘中秋色”效果

操作步骤

01 单击“文件”|“打开”命令，打开一幅素材图像，如图 275-2 所示。

图 275-2 素材图像

02 运用同样的方法，打开另一幅素材图像，并使用移动工具，将其拖曳至盘子图像编辑窗口中。按【Ctrl + T】组合键，调出变换控制框，适当调整图像的大小，按【Enter】键确认变换，效果如图275-3所示。

图 275-3 调整素材图像的大小

03 隐藏“图层 1”，选取钢笔工具，沿盘中的液体创建路径，按【Ctrl + Enter】组合键，将路径转换为选区；按【Ctrl+ Shift + I】组合键反选选区；按【Delete】键删除选区中的图像，并设置当前图层的“混合模式”为“线性光”，效果如图275-4所示。

图 275-4 更改图层混合模式

04 在“图层”面板中单击“添加图层蒙版”按钮，设置前景为黑色，使用柔和的圆形画笔虚化图像边缘，效果如图 275-1 所示。

实例276 西瓜星球

本实例制作西瓜星球效果，如图276-1所示。

图276-1 “西瓜星球”效果

操作步骤

01 单击“文件”|“打开”命令，打开一幅素材图像，如图276-2所示。

02 运用同样的方法，打开另一幅素材图像，并使用移动工具，将其拖曳至星球图像编辑窗口中。按【Ctrl + T】组合键，调出变换控制框，适当调整图像的大小，按【Enter】键确认变换，效果如图276-3所示。

03 设置西瓜所在图层的图层“混合模式”为“正片叠底”，并设置其“不透明度”为60%，效果如图276-1所示。

图276-2 素材图像

图276-3 调整图像大小

实例277 豹头鸟

本实例制作豹头鸟效果，如图277-1所示。

图277-1 “豹头鸟”效果

操作步骤

01 单击“文件”|“打开”命令，打开一幅素材图像，如图277-2所示。

02 运用同样的方法，打开另一幅素材图像，在工具箱中选取移动工具，将其拖曳至翠鸟图像编辑窗口中。按【Ctrl + T】组合键调出变换控制框，适当调整图像的大小，按【Enter】键确认变换，效果如图277-3所示。

图 277-2 素材图像

图 277-3 添加素材图像

03 在“图层”面板中单击“添加图层蒙版”按钮，为“图层1”添加图层蒙版，在工具箱中选取柔和的圆头画笔，擦除多余部分图像，效果如图 277-4 所示。

图 277-4 擦除多余图像后的效果

04 选择背景图层作为当前图层，在工具箱中选取仿制图章工具，按住【Alt】键吸取源图像，然后在翠鸟嘴部涂抹，使其与背景融合，效果如图 277-1 所示。

实例278 一跃而出

本实例制作一跃而出效果，如图 278-1 所示。

图 278-1 “一跃而出”效果

操作步骤

01 单击“文件”|“打开”命令，打开一幅素材图像，如图 278-2 所示。

02 运用同样的方法，打开另一幅素材图像，效果如图 278-3 所示。

图 278-2 素材图像 1

图 278-3 素材图像 2

03 在工具箱中选取移动工具，将人物图像拖曳至手提电脑图像编辑窗口中，按【Ctrl +

T】组合键调出变换控制框，按住【Ctrl】键对人物图像进行透视变形，按【Enter】键确认变换，并使用橡皮擦工具擦除在屏幕外的部分图像，效果如图278-1所示。

实例279 菠萝小屋

本实例制作菠萝小屋，效果如图279-1所示。

图279-1 “菠萝小屋”效果

操作步骤

01 单击“文件”|“打开”命令，打开一幅素材图像，如图279-2所示。

02 运用同样的方法，打开另一幅素材图像，并在工具箱中选取移动工具，将图像拖曳至菠萝图像编辑窗口中，效果如图279-3所示。

图279-2 素材图像

图279-3 添加素材图像

03 按【Ctrl + T】组合键，调出变换控制框，适当调整图像的大小，按【Enter】键确认变换，效果如图279-4所示。

04 为图层添加“斜面和浮雕”图层样式，并在“图层样式”对话框中设置各参数，如图279-5所示。

图279-4 调整图像大小

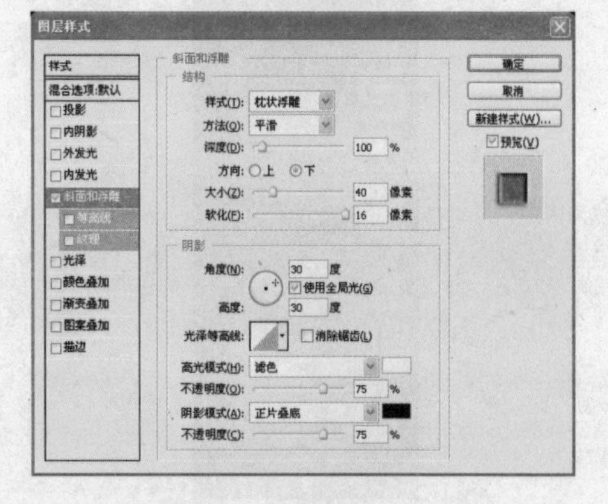

图279-5 “图层样式”对话框

05 单击“确定”按钮，效果如图279-6所示。

图279-6 添加图层样式后的效果

06 按【Ctrl + U】组合键，弹出“色相/饱和度”对话框，从中设置“色相”为-61，效果如图279-1所示。

第 12 章 宣传促销——广告设计

广告已成为现代社会经济的一个重要组成部分。广告是一个丰富而有理性的概念，它与社会、政治、经济均有一定的关系，并呈现出一种互动态势。如今，广告的概念随着社会商品经济的不断发展和现代媒介技术在广告中的应用而不断地演变。通过本章的学习，读者将会了解利用 Photoshop CS3 制作广告的实际操作与技巧，从而为各类广告作品的设计与制作打下牢固的基础。

实例 280 金色年华

本实例制作金色年华房产广告，效果如图 280-1 所示。

图 280-1 房产广告效果

操作步骤

01 单击“文件”|“新建”命令，新建一个名称为“实例 280”的 RGB 模式的图像文件，并设置其“宽度”和“高度”值分别为 8 厘米和 19 厘米、“分辨率”为 300 像素/英寸。单击“文件”|“打开”命令，打开一幅素材图像，如图 280-2 所示。

02 在工具箱中选取移动工具，将素材图像拖曳至“实例 280”图像编辑窗口中，按【Ctrl + T】组合键，调整图像大小，并按【Enter】键确认变换。在“图层”面板中单击“添加图层蒙版”按钮，为“图层 1”添加图层蒙版，设置前景色为黑色，使用柔和的圆形画笔虚化图像边缘，效果如图 280-3 所示。

图 280-2 素材图像

图 280-3 虚化图像边缘

03 在工具箱中选取渐变工具，并设置渐变类型为“前景到透明”，设置前景色为绿色(RGB值分别为6、133、0)。新建图层，在图像编辑窗口中从下至上填充渐变，效果如图280-4所示。

图280-4 渐变填充颜色

04单击“文件”|“打开”命令，打开另一幅素材图像，并使用移动工具将其拖曳至“实例280”图像编辑窗口中，然后适当调整其大小和位置，效果如图280-5所示。

图280-5 添加素材图像

05使用文字工具输入相应的文本，效果如图280-1所示。

实例281 天下山水居

本实例制作天下山水居房产广告，效果如图281-1所示。

图281-1 天下山水居广告效果

操作步骤

01单击“文件”|“新建”命令，新建一个名称为“实例281”的RGB模式的图像文件，并设置其“宽度”和“高度”值分别为14厘米和5.73厘米、“分辨率”为300像素/英寸。设置前景色为灰色（RGB值分别为244、244、244），在工具箱中选取渐变工具，并设置渐变类型为“前景到透明”。新建图层，在图像编辑窗口中从上至下填充渐变，效果如图281-2所示。

图281-2 渐变填充颜色

02单击“文件”|“打开”命令，打开一幅素材图像，并将其拖曳至“实例281”图像编辑窗口中，适当调整其大小和位置，效果如图281-3所示。

图281-3 添加素材图像

03 使用文字工具，输入相应的文本，并调整其大小，设置“字体”为“创艺繁隶书”，效果如图281-4所示。

04 单击“文件”|“打开”命令，打开另一幅素材图像，并将其拖曳至“实例281”图像编辑窗口中，然后适当调整其大小和位置，效果如图281-1所示。

图 281-4 输入相应文本

实例282 江南水乡

本实例制作江南水乡房产广告，效果如图282-1所示。

图 282-1 江南水乡房产广告效果

操作步骤

01 单击“文件”|“新建”命令，新建一个名称为“实例282”的RGB模式的图像文件，并设置其“宽度”和“高度”值均为10厘米、“分辨率”为300像素/英寸。单击“文件”|“打开”命令，打开一幅素材图像，使用移动工具，将素材图像拖曳至“实例282”图像编辑窗口中，按【Ctrl + T】组合键，适当调整图像的大小，并按【Enter】键确认，效果如图282-2所示。

图 282-2 添加素材图像

02 在工具箱中选取横排文字工具，设置“字体”为“汉仪菱心体简”，在图像编辑窗口中输入相应的文本，效果如图282-3所示。

图 282-3 输入相应文本

03 使用文字工具输入其他的文本，效果如图282-1所示。

实例283 雅怡别墅

本实例制作雅怡别墅房产广告，效果如图283-1所示。

操作步骤

01 单击“文件”|“新建”命令，新建一个名称为“实例283”的RGB模式的图像文件，并

设置其“宽度”和“高度”值分别为14厘米和8.22厘米、“分辨率”为300像素/英寸。在工具箱中选取渐变工具，并设置其渐变类型为“前景到透明”，设置前景色为蓝色（RGB值分别为1、62、144）；新建图层，在图像编辑窗口中从下至上填充渐变，效果如图283-2所示。

图283-1 雅怡别墅房产广告效果

图283-2 渐变填充颜色

02 运用同样的方法，打开另一幅素材图像，并使用移动工具将图像拖曳至“实例283”图像编辑窗口中，按【Ctrl + T】组合键，调出变换控制框，并适当调整图像的大小，按【Enter】键确认变换，效果如图283-3所示。

03 单击“文件”|“打开”命令，打开另一幅素材图像，使用移动工具，将该素材图像拖曳至“实例283”图像编辑窗口中，将其调整至合适大小后，单击“编辑”|“描边”命令，并在“描边”对话框中设置描边“宽度”为20px、“颜色”为白色、“位置”为“居外”，效果如图283-4所示。

图283-3 添加素材图像

图283-4 描边后的效果

04 使用文字工具输入相应的文本，并设置文本“字体”为“汉仪菱心体简”，然后为文字图层添加阴影图层样式，效果如图283-5所示。

图283-5 输入文本并添加图层样式

05 使用文字工具输入其他的文本，效果如图283-1所示。

实例284 雅志汽车

本实例制作雅志汽车广告，效果如图284-1所示。

图 284-1 雅志汽车广告效果

操作步骤

01 单击“文件”|“新建”命令，新建一个名称为“实例284”的RGB模式的图像文件，并设置其“宽度”和“高度”值分别为12厘米、16厘米，“分辨率”为300像素/英寸。单击“文件”|“打开”命令，打开一幅素材图像，并使用移动工具，将其拖曳至“实例284”图像编辑窗口中，如图284-2所示。

图 284-2 添加素材图像

02 按【Ctrl + T】组合键，调出变换控制框，适当调整图像的大小与角度，按【Enter】键确认变换，效果如图284-3所示。

图 284-3 旋转图像

03 单击“编辑”|“描边”命令，弹出“描边”对话框，设置描边“宽度”为20px、“颜色”为黑色、“位置”为“居外”，效果如图284-4所示。

图 284-4 描边后的效果

04 使用文字工具输入相应的文本，并对文本进行适当的旋转，效果如图284-5所示。

实例285 RECIPEO

本实例制作RECIPEO防晒霜广告，效果如图285-1所示。

操作步骤

01 单击“文件”|“打开”命令，打开一幅素材图像，如图285-2所示。

02 按【Ctrl + J】组合键，复制图层。在工具箱中选取渐变工具，并设置渐变类型为“前景到透明”，设置前景色为灰绿色(RGB值分别为53、75、89)。新建图层，在图像编辑窗口中从下至下填充渐变色，效果如图285-3所示。

图 285-1 防晒霜广告效果

图 285-2 素材图像

图 285-3 渐变填充颜色

03 设置“图层1”的“混合模式”为“正片叠底”，效果如图 285-4 所示。

图 285-4 更改图层混合模式后的效果

04 单击“文件”|“打开”命令，打开另一幅素材图像，并使用移动工具，将素材图像拖曳至“实例285”图像编辑窗口中，然后适当调整图像的大小，效果如图 285-5 所示。

图 285-5 添加素材图像

05 使用文字工具输入相应的文本，效果如图 285-1 所示。

实例286 卡露莲

本实例制作卡露莲唇膏广告，效果如图 286-1 所示。

操作步骤

01 单击“文件”|“打开”命令，打开一幅素材图像，如图 286-2 所示。

02 运用同样的方法，打开另一幅素材图像，并将其拖曳至第一幅素材图像中，适当调整大小和位置，效果如图 286-3 所示。

03 为“图层1”添加“外发光”图层样式，在“图层样式”对话框中设置各参数，如图 286-4 所示。

图 286-1 唇膏广告效果

图 286-2 素材图像

图 286-3 添加素材图像

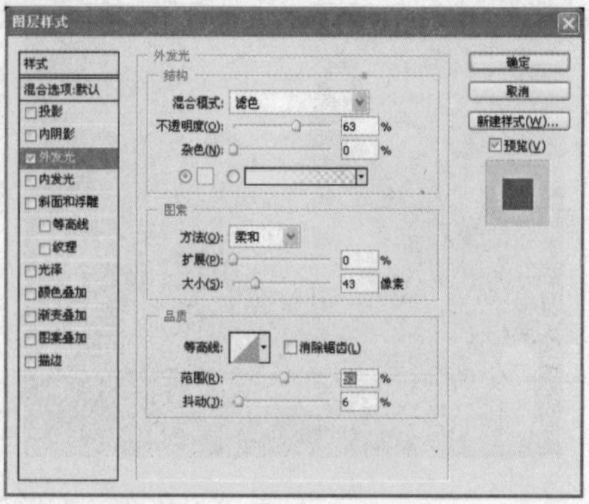

图 286-4 “图层样式”对话框

04 单击“确定”按钮，效果如图 286-5 所示。

图 286-5 添加外发光图层样式后的效果

05 使用文字工具输入相应的文本，效果如图 286-1 所示。

实例 287 尼康相机

本实例制作数码产品广告，效果如图为 287-1 所示。

图 287-1 尼康相机广告

操作步骤

01 单击“文件”|“新建”命令，新建一个名称为“实例287”的RGB模式的图像文件，并设置其“宽度”和“高度”值分别为 10 厘米和 12 厘米、“分辨率”为 150 像素/英寸。单击“文件”|“打开”命令，打开一幅素材图像，并使用移动工具将其拖曳至“实例 287”图像编辑窗口中，然后适当调整其大小和位置，效果如图 287-2 所示。

02 运用同样的方法，打开另一幅素材图像，并使用移动工具将其拖曳至“实例 287”图像编辑窗口中。适当调整图像的大小，拷贝“图层 1”上的图层样式，并在“图层 2”中粘贴图层样式，效果如图 287-3 所示。

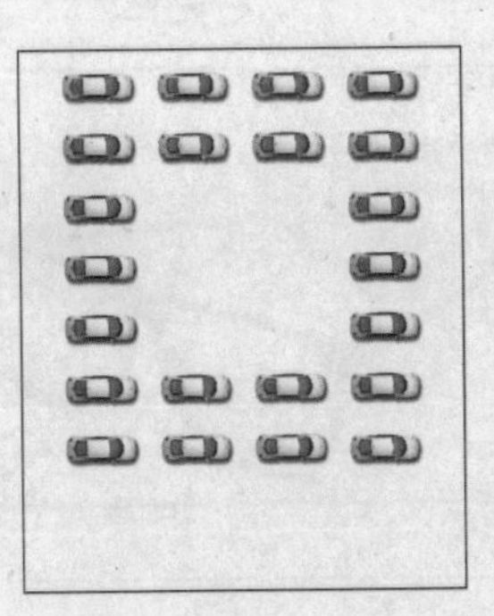

图 287-2 添加素材图像 1

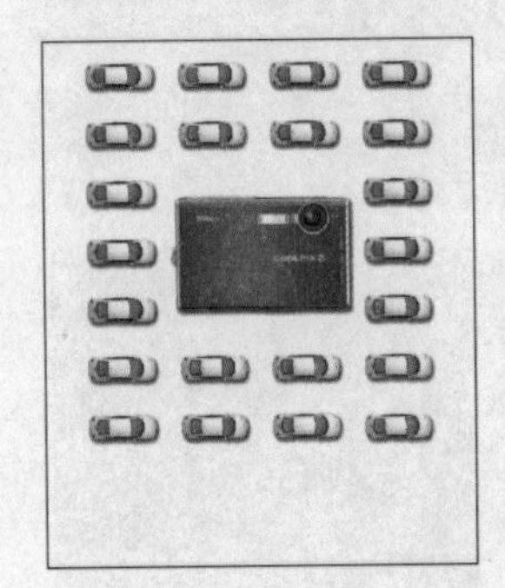

图 287-3 添加素材图像 2

03 在工具箱中选取钢笔工具，并在图像编辑窗口中创建一条闭合路径，如图287-4所示。

04 按【Ctrl + Enter】组合键，将路径转换为选区，设置前景色为深红色（RGB值分别为118、0、26)。新建图层，按【Alt + Delete】组合键填充前景色，按【Ctrl + D】组合键取消选区，效果如图287-5所示。

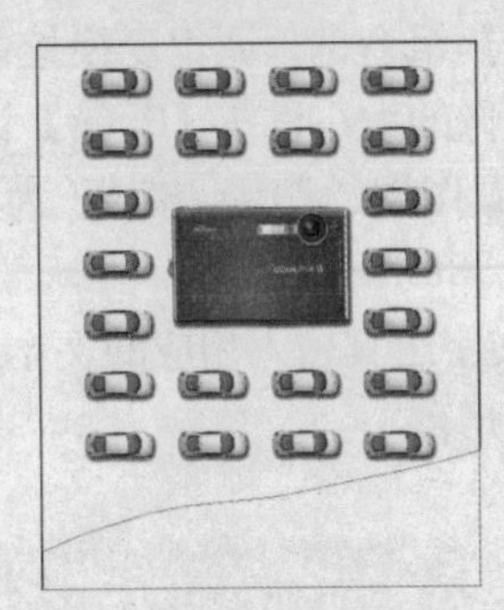

图 287-4 创建路径

图 287-5 填充前景色

05 使用文字工具输入相应的文本，效果如图287-1所示。

实例 288 爱护眼睛

本实例制作爱护眼睛的公益广告，效果如图288-1所示。

图 288-1 爱护眼睛公益广告

操作步骤

01 单击“文件”|“打开”命令，打开一幅素材图像，如图288-2所示。

图 288-2 素材图像

02 运用同样的方法，打开另一幅素材图像。在工具箱中选取移动工具，将素材图像拖曳至眼镜素材图像编辑窗口中，按【Ctrl + T】组合键，调出变换控制框，适当调整图像的大小，按【Enter】键确认变换，并设置图层的"混合模式"为"变暗"，效果如图288-3所示。

03 使用文字工具输入相应的文本，效果如图288-1所示。

图288-3 添加素材图像

实例289 节约用水

本实例制作节约用水公益广告，效果如图289-1所示。

图289-1 节约用水公益广告

操作步骤

01 单击"文件"|"新建"命令，新建一个名称为"实例289"的RGB模式的图像文件，并设置其"宽度"和"高度"值分别为10厘米和15厘米、"分辨率"为300像素/英寸。单击"文件"|"打开"命令，打开一幅素材图像，并将其拖曳至"实例289"图像编辑窗口中，适当调整图像的大小和位置，效果如图289-2所示。

02 在"图层"面板中单击"添加图层蒙版"按钮，为"图层1"添加图层蒙版。设置前景色为黑色，使用柔和的圆形画笔擦除部分图像，效果如图289-3所示。

图289-2 素材图像

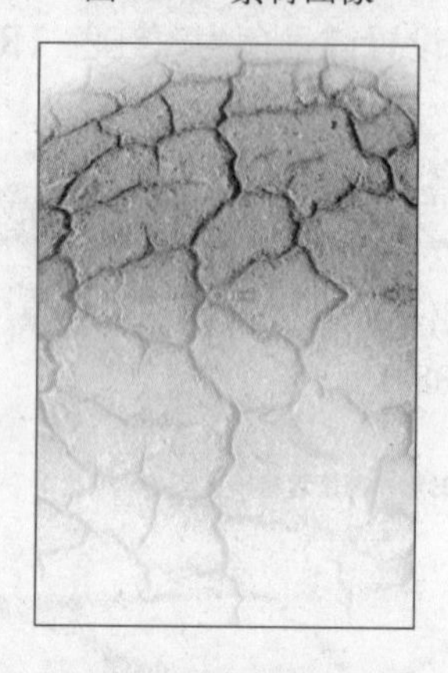

图289-3 擦除部分图像

03 设置"图层1"的"不透明度"为27%，单击"文件"|"打开"命令，打开另一幅素材图像，并将其拖曳至"实例289"图像编辑窗口中，适当调整图像的大小，效果如图289-4所示。

图 289-4 添加素材图像

04 参照步骤（2），为“图层2”添加图层蒙版。设置前景色为黑色，使用柔和的圆形画笔将图像的边缘虚化，并设置“图层2”的“混合模式”为“溶解”，效果如图289-5所示。

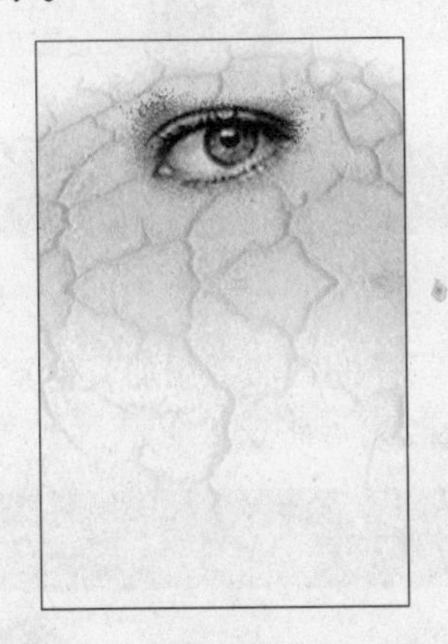

图 289-5 虚化边缘后的效果

05 单击“文件”|“打开”命令，打开一幅素材图像，并使用移动工具将其拖曳至“实例289”图像编辑窗口中。在“图层”面板中单击“添加图层蒙版”按钮，为“图层3”添加图层蒙版，设置前景色为黑色，使用柔和的圆形画笔虚化图像的边缘，效果如图289-6所示。

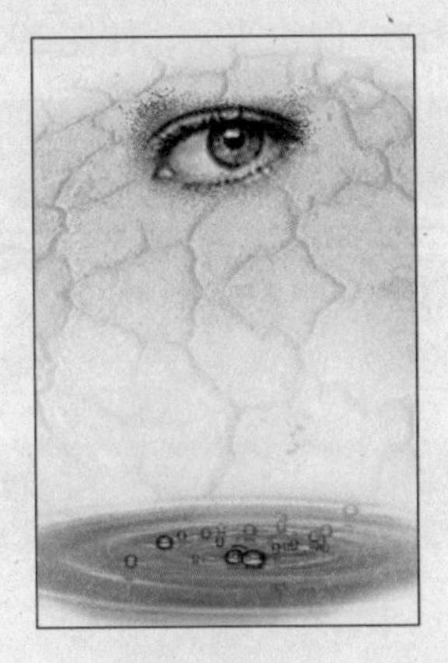

图 289-6 添加素材图像并虚化边缘

06 新建图层，设置前景色为红色（RGB值分别为215、0、0），按【Alt + Delete】组合键，填充前景色，并设置该图层的“混合模式”为“变亮”，效果如图289-7所示。

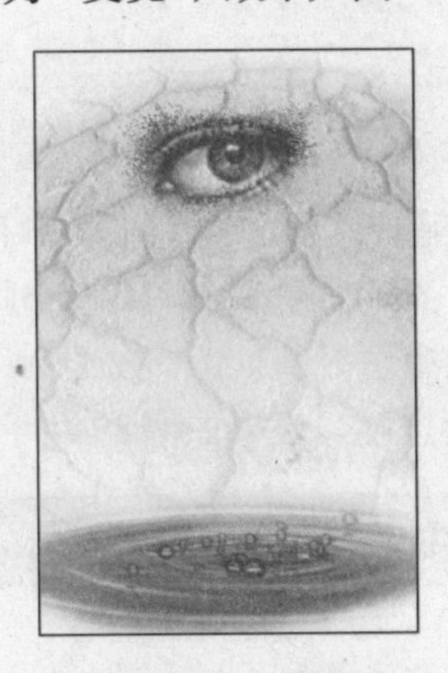

图 289-7 填充前景色并更改图层混合模式

07 使用文字工具输入相应的文本，效果如图289-1所示。

实例290 快餐店

本实例制作快餐店门面招牌，效果如图290-1所示。

操作步骤

01 单击“文件”|“新建”命令，新建一个名称为“实例290”的RGB模式的图像文件，并

设置其“宽度”和“高度”值分别为12厘米和8厘米、“分辨率”为150像素/英寸。在工具箱中选取矩形选框工具，然后在图像编辑窗口中创建选区，如图290-2所示。

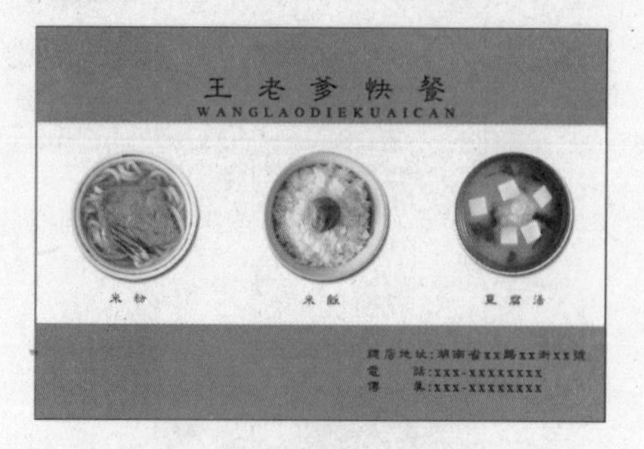

图290-1 快餐店广告

图290-2 创建选区

02 设置前景色为土黄色（RGB值分别为142、118、85），按【Alt + Delete】组合键，在新图层中填充前景色，按【Ctrl + D】组合键取消选区，效果如图290-3所示。

图290-3 填充前景色

03 按【Ctrl + J】组合键，复制图层，然后使用移动工具将副本图像拖曳至合适位置，效果如图290-4所示。

图290-4 移动图像

04 单击“文件”|“打开”命令，打开一幅素材图像，并使用移动工具将该图像拖曳至“实例290”图像编辑窗口中，调整其大小，效果如图290-5所示。

图290-5 添加素材图像

05 运用同样的方法，添加其他素材图像，效果如图290-6所示。

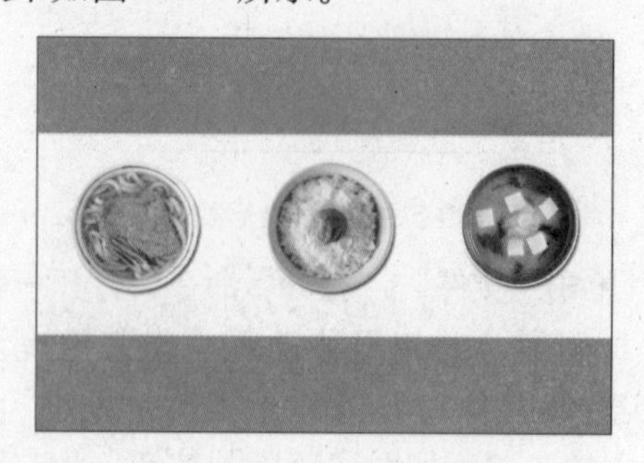

图290-6 添加其他素材图像

06 在工具箱中选取横排文字工具，输入相应的文本，并设置“字体”为“创艺繁隶书”，效果如图290-1所示。

实例291 左邻右岸

本实例制作左邻右岸房产广告，效果如图291-1所示。

图291-1 左邻右岸房产广告

操作步骤

01 单击“文件”|“新建”命令，新建一个名称为“实例291”的RGB模式的图像文件，并设置其“宽度”和“高度”值分别为10厘米和13厘米、“分辨率”为300像素/英寸。设置前景色为黑色，按【Alt + Delete】组合键填充前景色，效果如图291-2所示。

02 单击“文件”|“打开”命令，打开一幅素材图像，并使用移动工具将其拖曳至“实例291”图像编辑窗口中，适当调整该素材图像的大小和位置，效果如图291-3所示。

图291-2 填充前景色

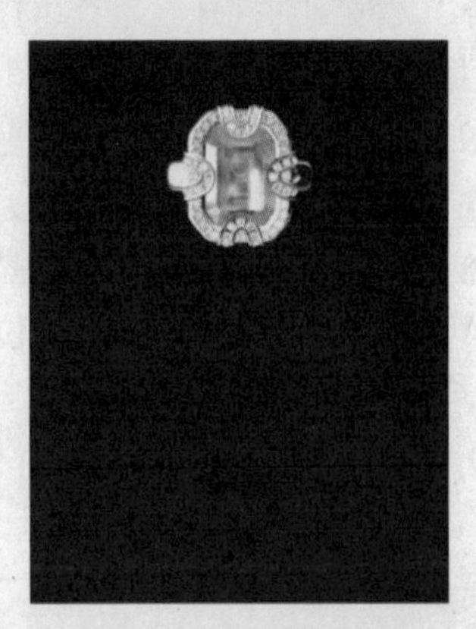

图291-3 添加素材图像

03 在工具箱中选取横排文字工具，并输入相应的文本，效果如图291-1所示。

实例292 玉楼东

本实例制作“玉楼东”DM广告，效果如图292-1所示。

图292-1 “玉楼东”DM广告

操作步骤

01 单击“文件”|“新建”命令，新建一个名称为“实例292”的RGB模式的图像文件，并设置其“宽度”和“高度”值分别为20厘米和10厘米、“分辨率”为300像素/英寸。设置前景色为黑色，新建图层，按【Alt + Delete】组合键填充前景色，效果如图292-2所示。

图292-2 填充前景色

02 在工具箱中选取渐变工具，并设置渐变类型为“前景到透明”，设置前景色为橙黄色（RGB值分别为196、103、3）。新建图层，从左至右填充渐变，效果如图292-3所示。

图292-3 渐变填充颜色

03 单击“文件”|“打开”命令，打开一幅素材图像，并使用移动工具将其拖曳至“实例292”图像编辑窗口中，适当调整其大小和位置。单击“编辑”|“描边”命令，在打开的“描边”对话框中设置描边“宽度”为10px、“颜色”为白色、“位置”为“居外”，效果如图292-4所示。

04 运用同样的方法，添加其他素材图像并设置描边，效果如图292-5所示。

图292-4 添加素材图像并描边

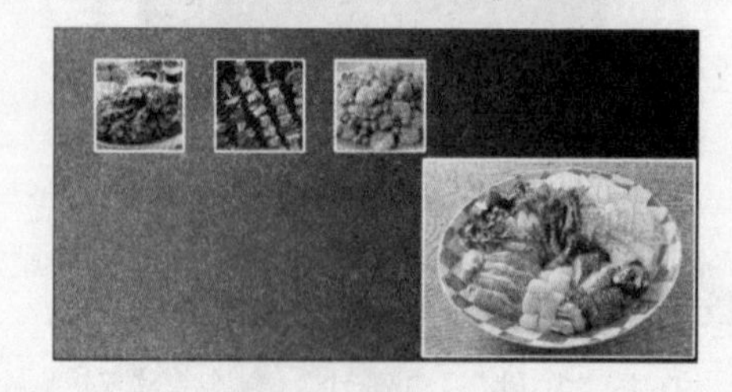

图292-5 添加其他素材图像

05 使用文字工具输入相应的文本，效果如图292-1所示。

实例293 中国瓷展

本实例制作中国瓷艺术展文化招贴，效果如图293-1所示。

图293-1 中国瓷展文化招贴

操作步骤 >>>>>>>

01 单击“文件”|“新建”命令，新建一个名称为“实例293”的RGB模式的图像文件，并设置其“宽度”和“高度”值分别为15厘米和20厘米、“分辨率”为300像素/英寸。设置前景色为灰色（RGB值均为208），按【Alt + Delete】组合键，填充前景色，效果如图293-2所示。

图293-2 填充前景色

02 单击“文件”|“打开”命令，打开一幅素材图像，使用移动工具将其拖曳至“实例293”图像编辑窗口中，并适当调整其大小，效果如图293-3所示。

03 在工具箱中选取矩形选框工具，创建选区。设置前景色为蓝色（RGB值分别为5、

63、245)，新建图层，按【Alt + Delete】组合键填充前景色，按【Ctrl + D】组合键取消选区，效果如图293-4所示。

04 使用文字工具输入相应的文本，设置“字体”为“创艺繁隶书”，并将文本设置为不同的大小，效果如图293-5所示。

05 再次选取文字工具，输入其他的文本，效果如图293-1所示。

图293-3 添加素材图像

图293-4 创建矩形条

图293-5 输入艺术文本

实例294 飞龙科技

本实例制作飞龙科技产品广告，效果如图294-1所示。

图294-1 飞龙科技产品广告

操作步骤

01 单击“文件”|“新建”命令，新建一个名称为“实例294”的RGB模式的图像文件，并设置其“宽度”和“高度”值分别为16厘米和10厘米、“分辨率”为300像素/英寸。在工具箱中选取渐变工具，并设置渐变类型为“前景到透明”，设置前景色为灰色（RGB值分别为178、179、180）。新建图层，在图像编辑窗口中从右至左填充渐变，效果如图294-2所示。

图294-2 渐变填充颜色

02 单击“文件”|“打开”命令，打开一幅素材图像，并使用移动工具将其拖曳至“实例294”图像编辑窗口中，按【Ctrl + T】组合键，调出变换控制框，适当调整图像的大小，按【Enter】键确认变换，效果如图294-3所示。

图 294-3 添加素材图像

03 运用同样的方法，打开另一幅素材图像，并在“图层”面板中单击“添加图层蒙版”按钮。设置前景色为黑色，使用柔和的圆形画笔，将人物图像素材的头发部分虚化处理，效果如图 294-4 所示。

图 294-4 虚化部分图像

04选取文字工具输入相应的文本及产品信息，效果如图 294-1 所示。

实例 295 酷曼 MP4

本实例制作酷曼 MP4 产品广告，效果如图 295-1 所示。

图 295-1 酷曼 MP4 产品广告

操作步骤

01 单击“文件”|“打开”命令，打开一幅素材图像，如图 295-2 所示。

图 295-2 素材图像

02 在工具箱中选取钢笔工具，创建路径，按【Ctrl + Enter】组合键，将路径转换为选区。设置前景色为深蓝色（RGB 值分别为 40、60、120），新建图层，按【Alt + Delete】组合键，为选区填充前景色，按【Ctrl + D】组合键取消选区，效果如图 295-3 所示。

图 295-3 填充前景色

03 单击“文件”|“打开”命令，打开另一幅素材图像，使用移动工具将其拖曳至“实例 295”图像编辑窗口中，并适当调整其大小，效果如图 295-4 所示。

图 295-4 添加素材图像

04 运用同样的方法，添加其他素材图像，并输入相应的文本，效果如图295-5所示。

实例296 摄影机构

本实例制作摄影机构的企业宣传广告，效果如图296-1所示。

图296-1 "留芳"摄影机构宣传广告

操作步骤

01 单击"文件"|"新建"命令，新建一个名称为"实例296"的RGB模式的图像文件，并设置其"宽度"和"高度"值分别为14厘米和9.33厘米、"分辨率"为150像素/英寸。设置前景色为灰色（RGB值均为101），按【Alt + Delete】组合键，填充前景色，效果如图296-2所示。

图296-2 填充前景色

02 单击"文件"|"打开"命令，打开一幅素材图像，并使用移动工具将其拖曳至"实例296"图像编辑窗口中，适当调整图像的大小，并设置该图层的"不透明度"为16%，效果如图296-3所示。

03 在"图层"面板中单击"添加图层蒙版"按钮，为"图层1"添加图层蒙版。设置前景色为黑色，使用柔和的圆形画笔，将图像边缘虚化，效果如图296-4所示。

04 单击"文件"|"打开"命令，打开一幅素材图像，使用移动工具将其拖曳至"实例296"图像编辑窗口中，适当调整图像的大小，并为其添加"外发光"图层样式，效果如图296-5所示。

图296-3 添加素材图像1

图296-4 虚化图像边缘

图296-5 添加"外发光"图层样式

05 运用同样的方法，添加相机素材图像，效果如图296-6所示。

图296-6 添加素材图像2

06 使用文字工具输入相应的文本，效果如图296-1所示。

实例297 磐石地板

本实例制作磐石地板产品广告，效果如图297-1所示。

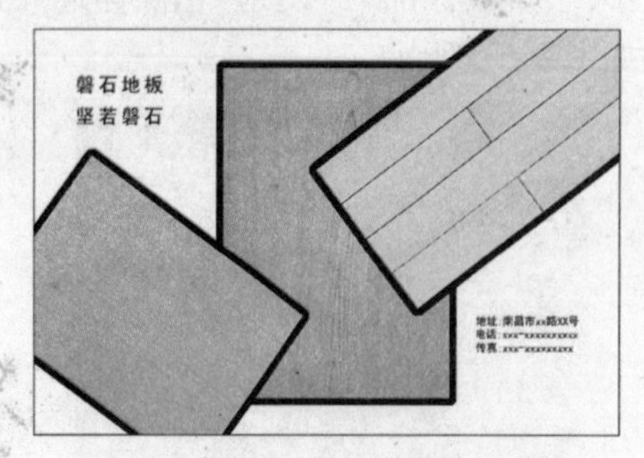

图297-1 “磐石”地板广告

操作步骤

01 单击“文件”|“新建”命令，新建一个名称为“实例297”的RGB模式的图像文件，并设置其“宽度”和“高度”值分别为15厘米和10厘米、“分辨率”为150像素/英寸。单击“文件”|“打开”命令，打开一幅素材图像，使用移动工具将其拖曳至“实例297”图像编辑窗口中，适当调整其大小及位置，如图297-2所示。

02 单击“编辑”|“描边”命令，弹出“描边”对话框，从中设置描边“宽度”为10px、“颜色”为黑色、“位置”为“居外”，单击“确定”按钮，效果如图297-3所示。

03 运用同样的方法，添加其他素材图像并描边，效果如图297-4所示。

04 使用文字工具输入相应的文本，效果如图297-1所示。

图297-2 添加素材图像

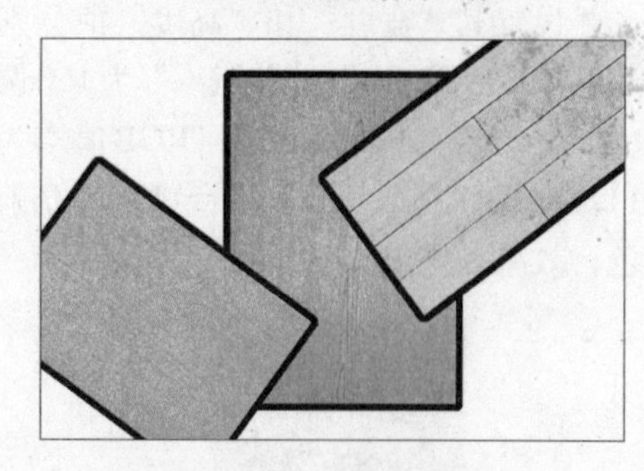

图297-3 添加其他素材图像并描边

实例298 中国通信

本实例制作中国通信广告，效果如图298-1所示。

图298-1 “中国通信”广告

操作步骤

01 单击“文件”|“打开”命令，打开一幅素材图像，如图298-2所示。

02 单击“文件”|“打开”命令，打开另一幅素材图像，并使用移动工具将其拖曳至山崖图像编辑窗口中，然后适当调整其大小及位置，效果如图298-3所示。

03 运用相同的方法，打开另一幅素材图像并拖曳至山崖图像编辑窗口中，适当调整其大小及位置。

图 298-2 素材图像

图 298-3 添加素材图像 1

04 使用文字工具输入相应的文本，效果如图 298-1 所示。

实例 299 NOKIA

本实例制作NOKIA手机促销广告，效果如图 299-1 所示。

图 299-1 “诺基亚”手机广告

操作步骤

01 单击“文件”|“打开”命令，打开一幅素材图像，如图 299-2 所示。

图 299-2 素材图像

02 运用相同的方法，打开其他素材图像，并将其拖曳至人物图像编辑窗口中，适当调整图像的大小及位置，效果如图299-3所示。

图 299-3 添加素材图像

03 在工具箱中选取钢笔工具，创建相应的路径，如图 299-4 所示。

图 299-4 创建路径

04 按【Ctrl + Enter】组合键，将路径转换为选区。设置前景色为浅黄色（RGB值分别为248、249、212），新建图层，按【Alt + Delete】组合键，填充前景色，按【Ctrl + D】组合键取消选区，效果如图299-5所示。

05 使用文字工具输入相应的文本，效果如图299-1所示。

图299-5 填充前景色

实例300 古文物展

本实例制作古文物展览招贴，效果如图300-1所示。

图300-1 古文物展览招贴

操作步骤

01 单击“文件”|“新建”命令，新建一个名称为“实例300”的RGB模式的图像文件，并设置其“宽度”和“高度”值分别为14厘米和18厘米、“分辨率”为300像素/英寸。设置前景色为青色（RGB值分别为98、98、92），按【Alt + Delete】组合键填充前景色，效果如图300-2所示。

图300-2 填充前景色

02 单击“文件”|“打开”命令，打开一幅素材图像，使用移动工具将其拖曳至“实例300”图像编辑窗口中，然后适当调整图像的大小和位置，效果如图300-3所示。

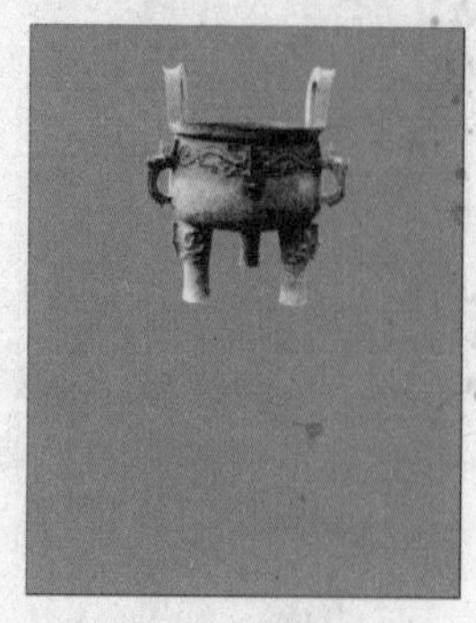

图300-3 添加素材图像

03 在工具箱中选取横排文字工具，在图像编辑窗口中输入相应的文本，并设置其“字体”为“创艺繁隶书”、“大小”为28点、“颜色”为白色，效果如图300-4所示。

图300-4 输入文本

04 使用文字工具输入其他的文本，效果如图300-1所示。